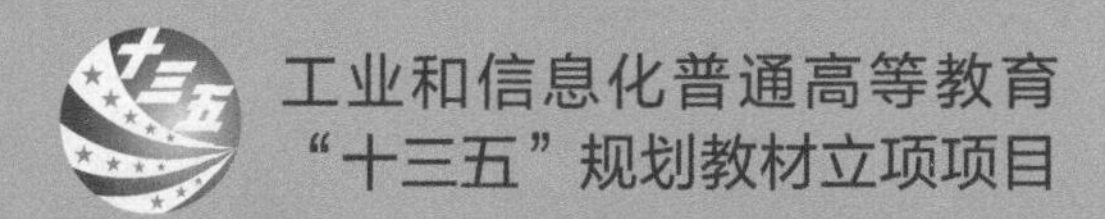

数据科学与统计系列规划教材

数据分析基础与实战

微课版

朱德军 仲崇丽 张胜南 ◎ 编著

人民邮电出版社
北京

图书在版编目（CIP）数据

数据分析基础与实战 ：微课版 / 朱德军，仲崇丽，张胜南编著. -- 北京 ：人民邮电出版社，2022.3
数据科学与统计系列规划教材
ISBN 978-7-115-56987-5

Ⅰ. ①数… Ⅱ. ①朱… ②仲… ③张… Ⅲ. ①数据处理－教材 Ⅳ. ①TP274

中国版本图书馆CIP数据核字(2021)第145561号

内容提要

本教材主要介绍数据分析的基础知识和实操过程。全书共 7 章，首先从数据分析概述入手，介绍数据分析的基础知识、数据分析的流程、常用的数据分析方法及数据分析的道德与职业原则；然后以八爪鱼采集器和 Excel 为例，从商务数据采集概述及初级应用、数据采集高级应用及采集实例、数据清洗与整理、数据可视化、数据分析报告的撰写等数据分析的流程切入，结合具体的案例进行详细讲解；最后为数据分析案例实践，主要介绍旅游产品的游记分析、电商数据的竞品分析两个真实的案例，教会读者活学活用。

本教材配套有 PPT 课件、参考答案、教学大纲、电子教案等资源，用书教师可在人邮教育社区免费下载。

本教材可以作为数据科学、电子商务、统计学等相关专业的教材，也可以作为数据分析初学者的自学用书，还可以作为需要进行数据分析的职场人士的参考用书。

◆ 编　　著　朱德军　仲崇丽　张胜南
责任编辑　孙燕燕
责任印制　李　东　胡　南
◆ 人民邮电出版社出版发行　　北京市丰台区成寿寺路 11 号
邮编　100164　　电子邮件　315@ptpress.com.cn
网址　https://www.ptpress.com.cn
廊坊市印艺阁数字科技有限公司印刷
◆ 开本：787×1092　1/16
印张：11.25　　2022 年 3 月第 1 版
字数：275 千字　　2025 年 1 月河北第 5 次印刷

定价：42.00 元

读者服务热线：(010)81055256　印装质量热线：(010)81055316
反盗版热线：(010)81055315
广告经营许可证：京东市监广登字 20170147 号

前言

随着信息技术的发展，各行各业的信息系统中积累了大量的原始数据，分析这些数据内部所蕴含的规律、预测相关趋势，从而使企业降低成本和风险，提高其收入和利润，已经成为各方的迫切需求，数据分析也成为每个职场人的必备技能。本教材以训练读者的数据分析技能为目标，详细介绍了常用数据分析工具的操作方法及使用原则。

本教材基于编者自身的经历，以数据分析过程为导向，突出实战，侧重于讲解数据采集、数据清洗与整理、数据可视化、数据分析报告撰写 4 个数据分析流程的核心应用。本教材的每个流程均采用多个与日常工作和生活密切相关的真实案例进行说明。同时，第 7 章还增加了数据分析案例实践，对于读者加强学习效果有极大的帮助。

本教材可以作为数据科学、电子商务、统计学等相关专业的教材，也可以作为数据分析初学者的自学用书，还可以作为需要进行数据分析的职场人士的参考用书。各章的参考教学课时见下表。

章　　序	课 程 内 容	课 时 分 配	
		讲授	实践训练
第 1 章	数据分析概述	3	0
第 2 章	商务数据采集概述及初级应用	1	2
第 3 章	数据采集高级应用及采集实例	1	2
第 4 章	数据清洗与整理	2	4
第 5 章	数据可视化	2	4

（续表）

章　序	课程内容	课时分配	
		讲授	实践训练
第 6 章	数据分析报告的撰写	1	2
第 7 章	数据分析案例实践	2	6
课时总计		12	20

本教材由朱德军、仲崇丽、张胜南编著。具体分工如下：朱德军编写第 1～3 章，仲崇丽编写第 4～5 章，张胜南编写第 6～7 章。本教材的编写得到八爪鱼数据采集器技术总监袁烨老师的指导和帮助，在此表示感谢。

尽管经过了反复斟酌与修改，但因编者能力有限、时间仓促，书中仍难免存在疏漏和不足之处，望广大读者提出宝贵的意见和建议，敬请批评指正。

编　者

2021 年 10 月

目录

第 1 章　数据分析概述……1

1.1　数据分析的基础知识……2

1.1.1　数据分析的定义……2

1.1.2　数据分析的分类……2

1.1.3　数据分析的用处……2

1.1.4　数据分析的工具……3

1.2　数据分析的流程……4

1.2.1　数据采集……4

1.2.2　数据清洗……5

1.2.3　数据整理……6

1.2.4　数据可视化……6

1.2.5　数据分析报告撰写……7

1.3　常用的数据分析方法……7

1.3.1　PEST 分析法……7

1.3.2　5W2H 分析法……8

1.3.3　逻辑树分析法……9

1.3.4　相关分析……10

1.3.5　回归分析……10

1.3.6　综合评价分析法……11

1.3.7　四象限分析法……11

1.4　数据分析的道德与职业原则……12

1.4.1　数据分析造假……12

1.4.2　数据分析正能量……13

1.4.3　道德与伦理规范……13

1.4.4　职业原则……14

【本章小结】……15

【习题一】……15

【技能实训】……16

第 2 章　商务数据采集概述及初级应用……17

2.1　商务数据采集概述……18

2.1.1　初识数据……18

2.1.2　商务数据的含义……20

2.1.3　商务数据的来源与采集……21

2.2　商务数据的采集方法与采集工具……24

2.2.1　商务数据采集方法……25

2.2.2　初识数据采集器……26

2.2.3　数据采集器的安装与界面……27

2.3　数据采集器初级应用……30

2.3.1　模板任务模式及实例……30

2.3.2　自定义任务模式及实例……33

【本章小结】……48

【习题二】……48

【技能实训】……49

第 3 章　数据采集高级应用及采集实例……50

3.1　数据采集的高级应用……50

3.1.1　屏蔽网页广告……51

3.1.2　禁止加载图片……51

3.1.3　增量采集……52

3.1.4　登录采集……53

3.1.5　图片及附件采集与下载……56

3.2　数据采集实例……56

3.2.1 金融网站的数据采集 ………… 56
3.2.2 百度地图中店铺的数据采集 …… 60
3.2.3 电商产品的数据采集 ………… 62
3.2.4 职场招聘的数据采集 ………… 65
【本章小结】 ………… 67
【习题三】 ………… 67
【技能实训】 ………… 68

第 4 章 数据清洗与整理 ………… 69

4.1 数据清洗与整理的基本原则 ……… 70
4.2 数据清洗的基本操作 ………… 70
4.2.1 删除重复项 ………… 71
4.2.2 处理缺失值 ………… 74
4.2.3 分离组合列 ………… 76
4.2.4 处理非法值 ………… 81
4.3 数据整理的基本方法 ………… 83
4.3.1 常规的数据整理方法 ………… 83
4.3.2 日期时间型的数据处理方法 ………… 95
【本章小结】 ………… 102
【习题四】 ………… 102
【技能实训】 ………… 103

第 5 章 数据可视化 ………… 104

5.1 常用统计量介绍及实现方法 ……… 105
5.1.1 集中趋势 ………… 105
5.1.2 离散程度 ………… 108
5.1.3 分布形态 ………… 110
5.2 数据说明表 ………… 111
5.2.1 数据说明表的制作要点 ………… 111
5.2.2 案例展示 ………… 112
5.3 数据可视化方法 ………… 113
5.3.1 单变量数据可视化 ………… 114
5.3.2 双变量数据可视化 ………… 119
5.3.3 多变量数据可视化 ………… 126
【本章小结】 ………… 129
【习题五】 ………… 130
【技能实训】 ………… 131

第 6 章 数据分析报告的撰写 ………… 132

6.1 数据分析报告概述 ………… 132
6.1.1 数据分析报告的定义 ………… 133
6.1.2 数据分析报告的写作原则 …… 133
6.1.3 数据分析报告的作用 ………… 134
6.1.4 数据分析报告的分类 ………… 134
6.2 数据分析报告的结构 ………… 136
6.2.1 标题 ………… 136
6.2.2 背景介绍 ………… 137
6.2.3 正文 ………… 139
6.2.4 结论与建议 ………… 143
6.2.5 附录 ………… 144
6.3 撰写数据分析报告的注意事项 …… 144
6.4 数据分析报告撰写案例 ………… 145
【本章小结】 ………… 151
【习题六】 ………… 151
【技能实训】 ………… 152

第 7 章 数据分析案例实践 ………… 153

7.1 基于马蜂窝旅游产品的游记分析 ………… 153
7.1.1 马蜂窝数据的获取 ………… 153
7.1.2 马蜂窝数据的清洗与整理 …… 156
7.1.3 马蜂窝数据的可视化 ………… 157
7.1.4 马蜂窝数据分析报告示例 …… 158
7.2 基于电商数据的竞品分析 ………… 163
7.2.1 电商数据的获取 ………… 163
7.2.2 电商数据的清洗与整理 ………… 165
7.2.3 电商数据的可视化 ………… 165
7.2.4 竞品分析案例展示 ………… 166
【本章小结】 ………… 173
【习题七】 ………… 173
【技能实训】 ………… 173

参考文献 ………… 174

第1章 数据分析概述

【学习目标】

- 理解数据分析的定义和用处。
- 掌握数据分析的流程。
- 掌握常用的数据分析方法。
- 了解数据分析的道德与职业原则。

【引导案例】

数据分析那些事儿

小白今年刚刚大学毕业，经过一翻激烈“厮杀”，“过五关斩六将”，成功应聘到一家近年来发展迅速、小有名气的互联网公司。

入职第一天，主管领导找其谈话。大致内容是：在互联网时代背景下，大数据技术不断发展，我们公司又是互联网公司，无论把小白分配到哪个部门、哪个岗位，数据分析技能都必不可少，它对于未来的实际工作至关重要。

提到数据分析技能，可把小白难住了，上大学的时候没有学过数据分析呀！学习完本章的知识应该会对数据分析有初步的了解。

【思考】

1. 什么是数据分析？
2. 数据分析的流程有哪些？
3. 常用的数据分析方法有哪些？
4. 如何做一个称职的数据分析从业者？

时代的发展、技术的进步使得数据分析成为许多职场人必备的基本技能。但是，很多人在刚刚接触数据分析时无从下手，主要是因为数据分析的基础知识难以掌握。本章重点讲解数据分析的基础知识、流程、方法和道德与职业原则等内容。

1.1 数据分析的基础知识

如今，数据科学技术逐渐应用到各行各业中，数据分析的基础知识也逐渐普及。本节重点介绍数据分析的基础知识，包括数据分析的定义、分类、用处及工具等。

1.1.1 数据分析的定义

数据分析是指用适当的统计分析方法对收集来的大量数据进行分析，以求最大化地开发数据的功能，发挥数据的作用。数据分析是以提取有用信息和形成结论为目的而对数据加以详细研究和概括总结的过程。这里的数据也称为观测值，是通过实验、测量、观察、调查等方式获取的结果。

通俗地讲，数据分析就是将隐藏在看似杂乱无章、平凡普通的数据背后的信息提炼出来，总结出研究对象的规律。在实际工作中，一个小小的数据分析结论可能会对公司未来的战略和决策发挥重要、积极的作用。

了解了数据分析的定义，接下来我们看看数据分析有哪些分类。

1.1.2 数据分析的分类

在统计学领域，数据分析分为描述性数据分析、探索性数据分析和验证性数据分析，如图 1-1 所示。

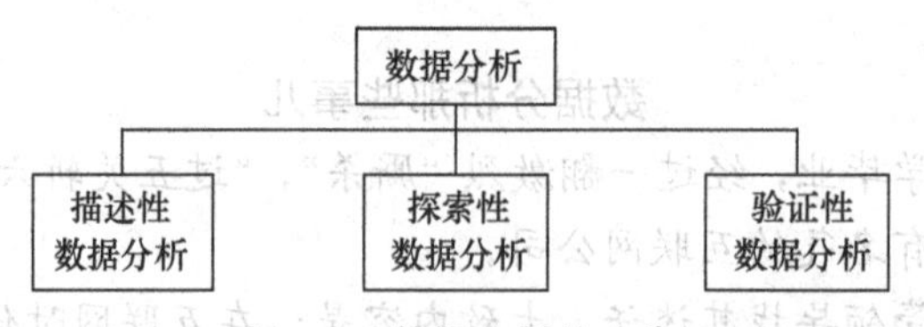

图 1-1 数据分析的分类

其中，描述性数据分析属于初级的数据分析，也是本教材要重点介绍的，常见的分析方法包括对比分析法、平均分析法、交叉分析法等。描述性数据分析要对调查总体所有变量的有关数据进行统计性描述，主要包括数据的频数分析、数据的集中趋势分析、数据离散程度分析、数据的分布分析，以及绘制一些基本的统计图形。

探索性数据分析侧重在数据中发现新的特征，而验证性数据分析侧重验证已有假设的真伪。相对描述性数据分析来说，探索性数据分析和验证性数据分析属于高级数据分析，常见的分析方法有相关分析、因子分析、回归分析等。我们日常工作过程中遇到的大部分问题都可以通过描述性数据分析得出有意思的结论。

简单了解数据分析的分类后，接下来我们看看数据分析具体有什么用处。

数据分析的用处

1.1.3 数据分析的用处

在做数据分析工作之前，我们首先要明确数据分析的具体用处是什么，只有明确了数据分析的用处，数据分析工作才能有的放矢，真正发挥作用。在企业的实际生产经营过程中，常见的数据分析用处包括监控现状、分析原因、预测未来，如图 1-2 所示。

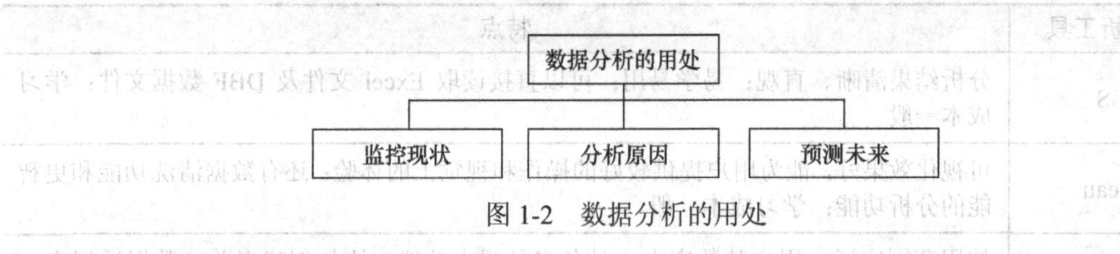

图 1-2　数据分析的用处

1．利用数据监控现状

监控现状（现状分析）是指根据企业当前产生的数据对企业的现状进行分析，例如通过对数据的分析，了解企业目前的生产状况、销售状况、财务状况，利用同比、环比等手段掌握目前企业的经营指标。

现状分析一般通过日常通报来完成，如日报、周报、月报等。

2．利用数据分析原因

通过现状分析，我们可了解企业的运营状态，利用数据分析原因（原因分析）就是分析某一现状发生的原因是什么，如销量为什么会下滑、利润为什么会上升等。

原因分析一般通过专题分析来完成，利用数据对某一具体现状进行原因分析。

3．利用数据预测未来

经过现状分析和原因分析后，我们就需要进行重要的决策。企业做决策时通常会比较慎重，这种决策通常会有相应的依据，这个依据通常是原因分析的结果。为了提升企业经营质量、提高产品在市场上的竞争能力，企业会基于原因分析做出某种决策，那么这种决策一旦实施以后，在某个时间范围内会产生什么样的影响呢？此时需要利用数据预测未来（预测分析）。

预测分析一般也通过专题分析来完成，通常在制订企业年度、季度计划时进行，其开展的频率没有现状分析及原因分析高。

1.1.4　数据分析的工具

工欲善其事，必先利其器，既然数据分析在企业生产经营过程中发挥着重要作用，了解并掌握数据分析的工具就十分必要。

近年来，数据分析行业蓬勃发展，各种类型的数据分析工具受到不同数据分析爱好者的追捧。这些工具包括 Python、R、SPSS、Tableau、Excel 等，它们之间究竟有什么区别？哪个更好？我们应该学习哪个？

尽管这是老生常谈的问题，但它确实很重要。从业者们一直在努力寻找问题的答案，但很难找到公正的看法。因为特定数据分析工具的评估者可能会从不同的角度出发进行评估，表 1-1 为常见数据分析工具的特点比较。

表 1-1　常见数据分析工具的特点比较

数据分析工具	特点
Python	免费开源的编程语言；适合数据分析、机器学习、深度学习，能够进行网站开发、爬虫开发等；学习成本较高
R	免费开源的软件；是统计分析和统计制图的优秀工具；学习成本较高

（续表）

数据分析工具	特点
SPSS	分析结果清晰、直观；易学易用；可以直接读取 Excel 文件及 DBF 数据文件；学习成本一般
Tableau	可视化效果好，能为用户提供较好的操作和视觉上的体验；还有数据清洗功能和更智能的分析功能；学习成本一般
Excel	使用范围广泛；用户基数庞大；具备多种强大功能，比如创建表单、数据透视表、VBA 等；数据分析初学者的必备工具；学习成本低

大部分数据分析工具系统学习起来耗时较长。这时候不得不提到 Excel 这个“平平无奇数据分析小能手”了，它看似基础，实际上功能强大，可以完成数据处理、数据可视化、数据建模等很多工作。

对数据分析的初学者来说，无论是从学习成本方面还是从实际工作中的使用频率方面考虑，Excel 都是进行数据分析的较好选择。

1.2 数据分析的流程

数据分析一般有数据采集、数据清洗、数据整理、数据可视化、模型建立、数据分析报告撰写等多个流程，如图 1-3 所示。并不是每一次数据分析都需要这些流程，如果企业现有的数据质量非常好，就不需要数据采集流程。有些数据分析仅仅需要对数据进行可视化，不需要建立模型。本教材作为数据分析基础教材，对模型建立部分不进行详细介绍。

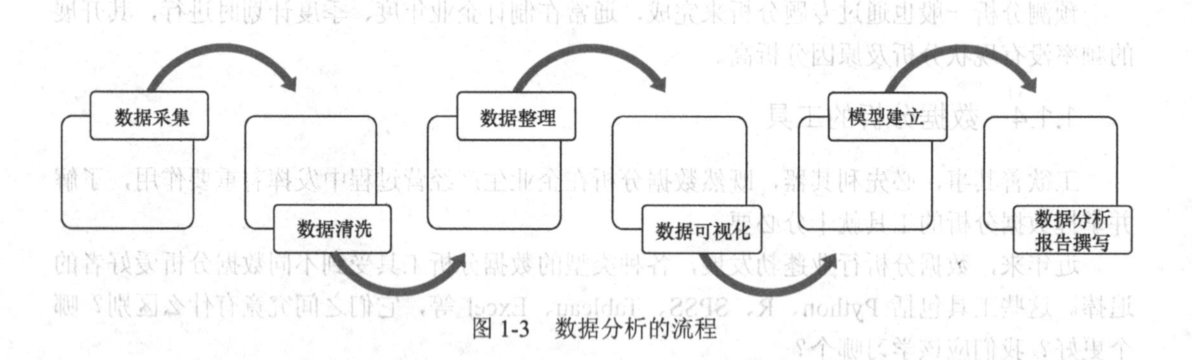

图 1-3 数据分析的流程

1.2.1 数据采集

在整个数据分析流程中，数据采集是非常重要的。只有采集好数据，才能打好数据分析的基础。只有按照确定的数据分析框架来采集数据，才能为后续的数据分析提供准确的素材和依据。

数据采集的来源一般包括以下几种。

1．企业内部数据库

企业在生产经营活动过程中会产生内部数据，每个企业都会有自己的内部数据库，这个数据库是非常重要、非常有效的数据分析素材和资源，应充分利用。企业内部数据库的数据质量通常相对较高，真实性也毋庸置疑。

2. 公开数据库

目前网络上有很多公开数据库，这些数据库中有相当多的数据，其质量也有保证，完全可以作为数据分析的素材，例如，国家统计局、Wind、百度指数等的公开数据库。

3. 电子商务数据

企业的生产经营活动多数都离不开电子商务，这些数据不但有企业自身的，也有竞争对手的，对于产品研究、市场决断具有巨大优势。

4. 市场调查数据

在进行数据分析时，我们通过上述3种来源来获取用户的想法和需求可能比较困难，因此可以尝试使用市场调查的方法收集用户的想法和需求。市场调查是指运用科学的方法，有目的、系统地收集、记录、整理有关市场营销的信息和资料，分析市场情况，了解市场现状及其发展趋势，为市场预测和营销决策提供客观、准确的数据资料。

1.2.2 数据清洗

数据清洗是指对数据进行重新审查和校验的流程，目的在于删除重复信息，纠正存在的错误，并提供数据一致性。在实际数据清洗流程中较为常用的是结构化数据，结构化数据也称作行数据，是由二维表结构来逻辑表达和实现的数据，严格地遵循数据格式与长度规范，主要通过关系数据库进行存储和管理。二维表中的列称为字段，表示事物或现象的某种特征；二维表中的行称为记录，表示事物或现象某种特征的具体表现。每个字段因为存储的数据类别不同，数据类型也有可能不同。

数据清洗工作的主要内容如下。

1. 重复数据处理

本教材中提到的需要清洗的数据都是结构化数据，结构化数据中不允许出现完全相同的两行，当数据中出现了完全相同的两行时一定要将其中一行删除。

2. 缺失值处理

数据在编码、录入、导入、导出、格式转变过程中都有可能会产生缺失值，处理这些缺失值非常简单的方式是将其删除。但好不容易获取到的数据，直接删除也很可惜，虽然缺失值可能没有数据分析结论，但极有可能同一行上其他字段值具有研究意义。所以，我们应该考虑填充缺失值，填充时可以参考原有数据的情况，利用科学的方法计算出最恰当的值并将其填充在缺失值位置。

3. 错误数据处理

这里提到的错误数据，是指有逻辑错误的数据，例如年龄出现负值、我们常用的手机号码出现了12位数字、年龄与身份证号相互矛盾等，只需要根据能够使用的方法对其进行更正或删除即可。有时数据表面看上去并没有错误，但是也需要当成错误数据来处理，例如：商品毛重字段值中有的单位是g、有的单位是kg，商品名称字段值中包含了段落标记或空格。这些问题会严重影响数据分析的效率和准确性，需要进行相应的处理，如统一单位、删除段落标记或空格等。

总之，数据清洗时我们需要有“清洁工”的精神，要将数据整理得“干干净净”、井井有条。

1.2.3 数据整理

数据整理是根据清洗后的数据及数据分析目标对数据进行加工处理的流程。

首先，数据整理包括根据需要对杂乱无序的数据进行排序、筛选等操作。

其次，数据整理需要依据现有数据增加新的指标，即在原有数据基础上通过科学的方法建立新的字段，增加数据描述指标。

例如，有销售日期字段，可以根据该字段衍生出季度、年、月、日、星期、是否周末等字段，从而分析不同时间段的产品销售情况。

当然，增加数据指标的前提是要理解业务、了解现有数据指标、明确数据分析的目标。数据整理一般包括数据抽取、数据分组、数据转换、数据抽样等。

1．数据抽取

数据抽取指将原数据表中某些字段的部分信息组合成一个新字段，可以是截取某一字段的部分信息——字段分列，也可以是将某几个字段合并为一个新字段——字段合并，还可以是将原数据表中不包含但其他数据表中包含的字段有效地匹配为一个新字段——数据匹配。

2．数据分组

当评价一个连续数据时，数据分组是一个有效手段。例如，我们想描述某部门100位同事的工资水平，是把数据排序后展示出来，还是分组成高于10 000元、5000～10 000元、低于5000元来分别展示各有多少人好呢？很显然分组后的数据分析价值更高。

3．数据转换

有时候我们获取到的数据结构并不理想，很难将数据用于数据分析，但只要把行列互换或者做一些结构上的改变，即可以将其变换成我们想要的数据。

4．数据抽样

抽样是指从总体数据中按照随机原则选取一部分数据作为样本进行分析。在实际工作中，我们经常需要进行数据建模，这个时候可以在总体数据中抽样出80%的数据作为模型的训练集，将剩下的20%作为模型的测试集。

总之，数据整理要紧紧围绕业务，紧扣数据分析目标，在数据清洗的基础上把数据加工得更有分析价值。

1.2.4 数据可视化

人们常说“一图胜千言”，事实确实如此，尤其是在给领导汇报、与同事讨论工作的过程中如果能使用直观的图像来说明具体的问题，不但可以提高工作效率，而且更容易抓住问题的本质。

一般情况下，数据是通过图形和表格的形式来展现的，即“用图表说话”。常用的图形有柱形图、条形图、折线图、散点图、饼图、雷达图等，有时候为了使图形更能说明实际业务问题，可以对图形进行适当加工，如加工成漏斗图、帕累托图、矩阵图等。

整体来说，数据可视化的原则是能用图形说明问题就不用表格，能用表格说明问题就不用文本。在使用图形展现数据时，需要注意数据类型与图形类型之间对应的使用规律，即什么类型的数据应对应什么类型的图形。

1.2.5　数据分析报告撰写

数据分析的最后一个流程就是数据分析报告撰写。数据分析报告是根据数据分析原理和方法，运用数据来反映、研究和分析某项事物的现状、问题、原因、本质和规律，并得出结论，将可行性建议及其他有价值的信息传递给管理者，从而帮助管理者正确地理解，并做出判断和决策。

作为管理者，需要做的不仅是找出问题、分析问题，更重要的是要有解决问题的建议或方案，因此数据分析报告中一定要有建议或解决方案，以便管理者在做决策时进行参考。所以，数据分析师不仅需要掌握数据分析方法，还要了解和熟悉业务，这样才能提出具有可行性的建议或解决方案。

在撰写数据分析报告时，以下几个撰写要求需要特别注意。第一，结构合理，逻辑清晰；第二，结合业务，分析合理；第三，篇幅适宜，简洁有效；第四，用词准确，避免含糊；第五，实事求是，反映真相。

本节重点介绍了数据分析的流程，本节介绍的数据分析流程具有普遍性，在实际应用中可以根据实际情况进行适当调整。

1.3　常用的数据分析方法

随着互联网的发展，业务逻辑越来越复杂，数据分析也越来越重要。但刚刚接触数据分析的读者，可能不了解怎样进行数据分析，毫无思路。下面盘点几种数据分析师常用的数据分析方法，希望看完本节内容的读者，能够形成清晰的数据分析思路。

1.3.1　PEST 分析法

PEST 分析法用于对宏观环境进行分析。宏观环境是指影响一切行业和企业的各种宏观力量。虽然每个企业的业务范围差距较大，但是通常都会受到宏观环境的影响。P 表示政治（Politics）环境，E 表示经济（Economy）环境，S 表示社会（Society）环境，T 表示技术（Technology）环境，如图 1-4 所示。在分析一个企业所处的背景时，通常通过这 4 个因素来分析企业所面临的状况，下面进行简单的介绍。

第一，政治环境。政治环境包括国家的社会制度，政府的方针、政策、法令等。

第二，经济环境。经济环境包括国家的经济制度、经济结构、产业布局、资源状况、经济发展水平及未来的经济走势等。

第三，社会环境。社会环境包括国家或地区的居民教育程度和文化水平、宗教信仰、风俗习惯、审美观点、价值观念等。

第四，技术环境。分析技术环境除了要考察与企业所处领域的活动直接相关的技术手段的发展、变化外，还应及时了解国家或地区对科技开发的投资和支持重点、领域技术发展动态和研究开发费用总额、技术转移和技术商品化速度、专利及其保护情况等。

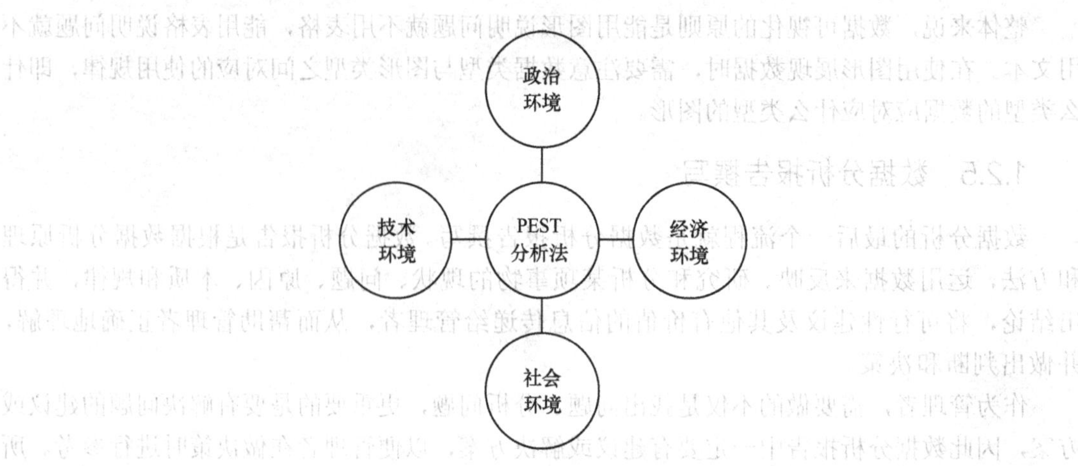

图 1-4　PEST 分析法

进行 PEST 分析需要掌握大量的、充分的相关数据资料，并且对所分析的企业有着深刻的认识，否则很难进行 PEST 分析。

1.3.2　5W2H 分析法

5W2H 分析法是用 5 个以 W 开头的英语词语和两个以 H 开头的英语词语进行设问，以发现解决问题的线索，如图 1-5 所示。

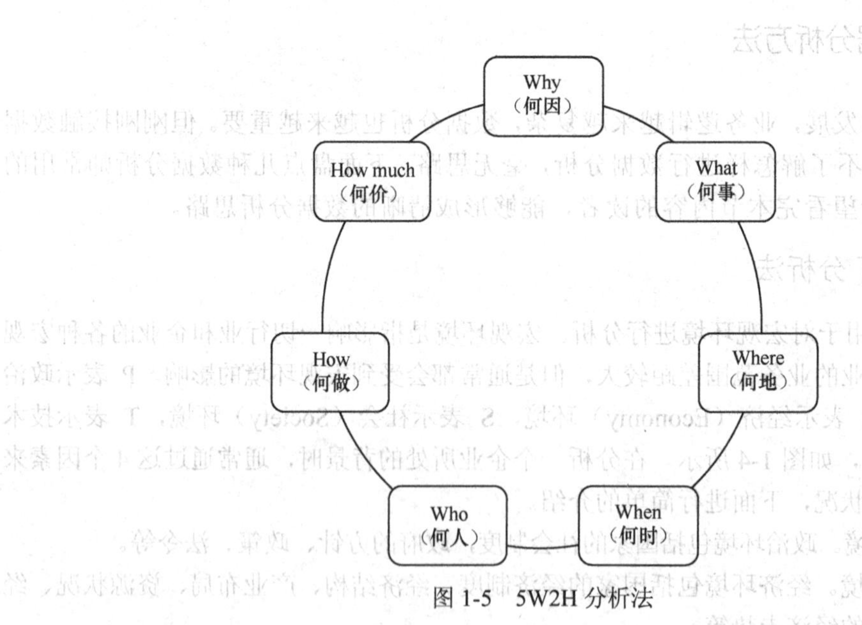

图 1-5　5W2H 分析法

Why（何因）：表面上是要了解做这项工作的原因，实际上是要了解这项工作的目的。

What（何事）表面上是要了解工作的内容，实际上是要了解和理解这项工作的内涵价值、里程碑目标和最终工作目标。

Where（何地）：表面上是要了解工作的地点，即在什么地方来进行此项工作，实际上是要全盘考虑整个工作所涉及的多个不同的场景。

When（何时）：表面上是要了解工作的时间要求，比如开始时间、结束时间，实际上还应该包括工作推进过程中的里程碑时间、工作内部进度时间、成果交流汇报时间等。

Who（何人）：表面上是要求哪些人来参加这项工作，实际上是要关注这项工作主要面向的对象是谁，或者是哪种类型的人，如负责检查、验收该项目工作的人，这与了解工作的目的同样重要。

How（何做）：在了解了前面的5W以后，就要进行工作方法的评估，这里表面上是要了解工作方法，实际上是要做一个比较翔实的工作计划，融合前面5W的需求和相关因素，明确整合哪些资源、采取怎样的技术路径、设立哪些里程碑目标及期望达到的效果等。

How much（何价）：有了前面5W1H的基础，部分工作还需要进一步确定投资预算和成本测算，对投资的成本结构、依据、必要性、报价甚至产出的收益进行充分的说明。

5W2H分析法简单方便、易学易用、富有启发意义，广泛用于产品营销、项目管理等企业经营活动中，对于决策和可执行的活动措施非常有帮助，也有助于全面考虑问题。在5W2H分析法指导下搭建的数据分析框架通常结构清晰、内容全面。

1.3.3　逻辑树分析法

逻辑树又称问题树、演绎树或分解树等。麦肯锡公司分析问题常使用的方法就是逻辑树。逻辑树可将问题的所有子问题分层罗列，从最高层开始，并逐步向下扩展。

逻辑树分析法把一个已知问题当成“树干”，然后开始考虑这个问题和哪些相关问题或者子任务有关。每想到一点，就给这个问题（也就是“树干”）加一个“树枝”，并标明这个“树枝”代表什么问题。一个大的“树枝”上还可以有小的“树枝”，以此类推，可找出问题的所有相关问题，如图1-6所示。逻辑树分析法主要用于帮助我们理清自己的思路，避免进行重复和无关的思考。还能确定各问题的前后顺序，把工作的责任明确落实到每一个人。

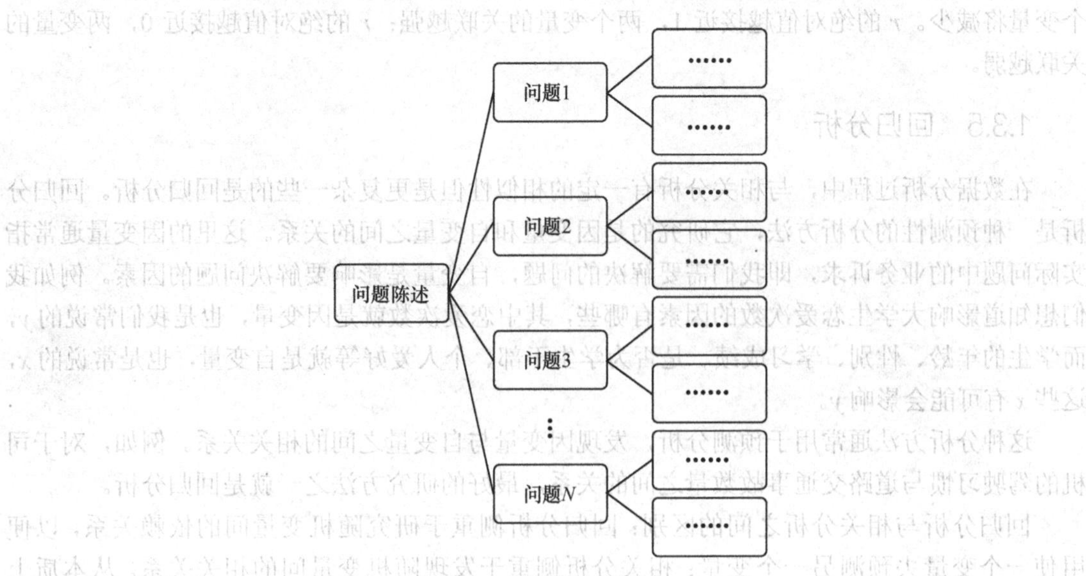

图1-6　逻辑树分析法

此外，当使用逻辑树分析法分析复杂问题时，我们还可以把复杂问题分解为一组较小的、简单的，并且可以单独解决的子问题，然后把子问题不断分解。等到把子问题分解到足够小时，答案可能就变得非常清晰和明了。

当然，逻辑树分析法本质上不是告诉我们解决问题的具体方法，而是教会我们分析复杂问题的思路和方式。基于这种分析法，我们能够更加快速和准确地找到解决问题的方法。对于任何工具的使用和掌握都需要经过大量的刻意训练来加深理解，正所谓熟能生巧，只有这样我们才能真正将逻辑树分析法融入我们自身的思维体系。

1.3.4 相关分析

我们在数据分析过程中，通常需要判断两个维度的数据是否相关，例如学生在图书馆的借书数量及其考试成绩之间是否相关，客户网购满意度及其重复购买意愿之间是否相关，如果相关其关系紧密程度如何。此时可以考虑使用相关分析来解决问题。

相关分析是研究两个或两个以上处于同等地位的随机变量间的相关关系的统计分析方法。相关分析用于描述客观事物之间关系的紧密程度并用适当的统计指标将其表示出来。如在一段时期内出生率随经济水平上升而上升，这说明两个指标之间有正相关关系；而在另一时期，随着经济的进一步发展，出现出生率下降的现象，则说明两个指标之间有负相关关系。

为了确定相关变量之间的关系，首先应该收集一些数据，这些数据应该是成对的，例如人的身高和体重。然后在直角坐标系上用点描述这些数据，这一组点称为“散点图”。

通过观察散点图能够直观地发现变量间的相关关系，但这种相关关系是主观的、非精确的，可以进一步通过相关系数判断变量之间的关系。

两个变量之间关系的紧密程度通过相关系数 r 来表示。相关系数 r 的值为-1～1，两个变量有正相关关系时，r 值为 0～1，散点图是斜向上的，这时一个变量增加，另一个变量也增加；两个变量有负相关关系时，r 值为-1～0，散点图是斜向下的，此时一个变量增加，另一个变量将减少。r 的绝对值越接近 1，两个变量的关联越强；r 的绝对值越接近 0，两变量的关联越弱。

1.3.5 回归分析

在数据分析过程中，与相关分析有一定的相似性但是更复杂一些的是回归分析。回归分析是一种预测性的分析方法，它研究的是因变量和自变量之间的关系。这里的因变量通常指实际问题中的业务诉求，即我们需要解决的问题，自变量是影响要解决问题的因素。例如我们想知道影响大学生恋爱次数的因素有哪些，其中恋爱次数就是因变量，也是我们常说的 y，而学生的年龄、性别、学习成绩、是否为学生干部、个人爱好等就是自变量，也是常说的 x，这些 x 有可能会影响 y。

这种分析方法通常用于预测分析，发现因变量与自变量之间的相关关系。例如，对于司机的驾驶习惯与道路交通事故数量之间的关系，最好的研究方法之一就是回归分析。

回归分析与相关分析之间的区别：回归分析侧重于研究随机变量间的依赖关系，以便用使一个变量去预测另一个变量；相关分析侧重于发现随机变量间的相关关系。从本质上来说两种方法有许多共同点，即均是针对具有相关关系的变量，根据数据内在逻辑分析变量之间的联系。相关分析可以说是回归分析的基础和前提，而回归分析则是相关分析的深入和继续。

1.3.6 综合评价分析法

在现实的工作和生活中，市场营销、项目管理、经济决策等领域都会涉及综合评价问题。例如在选择营销平台时，我们可能觉得A平台很好，B平台也不错，此时就需要做出综合评价，究竟是选择A平台还是选择B平台，还是两个都选择。

所谓综合评价，就是对评价客体不同侧面的特征给出系统的量化描述，并以此为基础，运用一系列数学、统计学等的定量方法进行适当综合，得出反映各评价客体较为真实的综合水平的分析方法。其根本目的是要灵敏、全面地区分不同评价客体之间综合水平的差异，以便决策。

由于要解决的实际问题不同，因此即使是相同的问题评价指标也不一定相同。这是因为每个人关注问题的角度不同，所以要正确评价问题还是比较复杂的。一个清晰的研究思路有助于降低分析的复杂程度。根据对象和研究目的的不同，分析步骤略有不同，大致可分为以下5个步骤：确定评价指标、确定指标权重、确定指标评价等级和范围、建立综合评价模型、评价结果分析。

例如我们在买房子过程中，有可能看中了A、B、C这3套房子，但由于种种原因限制只能选择其中的一套，此时就可以使用综合评价分析法进行有效判断和选择。

首先确定评价指标。每个人考虑的因素有可能不同，如价格、户型、交通状况、地理位置、小区环境、周边配套设施等。紧接着根据个人偏好来确定指标权重，即把最关心的指标权重设置得较大，反之则把权重设置得较小。然后根据每个指标的权重及相应的评价等级和范围建立综合评价模型，最后得出评价结果分析。哪一套房子的综合评价得分相对较高，就说明这套房子相对来说更加适合。

1.3.7 四象限分析法

四象限分析法

四象限分析法通过对两种维度的划分，运用坐标的方式表达出想要的价值，再由价值直接转变为策略，从而进行一些策略落地的推动。四象限分析法使用策略驱动的思维方式，常应用于产品分析、市场分析、客户管理、商品管理等。

运用四象限分析法思考问题时，核心在于问题维度。我们可以从任意问题中提取出任意指标，保证每一个指标相对独立，这些指标就可以作为维度。然后将其代入四象限分析法来分析问题。

图1-7为四象限分析法示例，是针对每次营销活动的点击率和转化率两个维度设计的四象限图。绘图时只需要找到点击率和转化率相应的数据坐标点，然后将这次营销活动的效果归到每个象限中，4个象限分别代表了不同的评估效果。

第一象限：高点击率、高转化率。高点击率说明营销活动打动了客户，高转化率说明被打动的客户是产品的目标用户，营销活动很成功，未来可以继续使用该营销策略。

第二象限：高转化率、低点击率。同样地，高点击率说明被打动的客户是产品的目标用户，但低点击率说明营销活动几乎没有打动客户，应该在营销活动的策划上进一步改进，争取打动更多的客户。

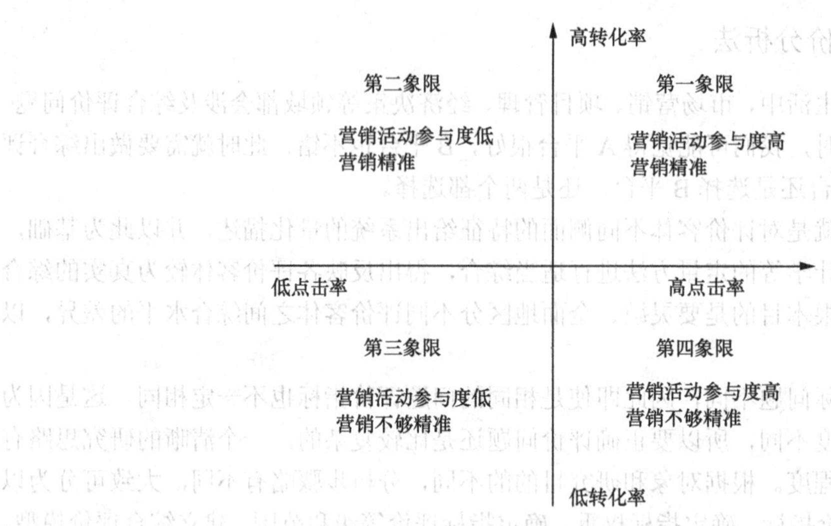

图 1-7　四象限分析法示例

第三象限：低点击率、低转化率。这个象限表示最糟糕的营销活动，投放广告的点击率低，点击客户的转化率低，创意无效，客户不精准，未来应考虑取消该类营销活动。

第四象限：高点击率、低转化率。这个象限的营销活动给出的策划和文案还是比较成功的，但并没有真正打动客户，这个象限的营销活动在一定程度上有“标题党”的嫌疑，需要认真反思改进。

通过四象限分析法可将有相同特征的事件进行归因分析，总结其中的共性。例如上述营销活动的示例中，第一象限的事件可以提炼出有效的推广渠道与推广策略，第三象限和第四象限的事件可以排除一些无效的推广渠道。另外，可以针对不同象限建立优化策略，例如优化第二象限的营销活动创意和第四象限的营销渠道，在不同的应用场景中可以制定相应的优化策略。

四象限分析法在数据分析过程中同样易学易用，大家可以尝试使用。

1.4　数据分析的道德与职业原则

运用数据科学技术，能够发现新知识、创造新价值、提升新能力。数据科学具有的强大张力，能够给我们的生产生活和思维方式带来革命性改变。但在“大数据热”中也需要“冷思考”，特别是正确认识和应对大数据技术带来的道德与职业原则问题，以更好地趋利避害。

1.4.1　数据分析造假

数据分析造假的危害，不需要在此多讲，相信大家都能理解。一个错误的数据分析结论可能会导致一个错误的决策，一个错误的决策可能会对个人、对企业、对某个行业、甚至某个国家带来灾难性的“打击”，因此数据分析师的分析结论是否客观、准确至关重要。

为什么会出现那么多错误的数据分析结论呢？一方面是因为数据分析对于很多人来说是未知技术，其科学使用方法还存在一定的技术要求，需要人们不断地学习。另一方面，数据分析师可能为了满足甲方或者领导的需求，将一些数据分析结果片面地放大，导致出现难以预料的损失。

为了避免出现错误的数据分析结论，我们在数据分析过程中至少应该从两个角度来思考问题。第一，用于数据分析的数据是否真实可信，如果数据都不真实，显然结论也会相当不可信。第二，用于数据分析的方法是否科学，一个好的数据分析方法应该既能透过数据看到数据背后的业务本质，又能对未来的业务决策提供极大的帮助。

1.4.2 数据分析正能量

数据分析的意义是使数据产生价值，当然这个价值一定是"正能量"的价值，必须合情合理、合法合规。数据分析师参与完成一个好的数据分析项目，能将正能量传递给每个人，使人认为"数据分析是一件很值得、很舒服、很有趣的事情"。同时，我们必须随时随地保持极高的警惕，坚决杜绝利用数据分析技能从事违法乱纪的活动。

要想让数据分析的内容保持正能量，首先要保证数据分析的主题能凝聚正能量。数据分析的主题和目的应该是解决人们生产生活中遇到的某些问题，以提高人们工作效率、提高产品质量、促进社会进步、改善行业现状、改进专业技术等。另外，在数据分析过程的每个环节中都要遵守相关法律法规，注意数据收集的合法性，注意数据的保密性，注意数据分析结论的正确性。

总之，作为一个优秀的数据分析师，应该时刻保持正能量、传递正能量。

1.4.3 道德与伦理规范

我们现在处在数据爆炸式增长的时代，人们使用数据解决生产生活过程中的问题变得越来越频繁、越来越精准、越来越有效，大数据技术对于提高人类生活质量、推动社会进步具有巨大的积极作用。但大数据技术的广泛应用也带来了一些问题，尤其是道德与伦理规范问题，需要引起广泛关注和认真对待。

大数据技术带来的道德与伦理规范问题通常包括以下几方面。

一是隐私泄露问题。大数据技术具有随时随地采集真实数据、永久保存数据等强大功能。个人的身份信息、行为信息、位置信息，甚至信仰、观念、情感与社交关系等隐私信息，都可能被记录、保存、呈现。在现代社会中，人们几乎无时无刻不暴露在智能设备面前，时时刻刻在产生数据并被记录。如果任由网络平台运营商收集、存储、兜售用户数据，个人隐私将无从谈起。

二是信息安全问题。个人所产生的数据包括主动产生的数据和被动采集的数据，删除权、存储权、使用权、知情权等本属于个人的自主权利，但在很多情况下这些权利难以保障。一些信息技术本身就存在安全漏洞，因此可能导致数据泄露、伪造、失真等问题，影响信息安全。

三是数据鸿沟问题。一部分人能够占有和利用大数据资源，而另一部分人则难以占有和利用大数据资源，造成数据鸿沟问题。数据鸿沟问题会产生信息红利分配不公问题，加剧群体差异和社会矛盾。

学术界普遍认为，应针对大数据技术引发的道德与伦理规范问题确立相应的原则。

一是无害性原则，即大数据技术发展应坚持以人为本，服务于人类社会的健康发展和人民生活质量的提高。

二是权责统一原则，即谁收集数据谁负责、谁使用数据谁负责。

三是尊重自主原则，即数据的删除权、存储权、使用权、知情权等权利应充分赋予数据产生者。现实生活中，除了遵循这些原则，还应采取必要措施，使数据分析师遵循职业原则。

1.4.4 职业原则

每一种职业都有相应的职业原则，都有相应的职业道德规范，数据分析师也不例外。职业原则为数据分析师制定了可被接受的行为标准，定义了其行为边界，也是大众对其的行为期望。下面我们简单介绍数据分析师需要特别注意的一些职业原则。

第一，遵守法律，并明确法律只是最低标准。在数字化迅速发展的大背景下，要保持数据道德，企业领导需要保证企业自身合规框架的要求比现行法律的要求更高。

第二，尽量使隐私和安全保护达到数据提供者的期望标准。数据提供者对隐私和安全的期望标准是根据具体情况变化的。数据分析师应该尽量考虑并尽可能达到这些期望标准。

第三，尊重数据背后的人。如果数据在使用过程中会对人产生影响，数据分析师需要首先考虑潜在危害。这种潜在危害不容易被直接发现，但往往危害被发现时局面可能已经无法挽回，所以必须要时刻尊重数据背后的人，从而避免潜在危害的出现。

第四，追踪数据集的使用。在使用数据的时候，数据分析师应该尽量在使用目的和对数据的理解上与数据提供者保持一致。

第五，尽可能向数据提供者表明数据使用目的。数据在穿越整个生产销售过程中可能会产生相当的风险。在数据收集的时间点上，保持最大化的透明度可以把这种风险降到最低。

第六，数据专家和从业者需要准确地描述自己的从业资格、专业技能缺陷、符合职业标准的程度，并尽量担负同伴责任。数据行业的长期成功取决于大众和客户的信任，从业者们应当尽量担负同伴责任，从而获得大众和客户信任。

第七，组织有效的管理活动，使所有成员知情，并定期进行审查。过去通行的合规制度无法应对数据道德问题为今天的企业所带来的挑战。对于现在的数据行业，监管、法规等各方面还在不断变动之中，企业间只有相互合作，进行日常化和透明化的实践，才能更好地建立数据行业的道德管理体系。

【本章小结】

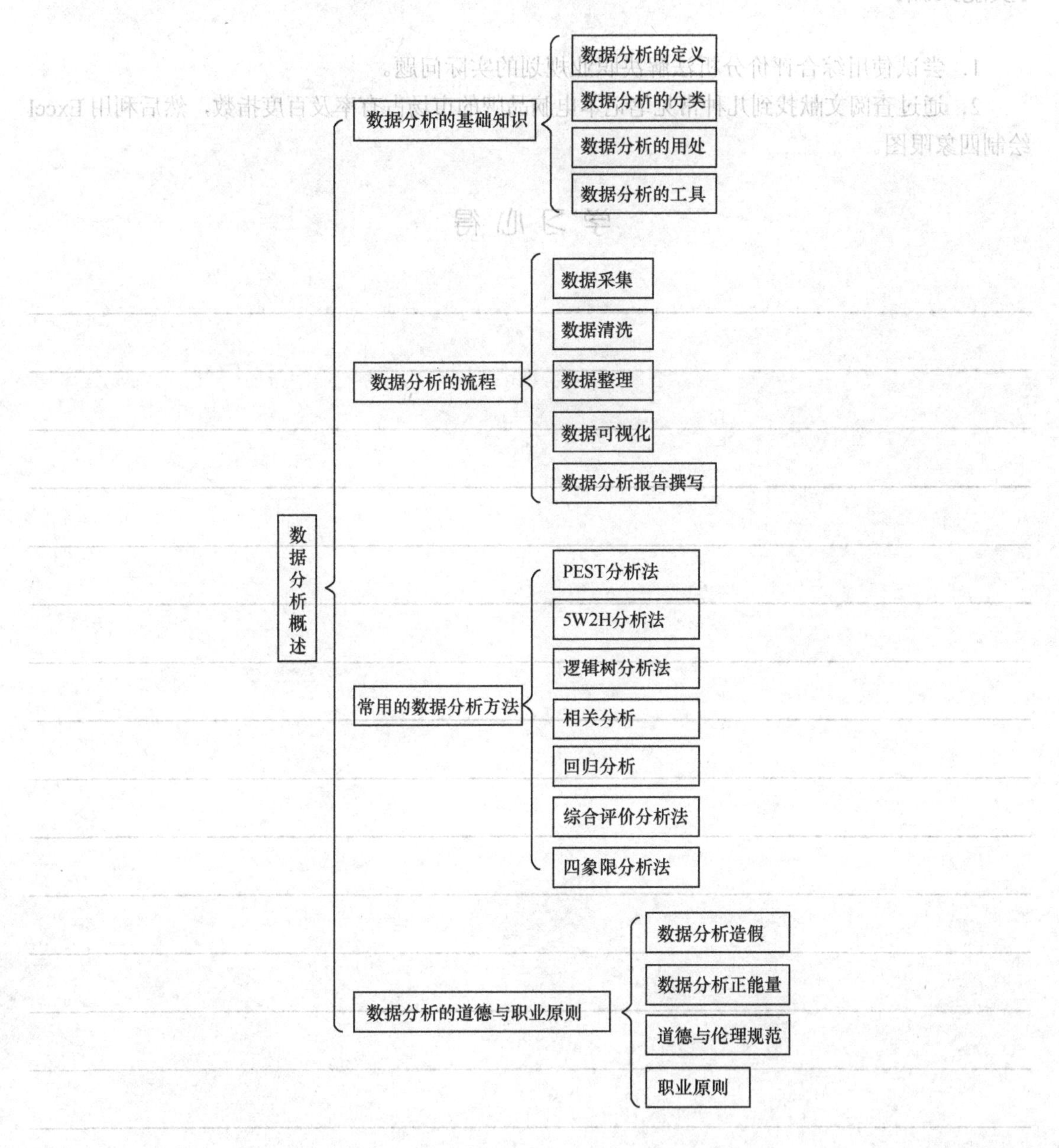

【习题一】

1．什么是数据分析？
2．数据分析的用处是什么？
3．数据分析的工具有哪些？
4．数据分析的流程有哪些？

5．数据分析的职业原则有哪些？

【技能实训】

1．尝试使用综合评价分析法解决职业规划的实际问题。

2．通过查阅文献找到几种常见笔记本电脑品牌的市场占有率及百度指数，然后利用 Excel 绘制四象限图。

学习心得

第2章 商务数据采集概述及初级应用

【学习目标】

- 理解商务数据的含义。
- 了解数据采集方法及采集工具。
- 掌握数据采集器的初级应用。

【引导案例】

数据采集的初级应用

初入职场的小白每天都在紧张有序地忙碌着，而职场道路的“第一站”，无论是薪酬待遇还是工作内容都是比较令人满意的。时间过得很快，入职马上就快 3 个月了，满 3 个月就可以转为正式员工，小白心里暗暗自喜。

因为小白的优异表现，他逐渐获得公司领导和同事的认可，今天一大早，公司产品部门经理就给小白分配了新的工作任务。

由于市场竞争极其强烈，公司部分产品的销售量有缓慢下滑的趋势。为了能够提前发现问题，做好应对决策，小白需要从市场上获取到比较真实、客观的商务数据，包括市场上同类产品的定价、各类性能参数、产品优缺点、客户评价等，并通过分析这些商务数据找出产品的不足、销售政策的区别、价格的定位等。

小白压力很大，因为他觉得获取数据的工作是比较专业的，自己没有基础恐怕完成不了，但事实并非完全如此。本章将对数据获取的方法以及如何具体实施进行相应的讲解。

【思考】

1. 商务数据有什么含义及来源？
2. 商务数据的采集方法有哪些？
3. 如何利用数据采集器进行商务数据采集？

数据被誉为“未来的石油”，商务数据更是具备广阔的应用场景。通过对数据进行分析，企业不仅可以发现企业内部的问题、客户体验及营销手段的不足等，还可以了解客户的内在需求。在电子商务行业中，掌握商务数据的分析与应用方法是电子商务从业人员的必备技能。本章将重点讲解商务数据采集概述及使用数据采集器采集数据的方法。

2.1 商务数据采集概述

随着互联网的飞速发展，电子商务行业借助互联网的“春风”绽放出勃勃生机。电子商务行业由网络贸易生成的数据发挥出越来越巨大的作用，对其蕴藏的价值评估也日渐提高。谁具有收集、整理、挖掘、分析数据的能力，谁就可以占据先机，在商海中游刃有余。本节先介绍什么是数据，然后介绍什么是商务数据，最后介绍商务数据的来源与采集。

2.1.1 初识数据

数据是对客观事物的性质、状态以及相互关系等进行记载的可识别的、抽象的物理符号或这些物理符号的组合。

1．数据的构成

数据由字段、记录、数据类型、数据表等组成，具体内容如下。

（1）字段

字段用于描述数据的某一特征。通常，在数据表中，表的列称为“字段”，每个字段包含某一专题的信息。

在图 2-1 所示的通信录示例中，“特种服务”“电话号码”是通信录数据表中所有行共有的属性，所以将它们称为“特种服务”字段和“电话号码”字段。

（2）记录

数据表中的每一行叫作一条“记录”。每一条记录包含该行中的所有信息，就像在通信录数据表中的某条记录包含某个人的全部信息。由于记录在数据表中并没有专门的行名称，因此常常用它所在的行数表示这是第几条记录。

在图 2-1 中，序号 1“匪警”的整行数据为一条记录，记录中包含了该特种服务所有字段的内容。

	A	B	C
1	序号	特种服务	电话号码
2	1	匪警	110
3	2	火警	119
4	3	急救中心	120
5	4	交通事故	122
6	5	公安短信报警	12110
7	6	水上求救专用	12395
8	7	天气预报	12121
9	8	报时服务	12117
10	9	森林火警	12119
11	10	红十字会急救台	999

图 2-1　通信录示例

（3）数据类型

数据类型用于为不同的数据分配合适的空间，以确定合适的存储形式。常用的数据类型包括数值型、文本型、日期型等。

（4）数据表

数据表由行（记录）和列（字段）构成，记录与字段都是数据，所以表是行和列的集合。由于数据表往往由多条记录组成，因此也被称为二维表。

2．数据的获取途径

数据通常由 3 种途径获取，即产品自有数据、调查问卷及互联网数据。下面分别进行介绍。

（1）产品自有数据

产品自有数据指在自身产品销售过程中产生的数据。该类数据一般可以分为前端数据与后端数据。前端数据包括访问量、浏览量、点击量及站内搜索量等反映用户行为的数据；而后端数据侧重商业数据，如交易量、投资回报率及全生命周期管理等。

（2）调查问卷

调查问卷又称为调查表或询问表，是以问题的形式系统地记载调查内容的一种文件。图 2-2 所示为客户满意度调查表。

客户满意度调查表

客户名称		联系方式	

尊敬的客户：

您好！

为了能使本企业更好地为您服务，让本企业的产品品质、交期、服务满足您的要求，特进行此项客户满意度调查，希望您在百忙之中给予我们客观的评价。如果您对本企业有其他要求或建议也请一并提出，您的建议是我们奋进的动力，我们将虚心接受并及时改进。谢谢配合！

一、产品质量

1、您选择××行业的企业时最看重的是：

☐ 企业宣传　☐ 企业信誉　☐ 企业实力　☐ 企业售后服务

2、您对“本类产品质量”的关注程度：

☐ 很重视　☐ 比较重视　☐ 一般

3、您最关心×产品的哪项质量指标：

☐ 产品外观　☐ 产品含量　☐ 稳定性　☐ 产品效用　☐__________（其他）

4、您对本企业×产品的外观是否满意：

☐ 很满意，产品为白色或类白色粉末状固体，无结块、结晶，无可见外来杂质

☐ 比较满意，产品颜色发黄或有少量结块、结晶或有少量杂质

☐ 不满意，产品颜色较深，有结块、结晶或杂质

5、您认为本企业×产品的产品质量较同行业同类产品比较：

☐ 高　☐ 较高　☐ 持平　☐ 较低　☐ 低

6、您对本企业×产品的包装是否满意：

☐ 很满意，产品包装外观整洁，包装密封性好

☐ 比较满意，个别产品包装稍有灰尘或个别有泄漏现象

☐ 不满意，产品外观不整洁，包装密封性不好

7、您对本企业×产品的质量是否满意：

☐ 很满意　☐ 满意　☐ 比较满意　☐ 不太满意　☐ 不满意

二、产品价格

1、您认为本企业产品价格与同行业同类产品比较：

☐ 偏低　☐ 较低　☐ 持平　☐ 较高　☐ 偏高

2、您认为本企业×产品的性价比与同行业同类产品相比：

☐ 很高　☐ 较高　☐ 持平　☐ 较低　☐ 很低

三、服务

1、您认为本企业的服务态度如何：

（1）售前咨询：☐ 很好　☐ 较好　☐ 一般

（2）集中配合：☐ 很好　☐ 较好　☐ 一般

（3）售后服务：☐ 很好　☐ 较好　☐ 一般

改进意见或建议：____________________

2、您认为影响推广服务的主要因素有：

☐ 人员配备　☐ 推广方式好　☐ 推广力度　☐____________（其他）

图 2-2　调查问卷示例

调查问卷的形式可以是表格式、卡片式或簿记式。调查问卷应具备两个功能：第一，将问题传达给被调查者；第二，使被调查者乐于回答。要实现这两个功能，调查人员在设计问

卷时应当遵循一定的原则，运用一定的技巧。

完整的调查问卷需要有明确的主题，问题目的明确、重点突出；结构合理、逻辑性强，一般是先易后难、先简后繁、先具体后抽象；通俗易懂，使被调查者一目了然并愿意如实回答；长度合适，尽量在保证问题完整性的同时将作答时间控制在 20min 以内；便于资料的校验、整理和统计。

（3）互联网数据

互联网数据分布于网页的不同位置，我们需要采集互联网数据并导入为本地数据，然后进行统一处理。互联网数据的来源及采集会在后文详细介绍，下面介绍两种使用常规软件进行数据存储和导入的方式。

① Excel 数据存储。Excel 具备直观的界面、出色的计算功能和图表工具，是比较基础、常用的数据处理工具。

找到“数据”选项卡，单击即可显示关于“数据”的横向列表。图 2-3 所示为 Excel 数据导入界面。

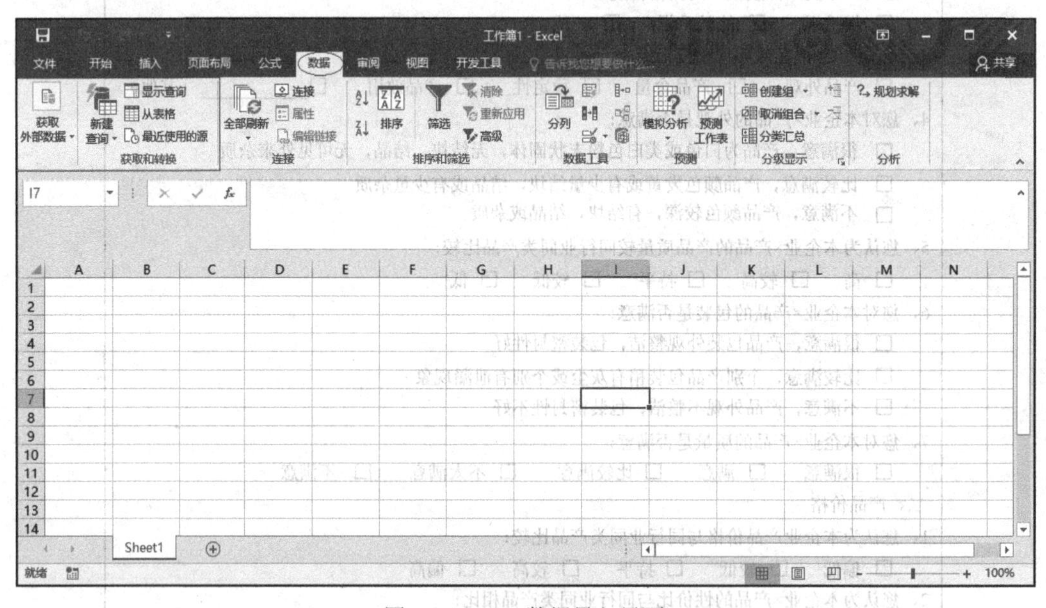

图 2-3　Excel 数据导入界面

Excel 支持导入的数据源包括 Access、网站、文本以及其他来源。

② 数据库数据存储。数据库是按照数据结构来组织、存储和管理数据的仓库。每个数据库都有一个或多个不同的应用程序接口（Application Program Interface，API），用于创建、访问、管理、搜索和复制所保存的数据。常用的数据库包括 MySQL、SQL Server、Oracle。SQL Server 支持 XLS、CSV、TXT 等大量常规数据格式文件的导入。

2.1.2　商务数据的含义

商务数据指用户在电子商务网站购买商品的过程中，网站记录的大量用户行为数据，包括基于电子商务网站的基础数据，基于电子商务专业网站的研究数据，基于电子商务媒体的报道、评论数据等。

1. 商务数据的基本概念

伴随着用户消费行为和企业销售行为的产生，各电子商务平台、第三方服务平台、社交媒体、智能终端和企业内部系统会产生大量的数据，这些数据就是商务数据。商务数据主要分为商品数据、客户数据、交易数据、评论数据、基于电子商务专业网站的研究数据以及基于电子商务媒体的报道等。

2. 商务数据的作用

相对于传统零售业，电子商务行业非常大的特点就是大部分问题可以通过商务数据来监控和改进。通过数据，企业可以了解用户从哪里来、如何组织产品可以实现很好的转化率、投放广告的效率如何等。基于数据分析的每一点改变，都可能提高业务水平，因此商务数据分析能力与处理能力显得尤为重要。

与其他类型数据相比，商务数据的信息记录更加全面，可以反映当前用户的行为以及在某一时间段内用户和企业行为的变化情况。商务数据分析可以帮助企业和个人监测行业竞争情况、提升客户关系、改善用户体验、指导精细化运营等。

2.1.3 商务数据的来源与采集

1. 商务数据的主要来源

商务数据的主要来源有电子商务平台、社交电商平台、O2O数据等。下面介绍这3种商务数据的主要来源。

（1）电子商务平台

电子商务平台是一个为企业或个人提供网上交易洽谈的平台。企业或个人可充分利用电子商务平台提供的网络基础设施、支付平台、安全平台、管理平台等共享资源，有效地、低成本地开展商业活动。

企业可以通过电子商务平台数据来提升客户服务水平、帮助定价、改善产品以及进行竞品分析等；税务机关可以通过电子商务平台数据进行企业报税核准；采购部门或个人可以通过电子商务平台数据了解商品质量与性价比，决定是否进行购买。企业对电子商务平台数据有较大的需求。

电子商务平台按照交易对象，又可分为B2B平台、B2C平台和C2C平台。

① B2B平台。企业对企业（Business to Business，B2B）是电子商务的一种模式，即企业与企业之间通过互联网进行产品、服务及信息的交换。

B2B平台可以帮助企业降低采购成本、降低库存成本、节省周转时间和增加市场机会，常见的B2B平台有阿里巴巴、慧聪网等。

② B2C平台。企业对个人（Business to Consumer，B2C）指的是企业针对个人开展电子商务活动，如企业为个人提供在线医疗咨询、在线商品购买等。

B2C平台通过信息网络以及电子数据信息实现企业或机构与消费者之间的各种商务活动、交易活动、金融活动和综合服务活动，是消费者利用网络直接参与经济活动的形式之一。

B2C平台可以帮助企业或机构节省占地租金和销售费用，同时企业或机构还可以通过动态监测商品的点击率、购买率、用户反馈，随时调整商品的进货计划，起到减少积压的作用。另外，B2C平台需要高效率和低成本的物流体系配合。常见的B2C平台有天猫、京东、唯品会、苏宁易购等。

③ C2C平台。个人对个人（Consumer to Consumer，C2C）平台指直接为个人提供电子商务活动的平台，是现代电子商务平台的一种。

随着网络的不断普及，越来越多的人选择网络购物作为主要的购物模式。C2C平台主要从会员费、交易提成、广告费、排名竞价和支付收费几个版块进行盈利。常见的C2C平台有淘宝、eBay等。

（2）社交电商平台

社交电商指基于社交关系，利用互联网社交媒介实现电子商务中的流量获取、商品推广和交易等其中的一个或多个环节，产生间接或直接交易行为的在线经营活动。社交电商主要分为3个类型，分别为社交内容电商、社交分享电商以及社交零售电商。

① 社交内容电商。社交内容电商指以内容驱动消费，受众通过共同的兴趣爱好聚合在一起形成社群，通过自己或者他人发表高质量的内容吸引海量用户访问，积累粉丝，然后引导用户进行消费。

该类型的特征是通过"网红""意见领袖""达人"基于社交媒介生产内容吸引消费者消费，解决消费者购物前选择成本高、决策困难等相关痛点。

社交内容电商有两个优势：一是社交内容电商所面向的用户群体通常都有共同的标签，可以有针对性地进行营销，针对共同的痛点和生活场景输出的内容更容易引起大家的互动、传播；二是用户因为共同的兴趣爱好或者需求痛点聚集在一起，通常价值观相近，忠诚度会更高，转化和复购的能力也较强。

社交内容电商分为平台和个人两类，典型代表有小红书、蘑菇街、抖音等。

②社交分享电商。社交分享电商主要通过用户分享，基于微信等社交媒介进行商品传播，通过激励政策鼓励个人在好友圈进行商品推广，吸引更多的用户加入。

典型的社交分享电商是拼团模式，主要特点是用户拼团砍价，借助社交力量对用户进行下沉，并通过低门槛促销活动来迎合用户的心理，以此达成销售裂变的目标。

社交分享电商的优势是可以低成本地激活三、四线城市的增量人群。传统电商对于相对偏远的地区覆盖有限，这些地区的用户对价格敏感，但更易受熟人圈子的影响。

社交分享电商的典型代表为拼多多、淘宝特价版、京东拼购等，主要分享途径为微信、微博与各类短视频应用。

③ 社交零售电商。社交零售电商可以理解为社交媒介及场景赋能零售，是以单个自然人为单位通过社交媒介或场景，利用个人社交圈的人脉进行商品交易及提供服务的新型零售模式。

社交零售电商的特征为去中心化及渠道特殊，社交零售以单个自然人作为渠道载体，利用互联网技术升级渠道运营系统，提升渠道运营效率。其主要特征包括渠道体量庞大、消费场景封闭、顾客黏性高、渠道自带流量、商品流通成本低、渠道准入门槛低但稳定性也相对较弱。

社交零售电商的典型代表有云集、微店、洋葱OMALL等。

（3）O2O数据

O2O数据主要由O2O电子商务平台数据和展销平台数据组成。

① O2O电子商务平台数据。O2O表示线上（Online）引流，线下（Offline）消费。商家

在线上将商家信息、商品信息等展现给消费者，消费者在线上进行筛选服务并支付，在线下进行消费验证和消费体验。

O2O 电子商务的优点为能极大地满足消费者个性化的需求。商家通过网店可将信息传播得更快、更远、更广，可以瞬间聚集强大的消费群体。

当下典型的 O2O 电子商务平台按领域可分为：生活服务类，如饿了吗、大众点评、美团、淘票票、滴滴打车、河狸家等；购物类，如京东到家、喵街等；服装类，如衣店通、店家、华洋信通等。

O2O 电子商务平台数据常用于店铺选址、商品定价、竞品分析等场景。

② 展销平台数据。展销平台的贸易方式为通过展览来推销商品，平台不直接参与销售，仅提供联系方式，有意向者可以自行联系厂家。

展销平台有促进消费者对企业的了解、促进产品的销售以及促进信息的交流等作用。

展销平台通常为某一品类商品的集中展示平台，对某一品类商品有长期需求的消费者会通过展销平台了解各商品信息并进行比较。

典型的展销平台包括工控展销网、中国名家艺术品展销网等。

2．商务数据的采集流程

商务数据多为文本、图片及视频格式，商务数据的采集流程如图 2-4 所示。

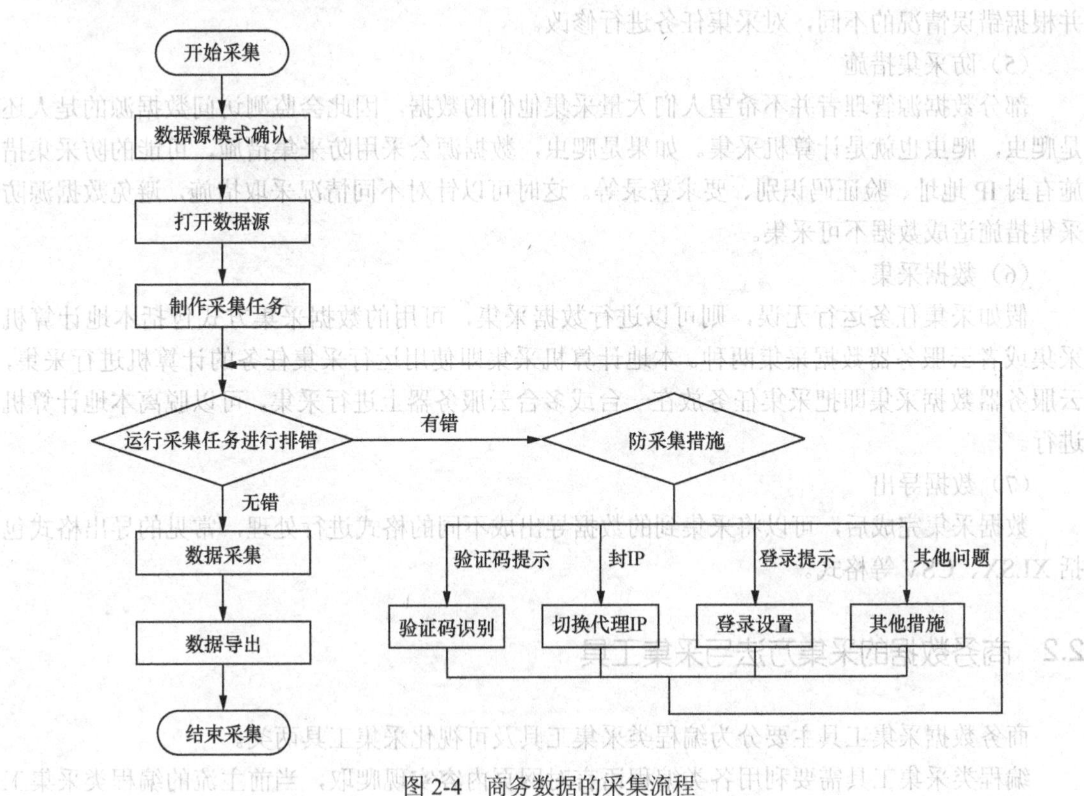

图 2-4　商务数据的采集流程

（1）数据源模式确认

采集前需要先明确数据源类型、所需数据、数据源模式、可能存在的问题等，尽量全面地了解数据源情况，以便在采集过程中可以对可能发生的问题提前采取预防措施，减少制作和排错时间。

（2）打开数据源

确定好数据源模式后，可以开始进行采集任务的制作。第一步需要打开数据源，获取数据源 HTML 文档或 API 等，然后从数据源处进行各类操作以抽取所需内容。

（3）制作采集任务

采集时，需要针对不同的网站做出有针对性的配置，解决特定网站的采集难点。

制作采集任务需要实现的主要目标如下。

① 针对各类数据源，制作不同的采集任务实现所需数据的爬取。

② 针对数据源内各类情况，包括数据位置不一致、数据格式不一致、数据源使用特殊加载类型或者数据源的防采集措施等情况分别进行应对。

③ 将数据源内各类数据形成结构化数据存储于指定位置，可以将其用于数据处理和分析。

（4）运行采集任务进行排错

由于数据源类型和问题的多样性，制作采集任务时往往不能考虑到所有网站特殊性并进行应对，因此需要对采集任务进行排错。

排错即运行该采集任务，观察是否有遗漏数据、数据错误、采集不到数据等情况发生，并根据错误情况的不同，对采集任务进行修改。

（5）防采集措施

部分数据源管理者并不希望人们大量采集他们的数据，因此会监测访问数据源的是人还是爬虫，爬虫也就是计算机采集。如果是爬虫，数据源会采用防采集措施，可能的防采集措施有封 IP 地址、验证码识别、要求登录等。这时可以针对不同情况采取措施，避免数据源防采集措施造成数据不可采集。

（6）数据采集

假如采集任务运行无误，则可以进行数据采集，可用的数据采集方式包括本地计算机采集或者云服务器数据采集两种。本地计算机采集即使用运行采集任务的计算机进行采集，云服务器数据采集即把采集任务放在一台或多台云服务器上进行采集，可以脱离本地计算机进行。

（7）数据导出

数据采集完成后，可以将采集到的数据导出成不同的格式进行处理，常见的导出格式包括 XLSX、CSV 等格式。

2.2 商务数据的采集方法与采集工具

商务数据采集工具主要分为编程类采集工具及可视化采集工具两类。

编程类采集工具需要利用各类编程语言对网页内容实现爬取，当前主流的编程类采集工具主要有 Python、Java 和 PHP 等，编程类采集工具具有通用性和可协作性。爬虫代码可以直接作为软件开发代码中的一部分使用，但是编程类采集工具的爬虫编码工作比较烦琐，针对不同类型的数据采集工作，需要定制化地编写不同的爬虫代码，往往适用于有较长时间来系统性学习的使用者使用。

可视化采集工具主要以八爪鱼采集器为代表，具有学习简单、容易上手的特点。这种软件集成了很多常用的功能，可支持具有复杂结构类型的网页中数据的采集，可以满足大部分用户的数据采集需求，并且具有可视化的操作界面，是新手入门的较好选择。

本节将介绍几种针对各种软件系统的商务数据采集方法及采集工具。

2.2.1　商务数据采集方法

常见的商务数据采集方法有 Web 爬虫、API 两种。

1．Web 爬虫

Web 爬虫主要分为通用网络爬虫及聚焦网络爬虫，用于采集 HTML 网页文本、图片数据，需要读者具备一定的编程基础，可以利用编程进行 URL 打开、HTML 文件获取、HTML 文件解析及数据提取等操作。

（1）通用网络爬虫

通用网络爬虫可从互联网中搜集网页、采集信息，这些网页信息用于为搜索引擎建立索引，其性能的优劣决定整个搜索引擎的内容是否丰富、信息是否即时，直接影响搜索引擎的效果。

通用网络爬虫的原理：通过网页的链接地址来寻找网页，即从网站某一个页面（通常是首页）开始，读取网页的内容，找到在网页中的其他链接地址，然后通过这些链接地址寻找下一个网页。这样一直循环下去，直到把这个网站中所有的网页都爬取完为止。

通用网络爬虫的基本工作流程包括爬取网页、数据存储、预处理和提供检索服务、网站排名等。

① 爬取网页。爬虫会首先选取一部分种子 URL，将这些 URL 放入待爬取 URL 队列，随后取出待爬取 URL，解析 DNS 得到主机的 IP 地址，并将 URL 对应的网页下载下来，存储到已下载网页库中，并且将这些 URL 放进已爬取 URL 队列。最后分析已爬取 URL 队列中的 URL，分析其对应网页中的其他 URL，并且将这些 URL 放入待爬取 URL 队列，然后不断重复上述步骤。

② 数据存储。搜索引擎通过爬虫爬取网页，将其存入原始页面数据库。其中的页面数据与用户浏览器得到的 HTML 页面完全相同。

搜索引擎在爬取页面时，也会进行重复内容检测，一旦遇到访问权重很低的网站上有大量抄袭、采集或者复制的内容，则不再爬取。

③ 预处理。搜索引擎会对爬虫爬取回来的页面进行各种预处理，比如提取文字、中文分词、消除噪音、索引处理、链接关系计算、特殊文件处理等。

除 HTML 文件外，搜索引擎通常还能爬取和索引以文字为基础的多种文件格式，如 PDF、DOC、XLS、PPT、TXT 等。我们在搜索结果中也经常会看到这些文件格式。

④ 提供检索服务，网站排名。搜索引擎在对信息进行组织和处理后，为用户提供关键字检索服务，将用户检索的相关信息展示给用户。

同时会根据页面链接的访问量来进行网站排名，这样访问量大的网站在搜索结果中会排名较前。

通用网络爬虫主要用于爬取新闻门户类、论坛类及传统博客类网站的数据，更擅长处理静态网页的数据。运用网络爬虫进行电商数据采集，可以使用 Python 或 Java 等语言实现。

（2）聚焦网络爬虫

Web 结构越来越复杂，网页数量也越来越多，通用网络爬虫对所有链接指向的网页不加选择地爬取，越发不可能遍历 Web 上的所有页面。而聚焦网络爬虫是选择性地爬取那些与预先定义好的主题相关页面的网络爬虫，和通用网络爬虫相比，聚焦网络爬虫只需要爬取与主题相关的页面，能极大地节省硬件和网络资源。其保存的页面也由于数量少而更新快，可以很好地满足一些特定人群对特定领域信息的需求。

与通用网络爬虫相比，聚焦网络爬虫增加了链接评价模块以及内容评价模块。聚焦网络爬虫爬取策略实现的关键是评价页面内容和链接的重要性。不同的方法计算出的重要性不同，由此导致链接的访问顺序也不同。

尽管可以通过网络爬虫的一些改进技术实现各类网络数据的采集，但网络爬虫爬取的往往是整个页面的数据，缺乏针对性。利用网站自身提供的 API 实现网络数据采集，可以很好地解决数据针对性的问题。

2. API

目前，越来越多的社会化媒体网站推出了开放平台，提供了丰富的 API，如新浪微博、新浪博客等。这些平台中包含了许多关于“电子商务”的话题和评论、图片等，它们允许用户申请平台数据的采集权限，并提供相应的 API 来采集数据。

API 调用主要有开放认证协议和开源 API 两类。

（1）开放认证协议

开放认证协议（如 OAuth）不需要提供用户名和密码来获取用户数据，它会给第三方应用提供一个令牌，每一个令牌授权对应的特定网站（如社交网站），并且第三应用只能在令牌规定的时间范围内访问特定的资源。

在已获授权的情况下，第三方应用可通过 API 直接获取网络数据。通过 API 获取的网络数据通常以 JSON 或 XML 等格式呈现，具有清晰的数据结构，非常便于通过应用直接进行数据获取。

（2）开源 API

开源 API 允许开发者在无须访问源码或理解内部工作机制细节的情况下，调用他人共享的功能和资源。对于数据源的获取，API 是一个好“伙伴”。

开源 API 是网站自身提供的 API，开发者可以自由通过该接口调用该网站的指定数据。

2.2.2 初识数据采集器

1. 数据采集器简介

数据采集器是进行数据采集的机器或者工具，具备实时采集、自动存储、即时显示、即时反馈、自动处理、自动传输等特性，为现场数据的真实性、有效性、实时性、可用性提供保证。数据采集器用于实现自动从网页上采集大批量数据，包括图片、文字等数据。

当下运用得比较广泛的数据采集器有八爪鱼采集器、火车采集器和后羿采集器等。数据采集器的使用方法大同小异，本教材重点讲解八爪鱼采集器的使用方法，因为八爪鱼采集器是行业内非常优秀的数据采集器之一，易学易用，它还具有以下优势。

① 1min 内获得数据：操作简单、无须代码，1min 内可尝试获得互联网数据。

② 千万级别数据采集量：分布于云服务器，可以实现每日千万级别数据采集量。

③ 全场景解决方案：内置增量数据采集、防采集破解、验证码识别、模拟登陆、切换代理 IP 地址及切换浏览器版本等功能，能够满足多种采集需求。

④ 数据处理能力：内置正则表达式格式化功能，可对提取内容进行针对性调整；内置分支判断及触发器功能，可对不同形式的内容进行判断，根据判断结果进行不同的提取操作，实现智能采集。

八爪鱼采集器可以实现互联网上大多数公开数据的文本内容采集。网页数据零散分布于页面的各个位置，数据使用人员很难对其进行统一的数据处理与数据分析。八爪鱼采集器可以将网页非结构化数据采集为结构化数据并存储为多种格式。

八爪鱼采集器旨在使数据触手可及，既能降低采集门槛，又能提高采集效率，在政府、高校、企业、银行、电商、科研、汽车、房产、媒体等众多行业及领域均有广泛应用。

2．数据采集技术原理

八爪鱼采集器的开发语言是 C#，支持在 Windows 平台和 macOS 平台上运行。客户端主程序负责任务配置及管理、任务的云采集控制、云集成数据的管理（如导出、清理、发布）。内核浏览器为 Firefox 浏览器。

八爪鱼采集器可通过模拟人的操作习惯，对网页内容进行全自动爬取，通过 Xpath 定位网页元素，通过正则表达式调整采集数据的格式。数据导出程序负责数据的导出，支持 XLSX、CSV、TXT 等格式，一次可导出千万级别数据。

数据采集器的安装与界面

2.2.3 数据采集器的安装与界面

1．数据采集器的注册与安装

在进行八爪鱼采集器登录或其官网登录时，首先需注册八爪鱼采集器的账号。账号注册过程如下。

步骤 1：八爪鱼采集器账号注册。

① 打开八爪鱼采集器官网，如图 2-5 所示。单击“注册”按钮，即可进入注册页面。

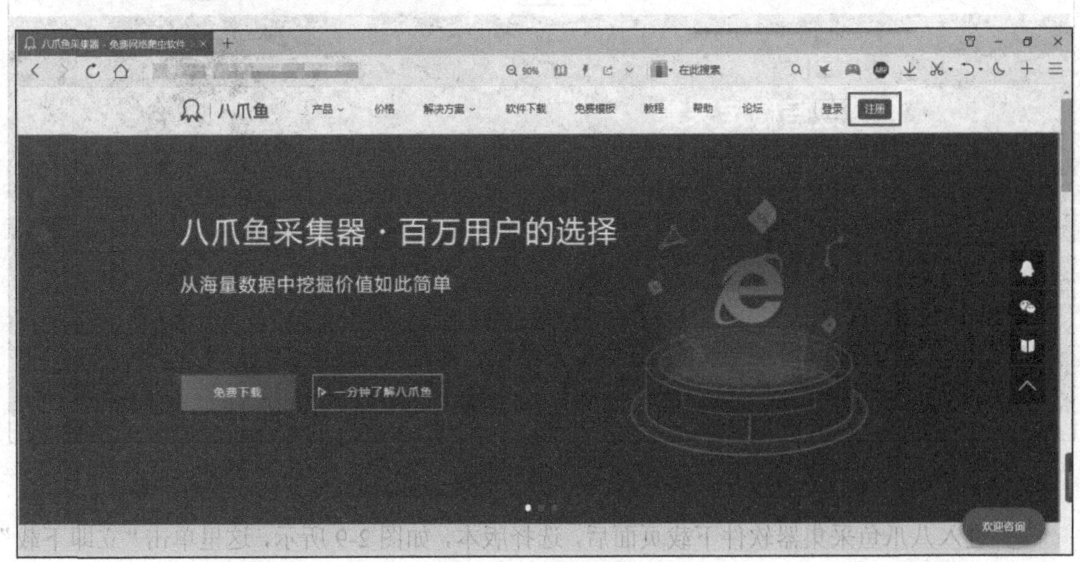

图 2-5 八爪鱼采集器官网

② 在八爪鱼采集器注册页面中输入邮箱或手机号，然后选中“我已阅读并同意 深圳视界注册协议”复选框，单击“注册”按钮，如图 2-6 所示。

③ 在注册页面中输入登录密码及验证码，然后单击“发送验证码”，输入发送到手机或邮箱的验证码，单击“完成”按钮即可完成注册，如图 2-7 所示。

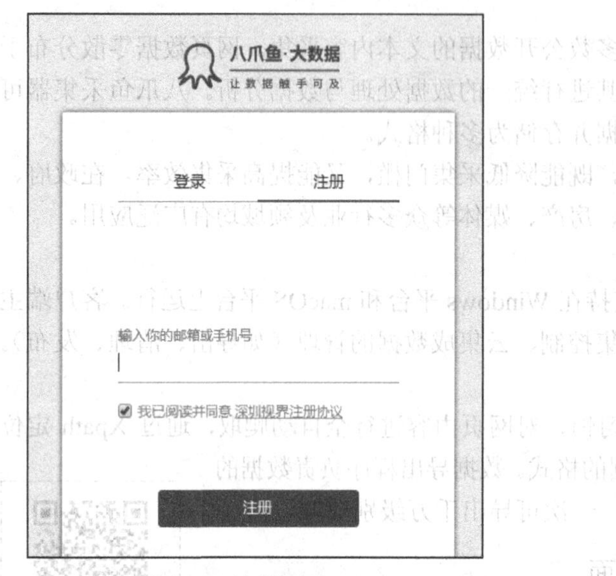

图 2-6　注册页面 1

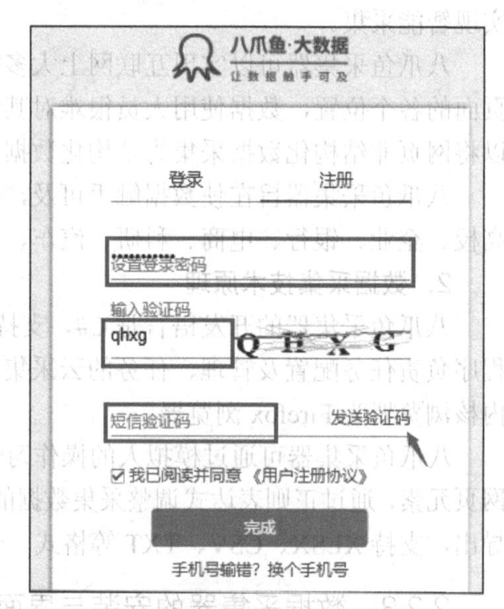

图 2-7　注册页面 2

步骤 2：八爪鱼采集器下载及安装。

① 完成注册后，单击八爪鱼采集器官网首页上的“软件下载”按钮，如图 2-8 所示。

图 2-8　软件下载

② 进入八爪鱼采集器软件下载页面后，选择版本，如图 2-9 所示，这里单击“立即下载”按钮即可下载最新的正式版本压缩包。

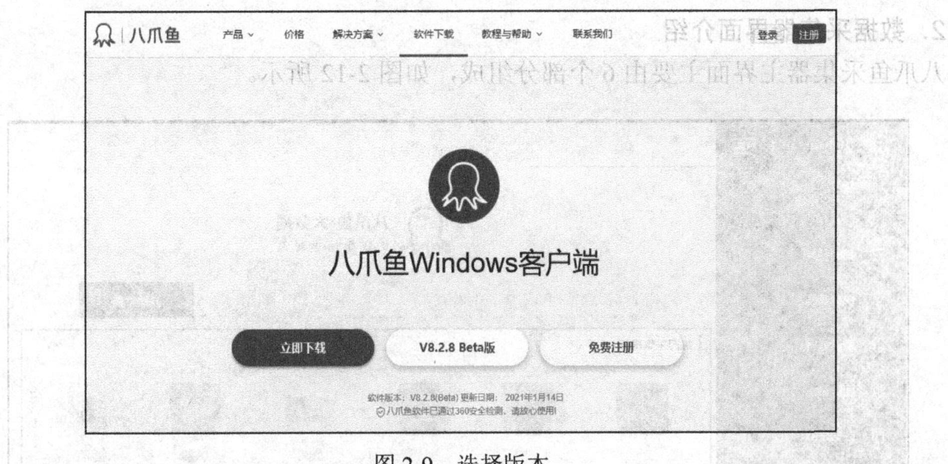

图 2-9 选择版本

③ 下载完成后，解压压缩包，然后双击安装程序“OctopusSetup 8.2.2.exe”。

④ 在打开的安装界面中选择安装位置，然后单击“安装”按钮，如图 2-10 所示。

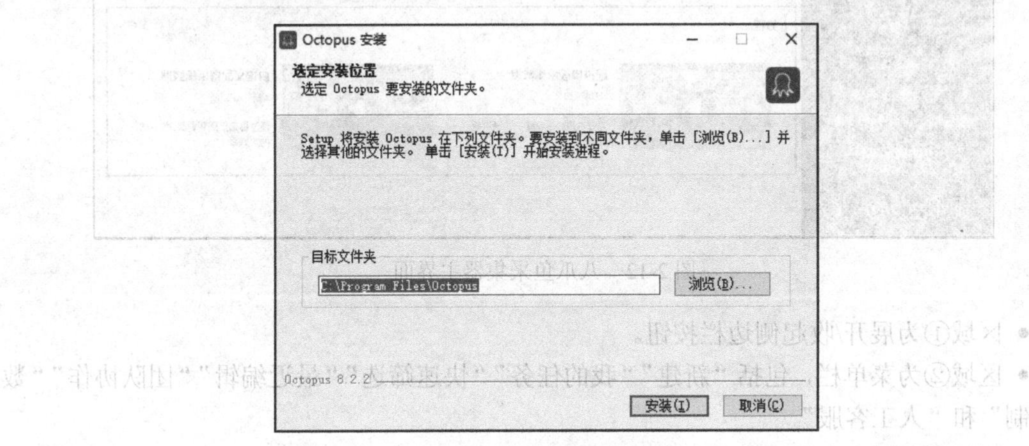

图 2-10 选择安装位置

⑤ 安装完成后，在图 2-11 所示的安装完成界面中单击“完成”按钮即可启动八爪鱼采集器。

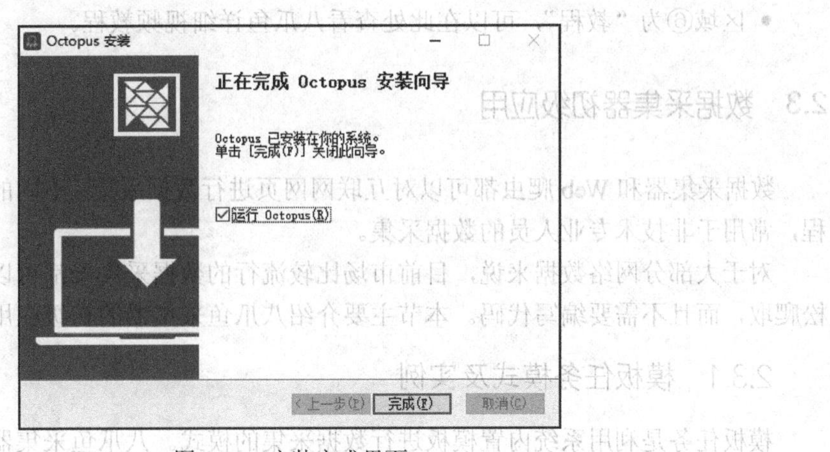

图 2-11 安装完成界面

2. 数据采集器界面介绍

八爪鱼采集器主界面主要由 6 个部分组成，如图 2-12 所示。

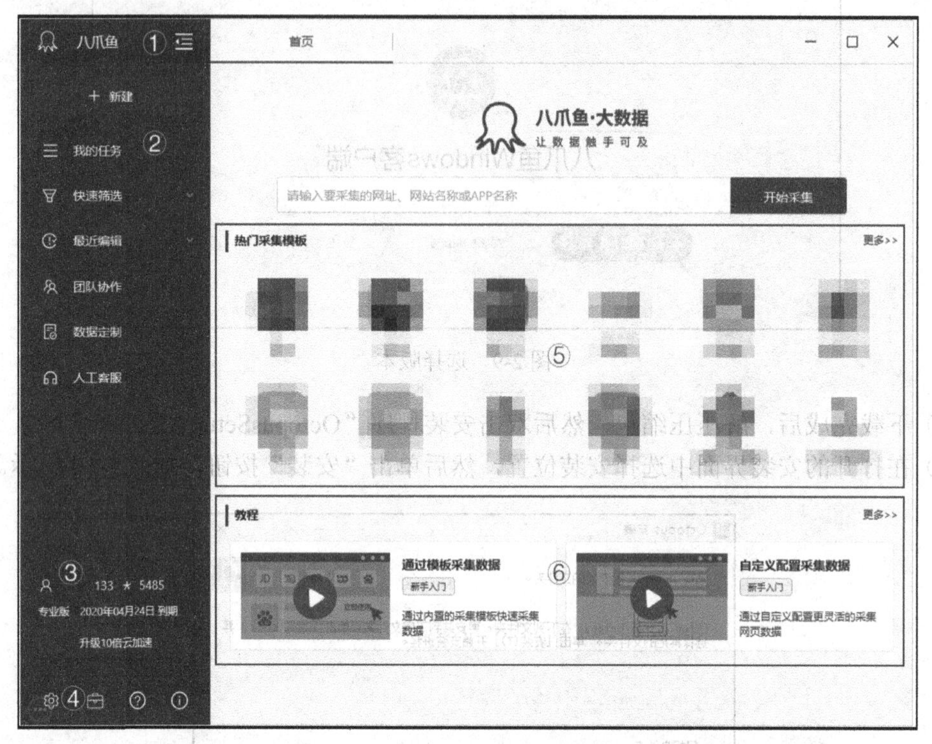

图 2-12　八爪鱼采集器主界面

- 区域①为展开/收起侧边栏按钮。
- 区域②为菜单栏，包括“新建”“我的任务”“快速筛选”“最近编辑”“团队协作”“数量定制”和“人工客服”。
- 区域③为用户名称和软件版本信息。
- 区域④为 4 个功能按钮，分别是“设置”“工具箱”“教程与帮助”及“关于我们”按钮。
- 区域⑤为“热门采集模板”。
- 区域⑥为“教程”，可以在此处查看八爪鱼详细视频教程。

2.3　数据采集器初级应用

数据采集器和 Web 爬虫都可以对互联网网页进行数据采集，不同的是数据采集器不用编程，常用于非技术专业人员的数据采集。

对于大部分网络数据来说，目前市场比较流行的数据采集器都可以轻松爬取，而且不需要编写代码。本节主要介绍八爪鱼采集器的初级应用。

模板任务模式及实例

2.3.1　模板任务模式及实例

模板任务是利用系统内置模板进行数据采集的模式。八爪鱼采集器经过数据统计，对常用的 200 多个网站进行任务模板化，用户可以直接调取模板，输入简单的几个参数进行采集。

模板任务模式的优点为格式规整、使用简单，可以根据不同的参数进行不同程度的自定义采集，采集到的数据通常可以满足用户的使用需求。其缺点为因为事先制定了模板，用户只能在参数上进行自定义修改。下面简单介绍通过模板任务模式采集数据的步骤。

步骤 1：选择合适的模板。

用户可以在八爪鱼采集器主界面中单击“热门采集模板”中的“更多”按钮直接选择模板，也可以在菜单栏中通过选择“新建”下拉列表中的“模板任务”来创建。模板任务菜单界面如图 2-13 所示。用户可以通过搜索网站关键词或筛选模板类型进行模板查找。

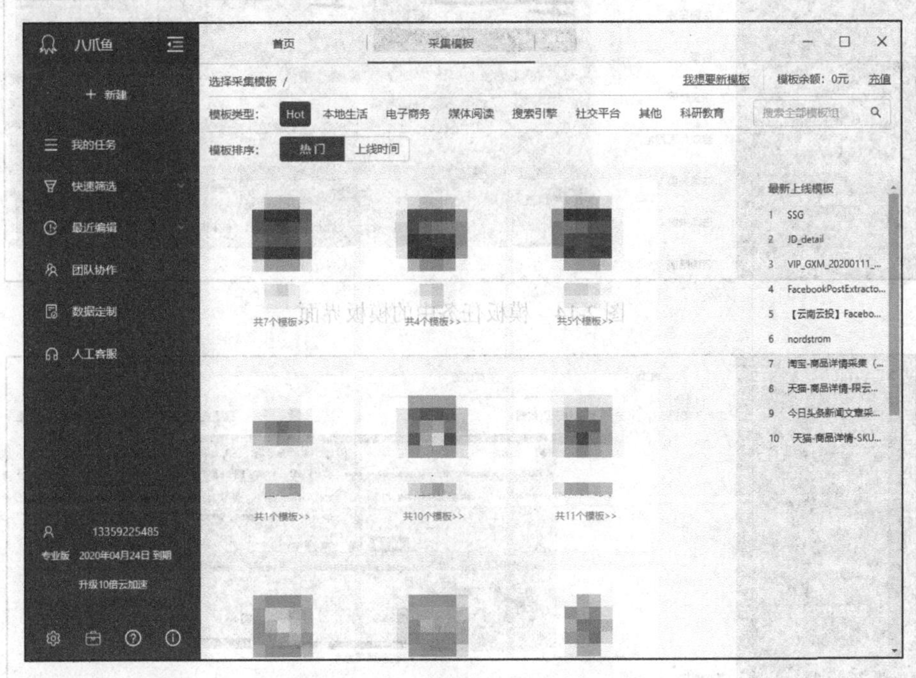

图 2-13 模板任务菜单界面

针对网站不同位置及页面的内容，八爪鱼采集器设置了多套模板供用户选择，选择需要使用的模板，查看该模板的使用注意事项，单击“立即使用”按钮即可进入模板任务设置界面。

模板任务中的模板界面，如图 2-14 所示。界面上方显示了模板名称及简介，下方为“模板介绍”“采集字段预览”“采集参数预览”及“示例数据”。其中，“采集字段预览”用于展示模板内的采集内容，单击不同的字段，右侧图片内白色方框部分为采集字段内容；“采集参数预览”用于展示模板需要的参数在网页中的位置；“示例数据”为采集后数据的呈现形式。确认该模板可以满足需求后，单击“立即使用”按钮即可开始采集。

步骤 2：配置模板任务参数。

模板任务设置界面如图 2-15 所示。用户可按照需求修改任务名、设置任务放置的任务组，针对该模板，修改配置参数，即采集网址，可以输入不多于 10 000 个网址，使用换行符（按 Enter 键）隔开。设置好后单击“保存并启动”按钮，单击“启动本地采集”即可进行采集。

图 2-14　模板任务中的模板界面

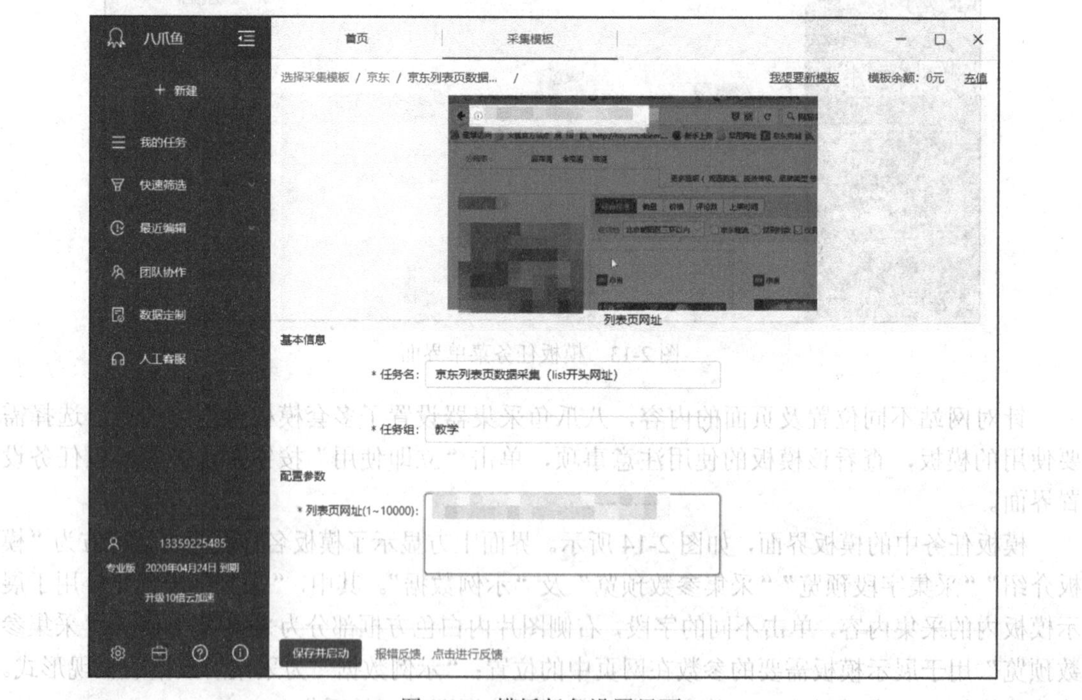

图 2-15　模板任务设置界面

步骤 3：采集数据。

单击“启动本地采集”按钮以后，八爪鱼采集器就会自动开始采集数据，采集数据过程中用户不用进行任何操作，当采集到用户可以接受的一定规模数据后可单击“停止采集”按钮，数据采集界面如图 2-16 所示。

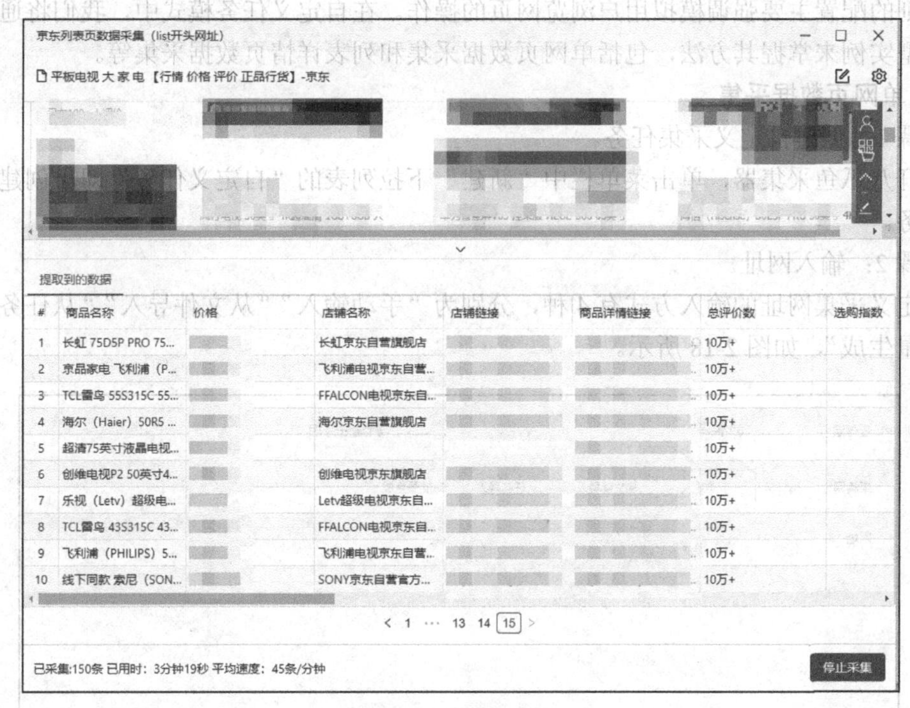

图 2-16 数据采集界面

步骤 4：导出数据。

单击“停止采集”按钮后，会出现图 2-17 所示的导出数据界面，用户可单击“导出数据”按钮导出数据。

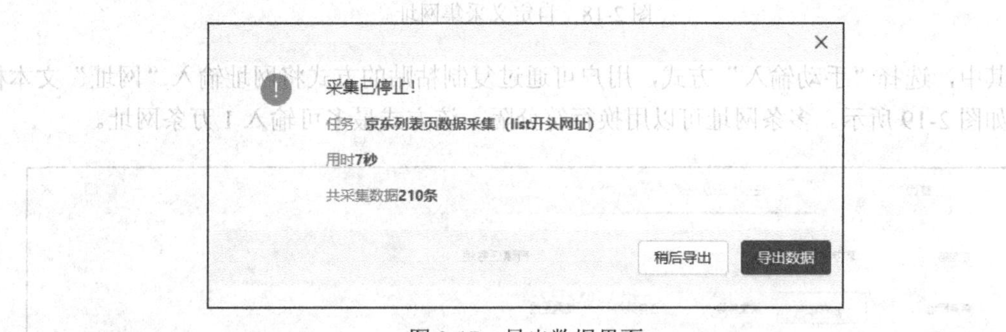

图 2-17 导出数据界面

2.3.2 自定义任务模式及实例

自定义任务模式适用于进阶用户，该模式需要用户自行配置规则，可以实现全网 90%以上网页数据的采集。自定义任务模式通过不同功能模块之间搭积木式的组合实现各项采集功能。

在自定义任务模式中，每一个任务的制作过程只需 4 个步骤：设置基本信息→设计工作流程→设置执行计划→完成。其中，设计工作流程是重点，因为规则的配置、任务的不同主要是在设计工作流程中体现出来的。

自定义任务模式及实例

规则的配置主要强调模拟用户浏览网页的操作。在自定义任务模式中，我们将通过几种采集类型实例来掌握其方法，包括单网页数据采集和列表详情页数据采集等。

1．单网页数据采集

步骤 1：创建自定义采集任务。

打开八爪鱼采集器，单击菜单栏中“新建”下拉列表的“自定义任务”即可创建自定义采集任务。

步骤 2：输入网址。

自定义采集网址的输入方式有 4 种，分别为“手动输入”“从文件导入”“从任务导入”及“批量生成”，如图 2-18 所示。

图 2-18　自定义采集网址

其中，选择“手动输入”方式，用户可通过复制粘贴的方式将网址输入“网址”文本框中，如图 2-19 所示。多条网址可以用换行符分隔，该方式最多可输入 1 万条网址。

图 2-19　“手动输入”方式

选择“从文件导入”方式，可以将文件内的链接导入来进行采集，支持CXV、XLS、XLSX、TXT文件格式，该方式最多可放入100万条网址。

选择“从任务导入”方式，可使用其他任务采集结果中的链接。选中“显示最近的任务”复选框，可以导入任务所在的任务组，并在“选择任务”下拉列表中选中该任务，在“选择字段”下拉列表中选择需要采集数据的字段名，确定后单击下方的“保存设置”按钮即可，如图2-20所示。该方式无链接数量限制。

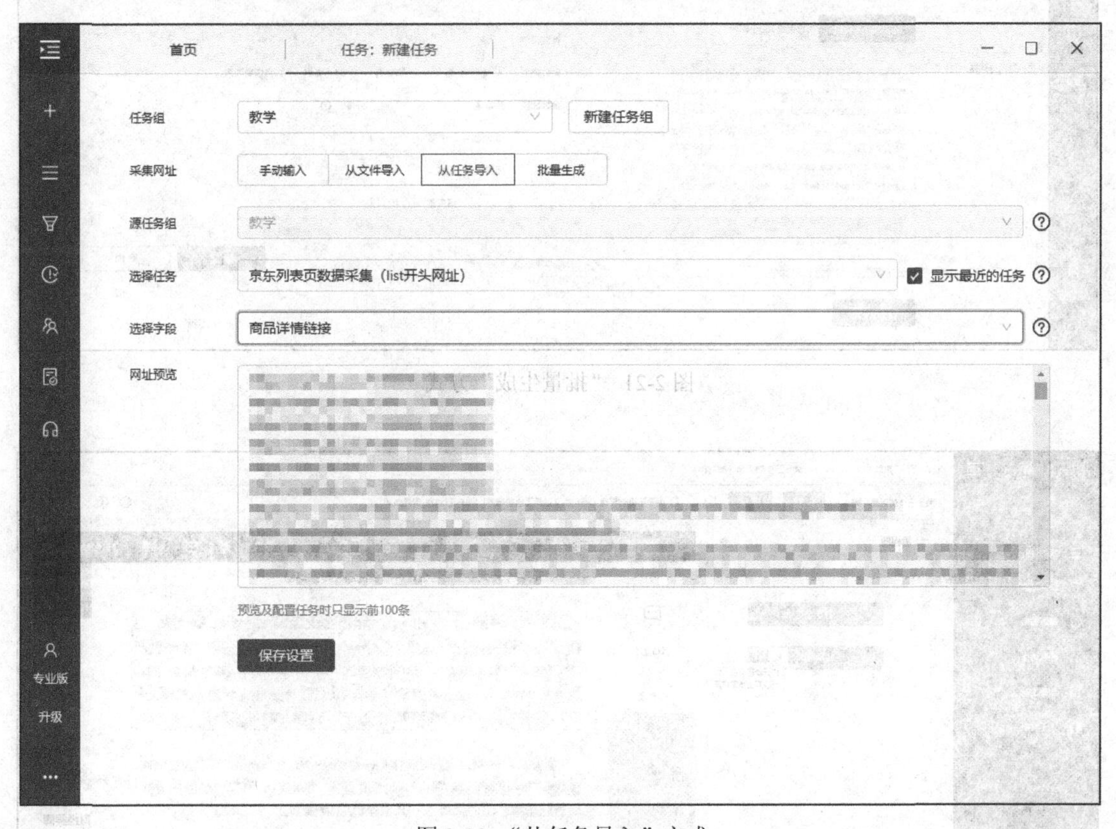

图2-20 “从任务导入”方式

选择“批量生成”方式，通过全自动补充特定网址中的特定参数，可批量生成一大批网址，如图2-21所示。修改网址中的页数，要求从1开始，每次增加1，到100截止，八爪鱼采集器会自动生成1～100页的链接，打开该链接可直接跳转到对应页。参数类型支持数字变更、字母变更、时间变更及自定义列表，该方式最多可生成100万条网址。

步骤3：提取数据。

提取数据操作的作用是将当前网页中的数据提取出来。

输入要采集数据的网址单击“保存设置”后，在右侧的浏览器界面中，将鼠标指针放置在要提取的元素上，待元素变蓝后单击鼠标，在“操作提示”面板中选择“采集该元素的文本”，可在流程图中看见生成的“提取数据”模块。依次对所有需求的字段进行提取后，修改字段名称即可，采用自定义任务模式提取数据的操作界面如图2-22所示。

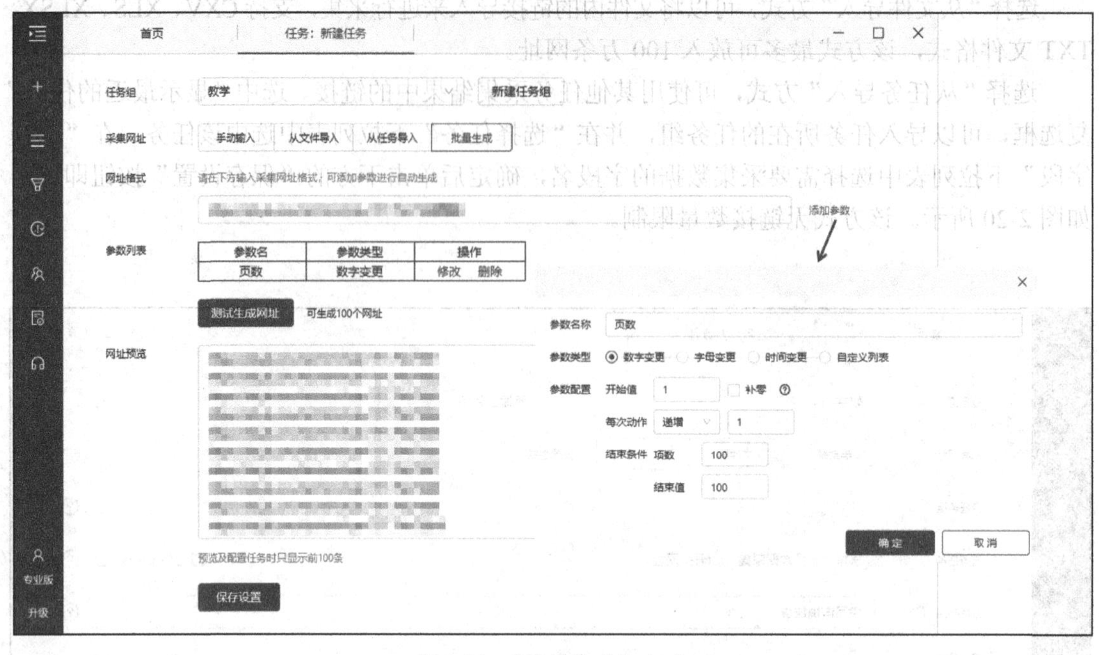

图 2-21 “批量生成”方式

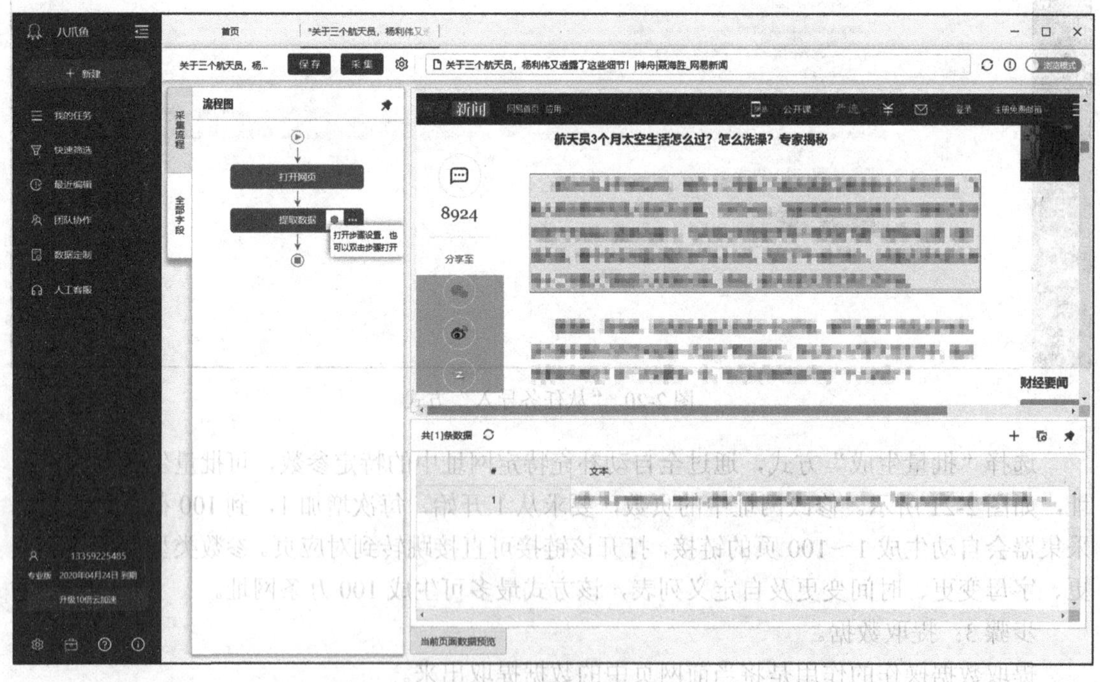

图 2-22 自定义任务模式提取数据操作界面

单击流程图上“提取数据”模块中的“设置”按钮，即可出现图 2-23 所示的自定义任务模式提取数据设置界面。“提取数据”模块的详细设置包括“操作名”“配置已抓取字段”“触发器”“执行前”4 部分内容。

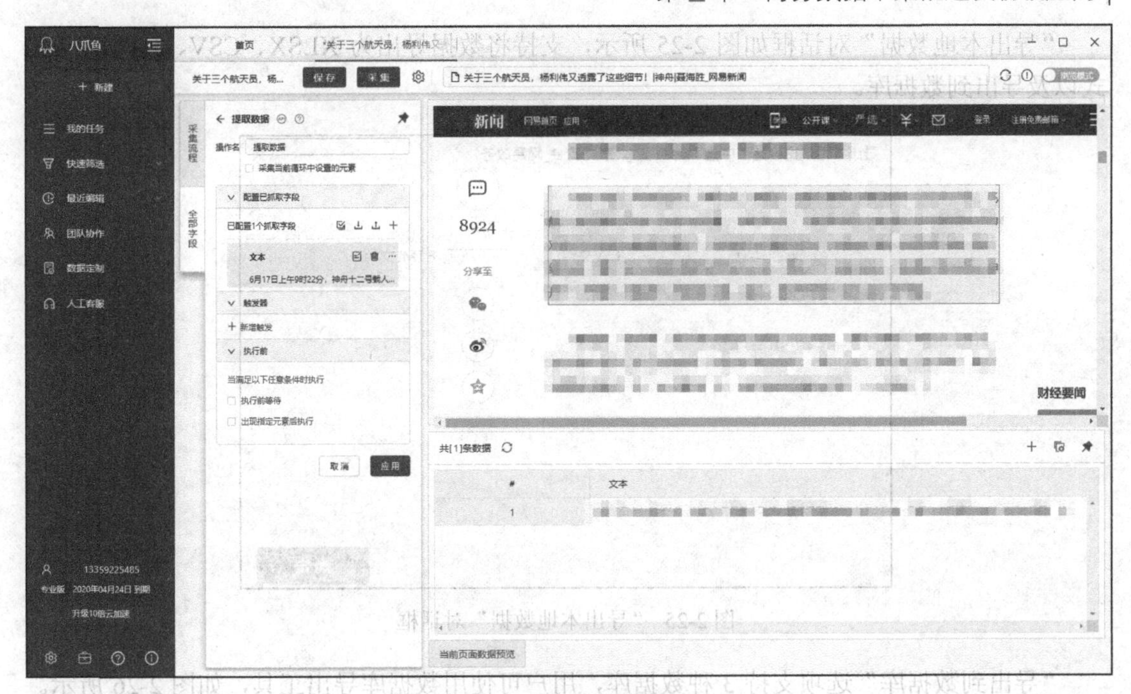

图 2-23　自定义任务模式提取数据设置界面

步骤 4：采集数据。

设置好网址和提取数据操作后，单击界面上方的“采集”按钮，在弹出的“启动任务”对话框中单击“启动本地采集”按钮即可，“启动任务”对话框如图 2-24 所示。八爪鱼采集器包括“启动本地采集”及“启动云采集”两种采集方式。其中，“启动本地采集”方式使用本地计算机的硬件设备及 IP 网络进行采集，采集速度受限于网速与计算机硬件，而“启动云采集”方式更便捷。

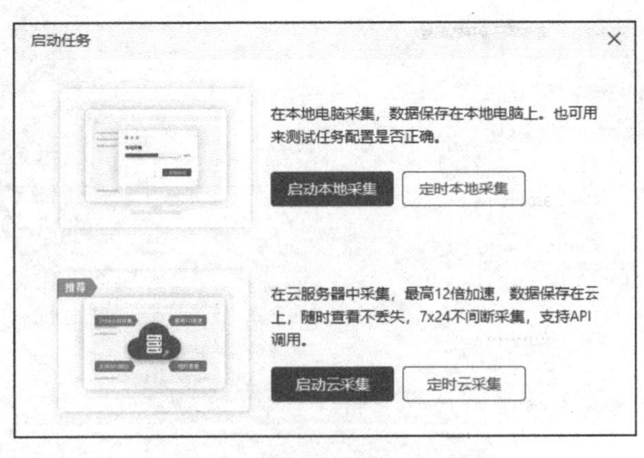

图 2-24　“启动任务”对话框

步骤 5：数据导出。

自定义任务模式的数据导出类似于模板任务模式的数据导出。数据采集完成后，单击“导出数据”按钮，在打开的“导出本地数据”对话框中选择导出方式，按照提示选择导出位置并输入数据库信息。

“导出本地数据”对话框如图 2-25 所示，支持将数据导出为 XLSX、CSV、HTML 等格式以及导出到数据库。

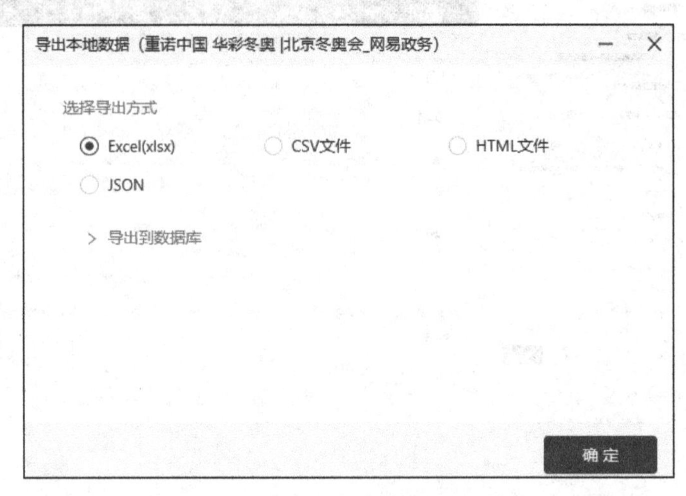

图 2-25 “导出本地数据”对话框

“导出到数据库”选项支持 3 种数据库，用户可使用数据库导出工具，如图 2-26 所示。用户需要选择目标数据库的类型，设置服务器名称、端口、用户名称、密码等信息，单击“测试连接”按钮进行测试，可以在连接后选择数据库，单击“下一步”按钮建立映射关系即可开始导出。

图 2-26 数据库导出工具

2. 列表详情页数据采集

列表详情页数据采集与单网页数据采集相比，过程及逻辑类似。这里以京东手机列表详情页为例，用户可直接在京东网站搜索手机获得。

列表详情页采集示例如图 2-27 所示。用户需要通过列表详情页中每个商品的标题进入商品的详情页中，可以打开网页、翻动每一页、单击当前页所有商品的标题、提取数据等。其中，打开网页及提取数据参照单网页数据采集，这里重点介绍以下步骤。

图 2-27 列表详情页采集示例

步骤 1：循环相关设置。

循环的作用是对一个或多个元素进行排序，然后依次将序列里的元素传递给循环中的模块执行操作。循环是采集器最重要的模块之一，是实现批量操作的主要模块。

循环可以与“打开网页”“点击元素”“提取数据”等模块配合使用进行批量操作。

自定义任务模式循环翻页操作如图 2-28 所示。单击“下一页”按钮可进行翻页，单击“下一页”按钮后，在“操作提示”面板中选择“循环点击下一页”选项，流程图中将生成“循环翻页”模块以及框内的“点击翻页”模块。

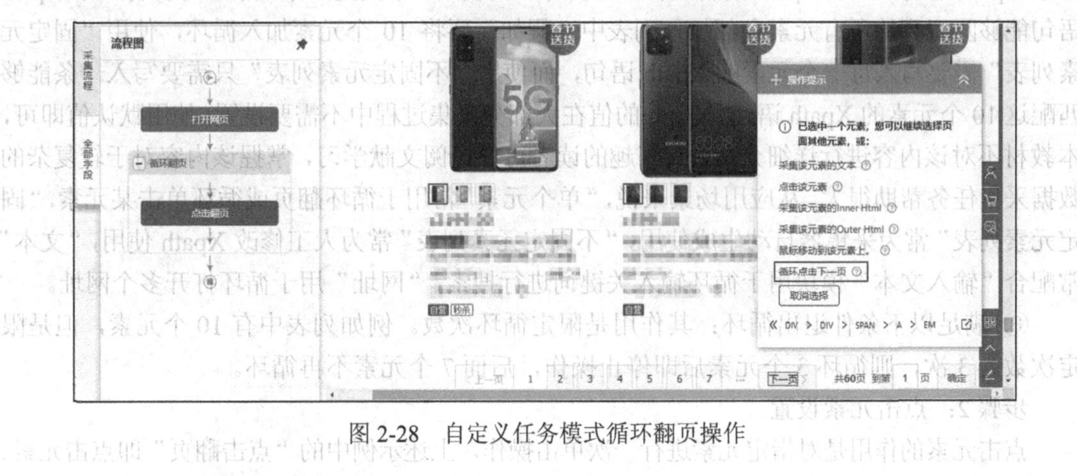

图 2-28 自定义任务模式循环翻页操作

循环设置如图 2-29 所示。循环设置分为“高级选项”“退出循环设置”和“执行前”3部分内容，下面对循环设置中的内容进行简单说明。

图 2-29　循环设置

① 元素在 Iframe 里：Iframe 是网页的一种标签，其作用是创建包含另外一个网页的内联框架，可以理解为将另外一个网站的一部分镶嵌在当前网页中使用，少数网页会使用该标签。

② 循环方式：其作用是选择循环元素的种类，包含“单个元素”“固定元素列表”“不固定元素列表”“网址列表”“文本列表”与“滚动翻页”。

其中，“单个元素”“网址列表”与“文本列表”的循环内容分别为一个元素、网址和文本，选择后可在下方文本框中输入元素的 Xpath 语句、网址或文本。“固定元素列表”与“不固定元素列表”的作用是选择多个元素进行排序，区别在于使用“固定元素列表”需要写入多条 Xpath 语句，一条 Xpath 语句定位一个元素，而使用“不固定元素列表”可以将一条 Xpath 语句能够匹配到的所有元素全部加入列表中。假如需要将 10 个元素加入循环，使用“固定元素列表”需要写入每一个元素的 Xpath 语句，而使用“不固定元素列表”只需要写入一条能够匹配这 10 个元素的 Xpath 语句。Xpath 的值在大部分采集过程中不需要设置，使用默认值即可，本教材不对该内容进行详细介绍，有兴趣的读者可以查阅文献学习，掌握该内容对于较复杂的数据采集任务帮助很大。从应用场景来说，“单个元素”常用于循环翻页或循环单击某元素，“固定元素列表”常为采集器自动生成使用，“不固定元素列表”常为人工修改 Xpath 使用，“文本”常配合“输入文本”模块用于循环输入关键词进行搜索，“网址”用于循环打开多个网址。

③ 满足以下条件退出循环：其作用是限定循环次数。例如列表中有 10 个元素，但是限定次数为 3 次，则循环 3 个元素后即停止操作，后面 7 个元素不再循环。

步骤 2：点击元素设置。

点击元素的作用是对指定元素进行一次单击操作，上述示例中的“点击翻页”即点击元素。

点击元素可以与循环构成循环点击操作，即对多个元素进行点击操作。

自定义模式循环点击操作如图 2-30 所示。依次单击两个商品标题，采集器即可将所有同类型的标题选中。单击“操作提示”面板中的“循环点击每个元素”选项，即可生成“循环翻页”和“循环列表”嵌套的流程图，如图 2-31 所示，用户也可以拖动流程图上的模块改变其位置。配合“循环翻页”模块即可翻动每一页，并在每一页中单击所有商品标题以进入详情页采集内容。

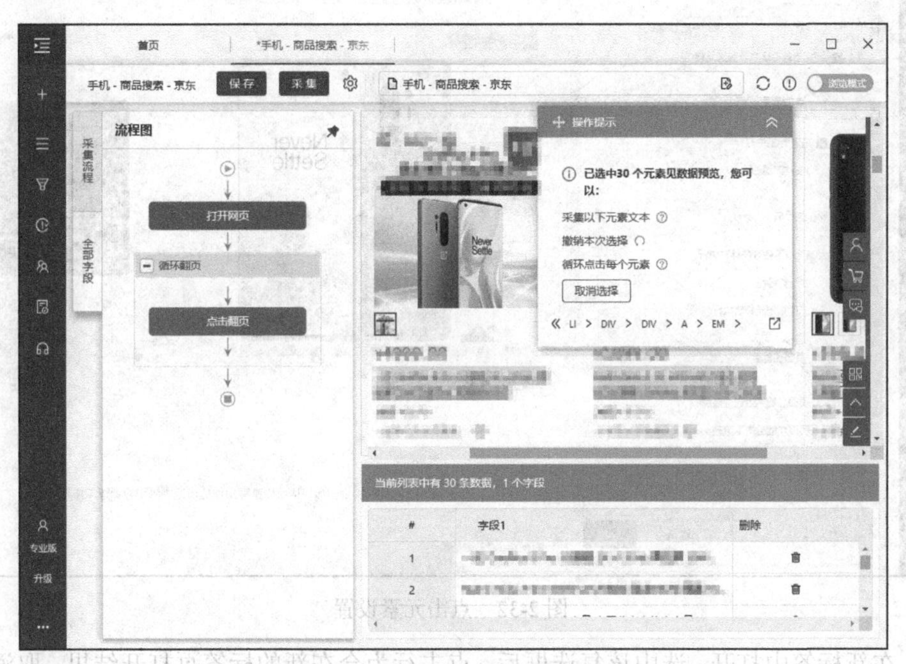

图 2-30　自定义模式循环点击操作

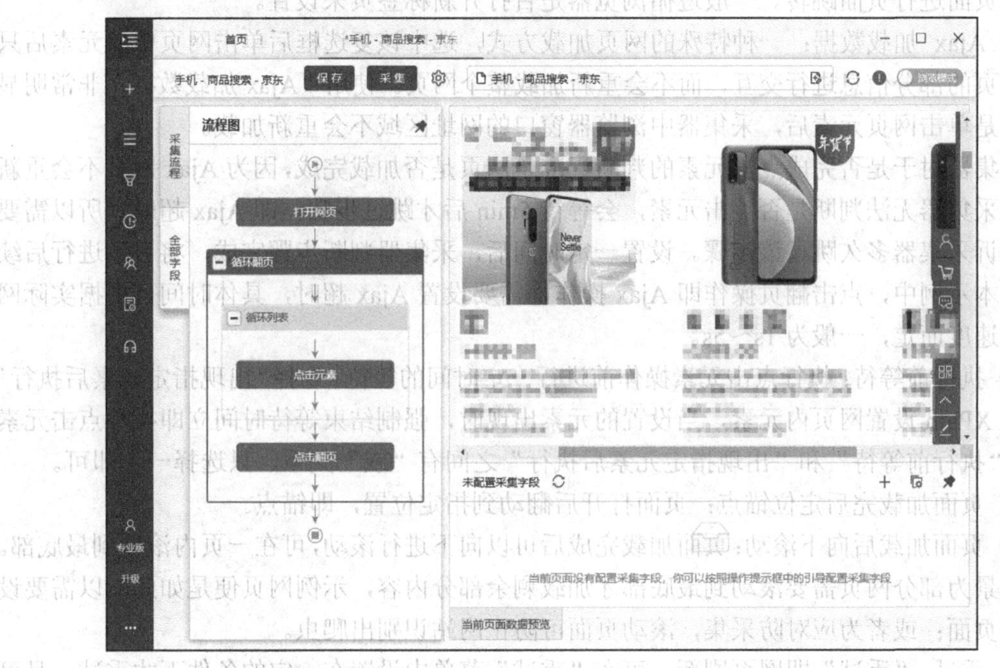

图 2-31　“循环翻页”和“循环列表”嵌套的流程图

点击元素设置如图 2-32 所示，下面进行简单说明。

图 2-32　点击元素设置

① 在新标签中打开：选中该复选框后，点击行为会在新的标签页打开结果，取消选中则在当前页面进行页面跳转。一般遵循浏览器是否打开新标签页来设置。

② Ajax 加载数据：一种特殊的网页加载方式，选中该复选框后单击网页中的元素后只会对网页的部分信息进行交互，而不会重新加载整个网页。使用“Ajax 加载数据”非常明显的标志是单击网页元素后，采集器中浏览器窗口的网址区域不会重新加载。

采集器对于是否完成点击元素的判断标准是网页是否加载完成，因为 Ajax 网页不会重新加载，采集器无法判断是否点击元素，会等待 5min 后才跳过步骤，即 Ajax 超时，所以需要人工告诉采集器多久跳过该步骤。设置一定时间后，采集器判断步骤完成，将自动进行后续步骤。本示例中，点击翻页操作即 Ajax 操作，需要设置 Ajax 超时，具体时间可根据实际网页加载速度而定，一般为 1s～5s。

③ 执行前等待：执行点击元素操作前进行一定时间的等待。选择“出现指定元素后执行”表示用 XPath 设置网页内元素，当设置的元素出现时，强制结束等待时间立即执行点击元素操作。“执行前等待”和“出现指定元素后执行”之间有“或”关系，只选择一个即可。

④ 页面加载完后定位锚点：页面打开后翻动到指定位置，即锚点。

⑤ 页面加载后向下滚动：页面加载完成后可以向下进行滚动，可在一页内滚动到最底部。应用场景为部分网页需要滚动到最底部才加载剩余部分内容，示例网页便是如此所以需要设置滚动页面；或者为应对防采集，滚动页面可防止网站识别出爬虫。

⑥ 重试：“重试”即网页刷新，可在“重试”菜单中设置在一定的条件下才重试，且可

在重试后切换代理 IP 地址。重试条件包括页面文本或元素是否包含特定内容等。

设置好循环翻页及循环点击详情页后，浏览器会自动跳转到详情页，配置好要提取的数据字段后即可完成列表详情页数据采集，列表详情页数据采集流程图如图 2-33 所示。

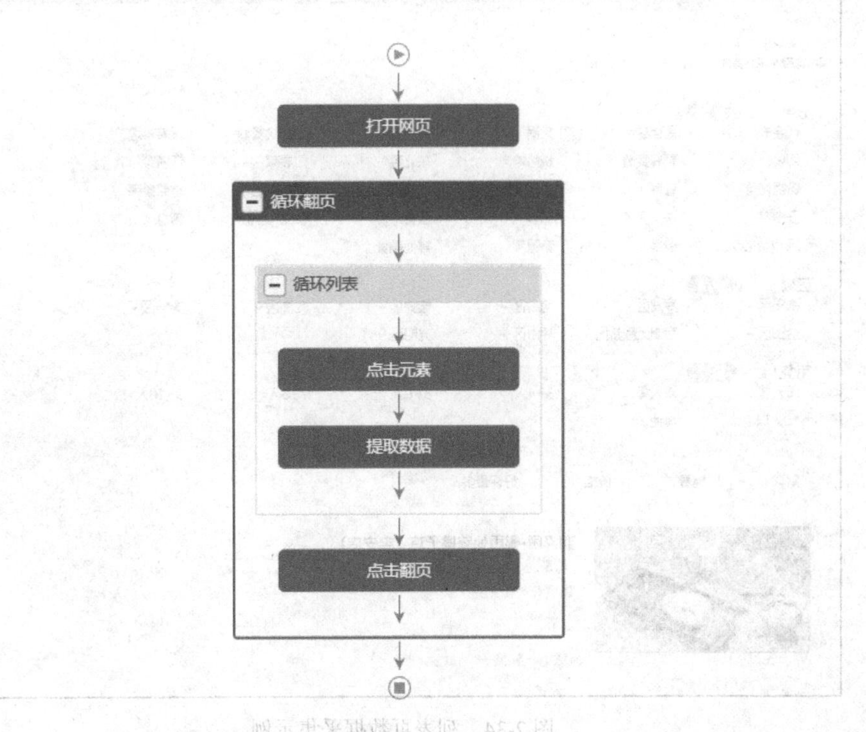

图 2-33　列表详情页数据采集流程图

3. 正则表达式工具与分支判断

下面以列表页数据采集示例来介绍正则表达式工具。

列表页数据采集示例如图 2-34 所示。本示例的采集内容为美团深圳地区美食店铺信息，与列表详情页数据采集类似，步骤为打开网页、翻动每一页、采集每一页信息，这里主要介绍采集每一页信息步骤。

（1）正则表达式工具

要提取数据的内容为图 2-35 所示的整块信息，即图中浏览器内的方框区域。依次单击两个区域后采集器就会选中所有同类型的区域，在“操作提示”面板中选择“采集以下元素文本”即可生成循环提取数据模块。流程图中的两个输入文本模块分别为美团账户用户名和密码的登录验证模块，第 3 章将进行详细介绍。

本示例中我们发现列表页包括大量评分和地址数据，但两类数据在一个字段中，对于这种情况，需要用到正则表达式工具。

正则表达式是一种“规则字符串”，用来表达对字符串的筛选逻辑。它会从左往右阅读一句话，在满足条件的位置开始或结束，并提取出其中的内容。

正则表达式可以帮助我们检测内容是否符合筛选逻辑，并提取出字符串中需要的部分。它具有灵活、功能强、逻辑好的特点，可以用极简方式实现复杂的控制效果。它的主要应用方式为匹配和替换。

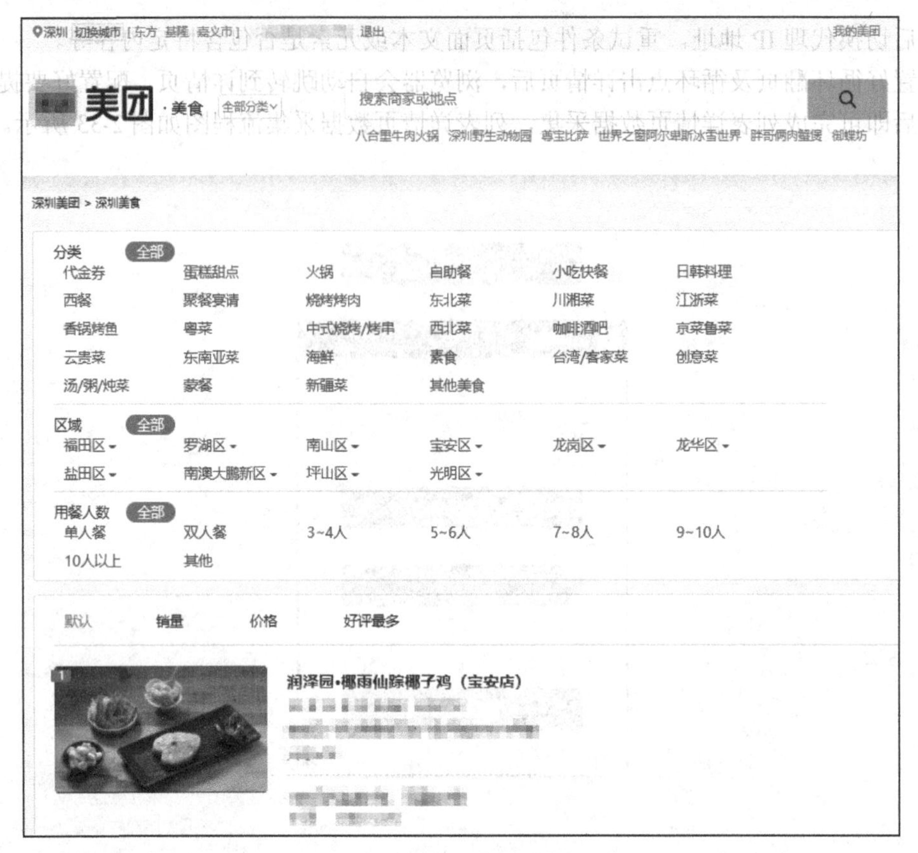

图 2-34 列表页数据采集示例

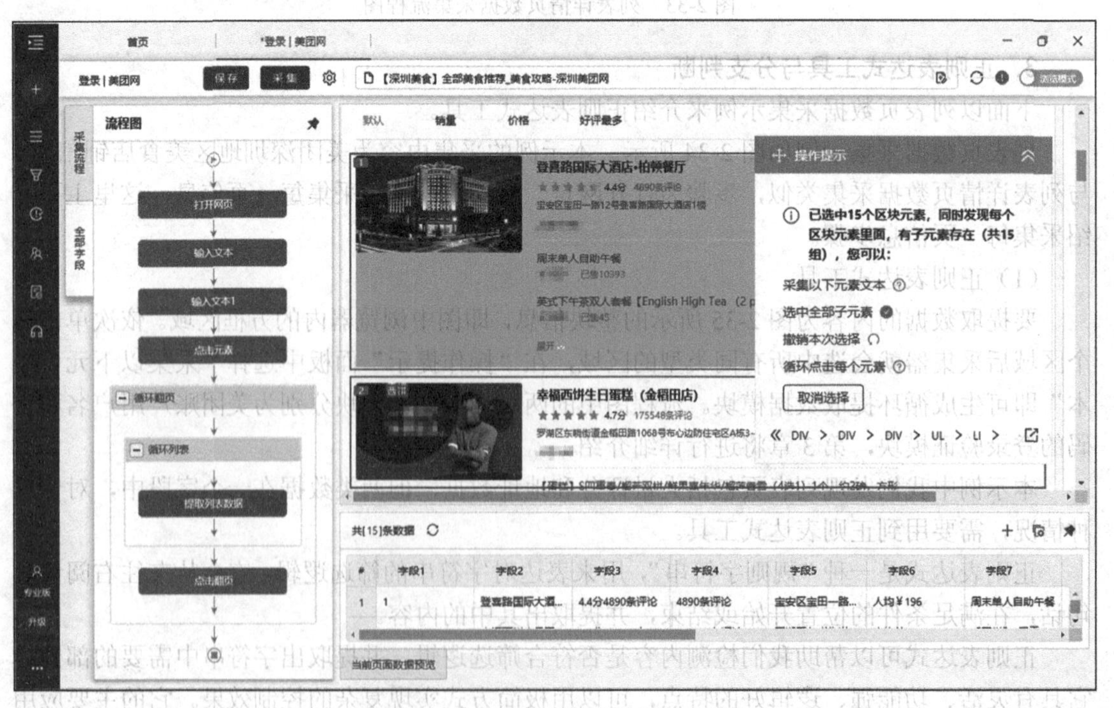

图 2-35 自定义任务模式循环提取操作

例如，对于“我在学习正则表达式”“小明在学习 Xpath”“她在学习八爪鱼采集器操作方法”这几句话，如何只提取其中的学习内容？

匹配的方式为找到“学习”之后的所有内容，正则表达式为：

(?<=学习)(.+?)\b

替换的方式为找到“学习”之前的所有内容，且包含“学习”两个字，然后将这些内容替换为空，即删除。正则表达式为：

(.+?)学习

正则表达式有两种模式，分别为贪婪模式与非贪婪模式。贪婪模式趋向于最大长度匹配，会尽可能多地匹配内容；非贪婪模式会在某些特定符号停止，只要匹配到结果就好。贪婪模式与非贪婪模式的区别为(.+?)中有无“?”符号，有“?”符号的表示非贪婪模式，可以理解为“?”是对正则表达式的一种限制。前文两个正则表达式开启贪婪模式后可以写为：

(?<=学习)(.+)\b, (.+)学习

由于正则表达式较难理解，采集器配套了正则表达式工具，降低了正则表达式的使用难度，下面详细介绍。

对于本示例中采集到的“4.4 分 4891 条评论”数据，我们可以使用正则表达式工具进行格式化调整，将其调整为“4.4 分”。

自定义任务模式格式化操作如图 2-36 所示。选中要修改的数据后，单击右侧的“更多字段操作”按钮。

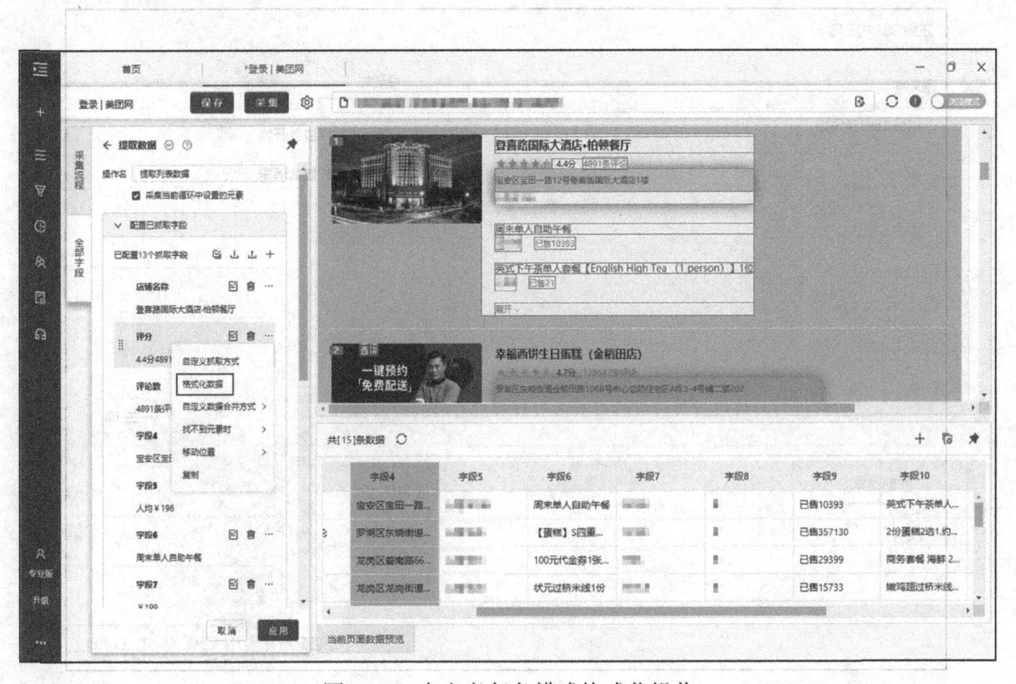

图 2-36　自定义任务模式格式化操作

选择“格式化数据”，在格式化数据设置中单击“添加步骤”下拉列表框，选择“正则表达式匹配”选项，打开图 2-37 所示的“正则表达式匹配”对话框。单击中间的“不懂正则？试试正则工具”链接打开“正则表达式工具”对话框。

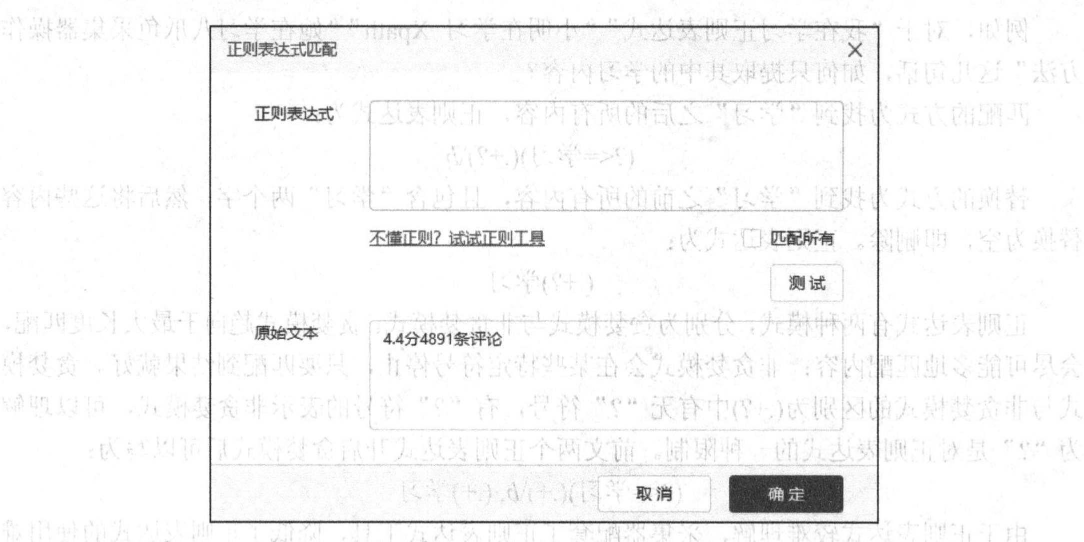

图 2-37 “正则表达式匹配”对话框

“正则表达式工具”对话框如图 2-38 所示。因为我们只想保留评分数据，可以选中“结束”和“包含结束”两个复选框并在后面对应的文本框中输入“分”。然后依次单击“生成”和“匹配”按钮即可完成正则表达式的设置，设置成功后可以在“匹配结果”文本框中查看匹配的结果，最后单击“应用”按钮。

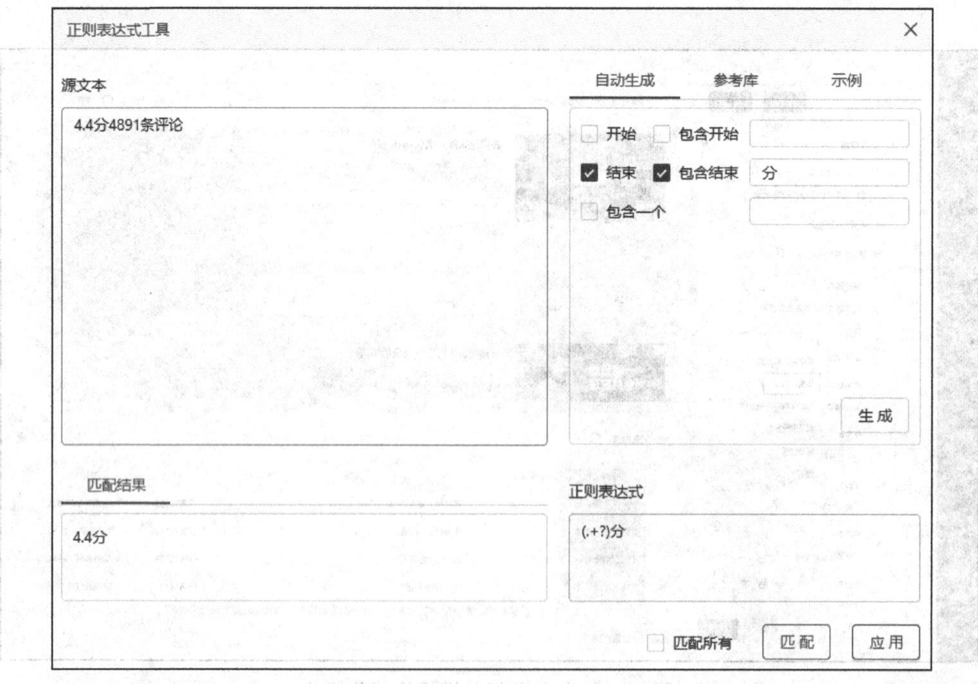

图 2-38 “正则表达式工具”对话框

本教材不介绍正则表达式的详细内容，有兴趣的读者可以查阅相关文献资料。

（2）分支判断

采集过程中，有时可能只想采集网页中具有某些特征的数据，而忽略其他数据，这时除了可以使用前文提到的正则表达式工具外，还有一种更简单的方式就是分支判断。

分支判断可以设置多种条件，针对不同的条件，分支会从左往右进行判断，满足条件则进行操作，不满足条件则右移一个条件再判断，直到条件判断完或满足条件为止。

例如，本示例中我们只采集福田区的店铺信息。

首先在当前流程图中“提取列表数据”上箭头线段的“⊕”处单击，选择“判断条件”选项，如图 2-39 所示。然后单击最左侧“判断条件_分支”对应的设置按钮，设置当前循环项包含“福田”，如图 2-40 所示。

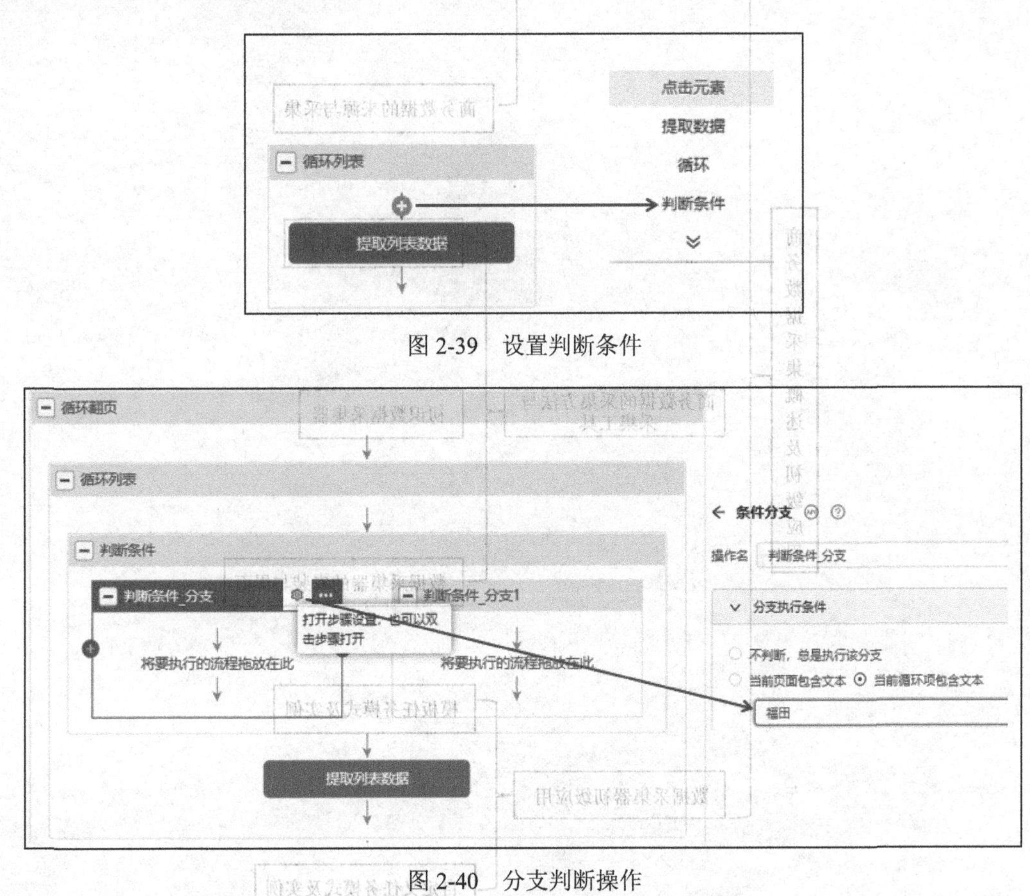

图 2-39　设置判断条件

图 2-40　分支判断操作

分支判断的详细设置包括设置判断条件、操作名及执行前等待。

判断条件可以设置为“当前页面包含文本”“当前循环项包含文本”及“不判断，总是执行该分支”等。其中，“当前页面”指只要页面中任意位置满足条件就判断为满足条件；“当前循环项”指循环列表传递出的元素满足条件才判断为满足条件。例如本示例中，设置当前循环项包含“福田”，则只有当前循环的店铺信息中出现“福田”时才满足条件，其他店铺信息出现则不满足；而设置当前页面包含“福田”则该页面中只要有一个店铺信息含有福田区时，其他所有店铺信息都判断为满足条件。“不判断，总是执行该分支”表示任何元素进入该分支都判断为满足条件，一般被放在最右侧以避免数据遗漏。

分支判断的应用场景为网页中包含多类信息，希望对不同类型的信息用不同的方式进行提取。

【本章小结】

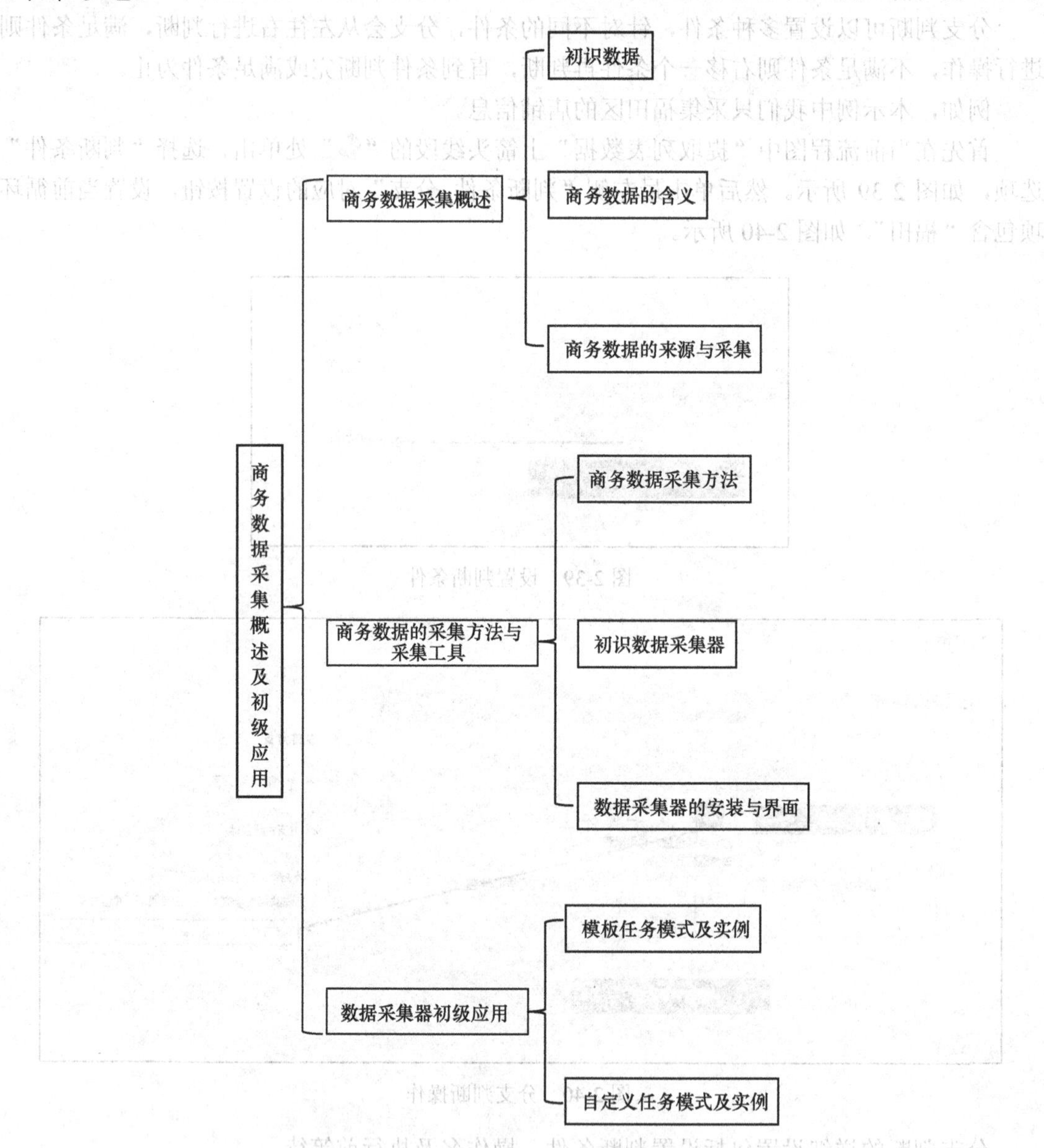

【习题二】

1．数据的字段与记录有什么区别？

2．数据的获取途径有哪些？

3．什么是商务数据，其作用有哪些？

4．商务数据的来源有哪些？

5．简要说明几种数据采集方法。

6．简要说明数据采集技术原理。

【技能实训】

1．在你的计算机上下载并安装八爪鱼采集器，注册账号并登录。

2．使用八爪鱼采集器的模板任务模式采集你感兴趣的数据。

3．使用八爪鱼采集器的自定义任务模式采集京东商城某一商品的详情页数据。

学习心得

第3章 数据采集高级应用及采集实例

【学习目标】

- 掌握数据采集的高级应用。
- 掌握多个数据采集实例。

【引导案例】

数据采集的高级应用

小白利用数据采集器从网络上采集了一些数据，整体来说数据质量较高，可以支撑后续的数据分析，但在采集过程中出现了不少情况。例如，有时需要登录才能采集、有时需要采集图片及附件、有时需要增量采集等，可以说在采集过程中踩了不少“坑”，这些“坑”有的已经解决了，有的至今还未解决。

另外，因为数据采集经验不足，很多类型的数据小白还没有尝试采集过，他迫切需要实操一些案例来提高数据采集能力。

通过学习本章，读者不但可以解决相当一部分数据采集过程中的“坑”，还可以实操大量的数据采集案例。

【思考】

1. 如何进行增量采集、登录采集等操作？
2. 如何进行表格数据采集？
3. 如何进行店铺位置的数据采集？

在数据采集器的使用过程中，对于不同的网站，时常需要一些特殊的功能帮助我们更准确地采集数据，如增量采集、登录采集等。本章主要介绍数据采集的高级应用。另外，本章还会列举各类典型的数据采集领域，并给出详细操作案例，使读者在实践中更好地掌握数据采集技术。

3.1 数据采集的高级应用

在第2章我们基本掌握了使用数据采集器采集数据的方法，但在采集数据过程中会遇到很多问题，这些问题对于数据采集效率有极大的影响。本节重点介绍解决数据采集过程中常见问题的解决方式，即数据采集的高级应用。

3.1.1 屏蔽网页广告

屏蔽网页广告操作用于屏蔽一部分网页内的广告（如左右两侧的弹窗广告等），以便加快网页加载速度及打开网页后更清楚地看到需要采集的数据。因网页情况不同，八爪鱼采集器内部算法不一定适用于所有情况，所以页面本身的采集数据有可能会被屏蔽。若选中“屏蔽网页广告”复选框后发现显示的网页与实际网页信息不一致，则取消选中。

在自定义任务模式中单击流程图上方的“设置”按钮，在弹出的界面中选中“屏蔽网页广告”复选框即可，如图 3-1 所示。

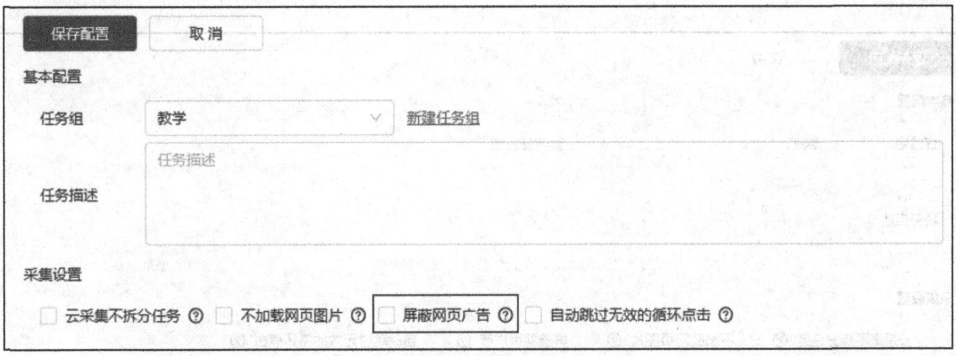

图 3-1 屏蔽网页广告操作

3.1.2 禁止加载图片

在自定义任务模式中单击流程图上方的“设置”按钮，在弹出的界面中选中“不加载网页图片”复选框，如图 3-2 所示。该操作主要用于解决某些网站图片太多导致的网页加载速度过慢，或广告图片太多导致网页图片加载速度过慢的问题。因网页情况不同，部分网站的设置是若不加载图片就一直保持加载状态。若选中“不加载网页图片”复选框后，网页加载一直无法完成，则可以不选中，也可以配合“超时时间”或 Ajax 设置解决。

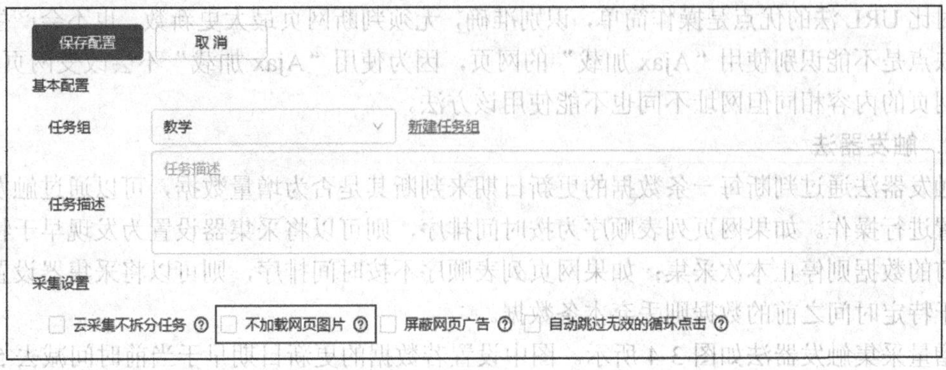

图 3-2 不加载网页图片操作

如果任务流程中包含验证码相关步骤，此处需取消选中“不加载网页图片”复选框，否则八爪鱼采集器将无法获取验证码图片，自动打码功能将失效。

3.1.3 增量采集

增量采集是指每次采集时都只采集网页中没有采集到的增量内容。实现增量采集常见的方式有两种，分别为对比 URL 法和触发器法。

1．对比 URL 法

对比 URL 法通过对比采集网页的 URL 进行识别，对比过程中若发现某 URL 已经采集过，则不对该网页进行二次采集。

在自定义任务模式中单击流程图上方的“设置”按钮，选中“启动增量采集”复选框即可对比整个 URL 或 URL 中的某些参数，如产品 ID 等，如图 3-3 所示。

保存配置 取消
基本配置
任务组 教学 新建任务组
任务描述 任务描述
采集设置
云采集不拆分任务 不加载网页图片 屏蔽网页广告 自动跳过无效的循环点击
浏览器版本 Chrome 76.0
启用增量采集
对比整个URL，包含所有参数
仅对比URL及以下参数
cat page s click
完整URL示例:
对比的URL示例:

图 3-3 增量采集对比 URL 法

对比 URL 法的优点是操作简单，识别准确，无须判断网页最大更新数，也不会产生重复数。缺点是不能识别使用“Ajax 加载”的网页，因为使用“Ajax 加载”不会改变网页链接；部分网页的内容相同但网址不同也不能使用该方法。

2．触发器法

触发器法通过判断每一条数据的更新日期来判断其是否为增量数据，可以通过触发器相关设置进行操作。如果网页列表顺序为按时间排序，则可以将采集器设置为发现早于特定时间之前的数据则停止本次采集；如果网页列表顺序不按时间排序，则可以将采集器设置为发现早于特定时间之前的数据则丢弃本条数据。

增量采集触发器法如图 3-4 所示。图中设置若数据的更新日期早于当前时间减去 5 个小时，则丢弃本条数据，产生的效果是每次采集只会采集最近 5 个小时内的增量数据。

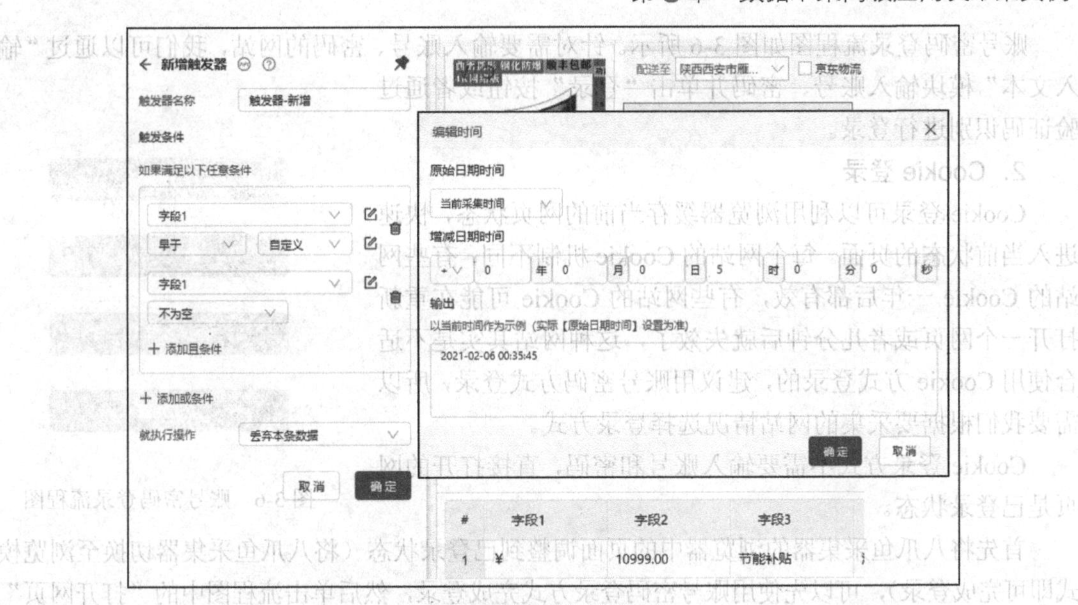

图 3-4 增量采集触发器法

3.1.4 登录采集

对于需要登录的网页，八爪鱼采集器有账号密码登录及 Cookie 登录两种方式。

1. 账号密码登录

对于需要登录的页面，采集器可以模拟人的操作，输入账号和密码，并单击“登录”按钮完成登录。输入账号、密码需要用到“输入文本”模块，这里进行简单介绍。

自定义采集的输入文本操作如图 3-5 所示。单击右侧浏览器界面中的“手机号”文本框，在“操作提示”面板中选择“输入文本”选项即可在流程图中生成“输入文本”模块。“输入文本”模块的高级选项包括操作名、执行前等待和使用循环等。文本框的作用是输入指定文本，在“请输入文本”的文本框中输入需要的文本，单击“确定”按钮保存，即可在右侧的浏览器界面中自动输入手机号。

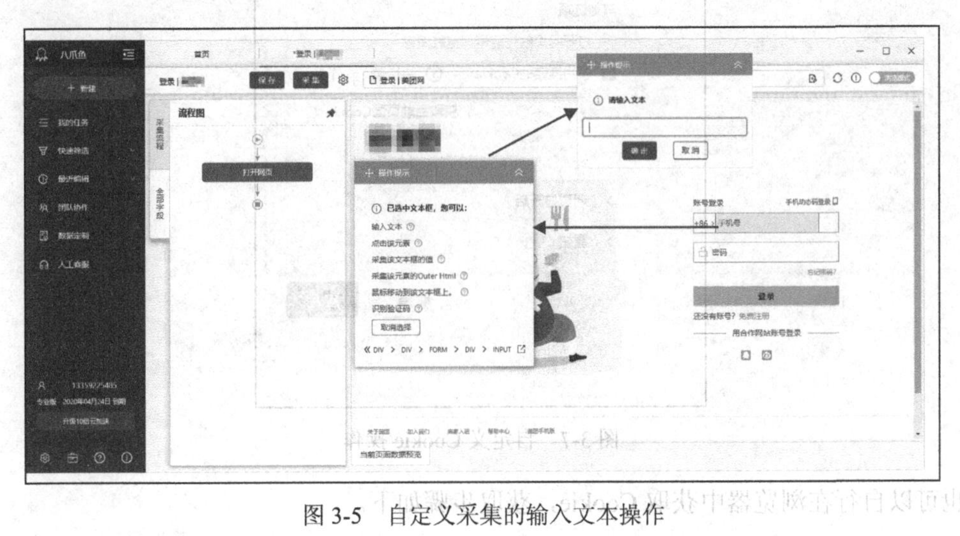

图 3-5 自定义采集的输入文本操作

账号密码登录流程图如图 3-6 所示。针对需要输入账号、密码的网站，我们可以通过“输入文本”模块输入账号、密码并单击“登录”按钮或者通过验证码识别进行登录。

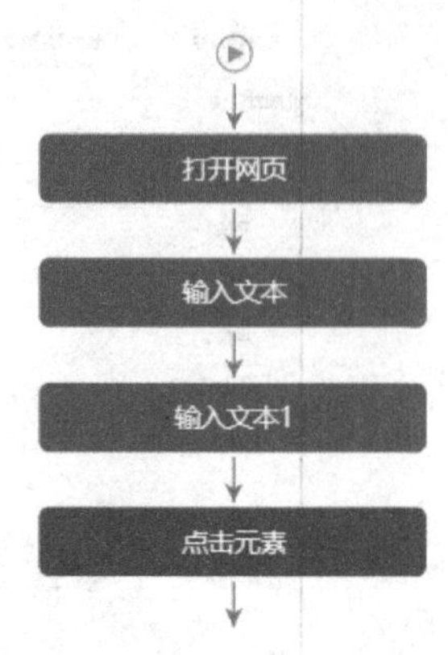

图 3-6　账号密码登录流程图

2．Cookie 登录

Cookie 登录可以利用浏览器缓存当前的网页状态，快速进入当前状态的页面。每个网站的 Cookie 机制不同，有些网站的 Cookie 一年后都有效，有些网站的 Cookie 可能在重新打开一个网页或者几分钟后就失效了，这种网站其实是不适合使用 Cookie 方式登录的，建议用账号密码方式登录，所以需要我们根据要采集的网站情况选择登录方式。

Cookie 登录方式不需要输入账号和密码，直接打开的网页是已登录状态。

首先将八爪鱼采集器的浏览器中的页面调整到已登录状态（将八爪鱼采集器切换至浏览模式即可完成登录），可以先使用账号密码登录方式完成登录，然后单击流程图中的“打开网页”模块的设置按钮，选中“使用指定的 Cookie”复选框，然后单击“获取当前页面 Cookie”按钮，文本框中即可自动生成 Cookie，之后打开的网页会自动完成登录，如图 3-7 所示。

图 3-7　自定义 Cookie 操作

也可以自行在浏览器中获取 Cookie，获取步骤如下。

步骤 1：在 Chrome 浏览器中，输入账号和密码登录网页。

步骤 2：按 F12 键调出源码。

步骤 3：选择“Network”选项，然后按 F5 键调出对应的网络信息。

步骤 4：拖动窗口中的滚动条到顶部。一般而言，可选择顶部第一条信息来获取我们所需的 Cookie 信息，即选择和网址中后缀一致的 Name。获取 Cookie 演示如图 3-8 所示。

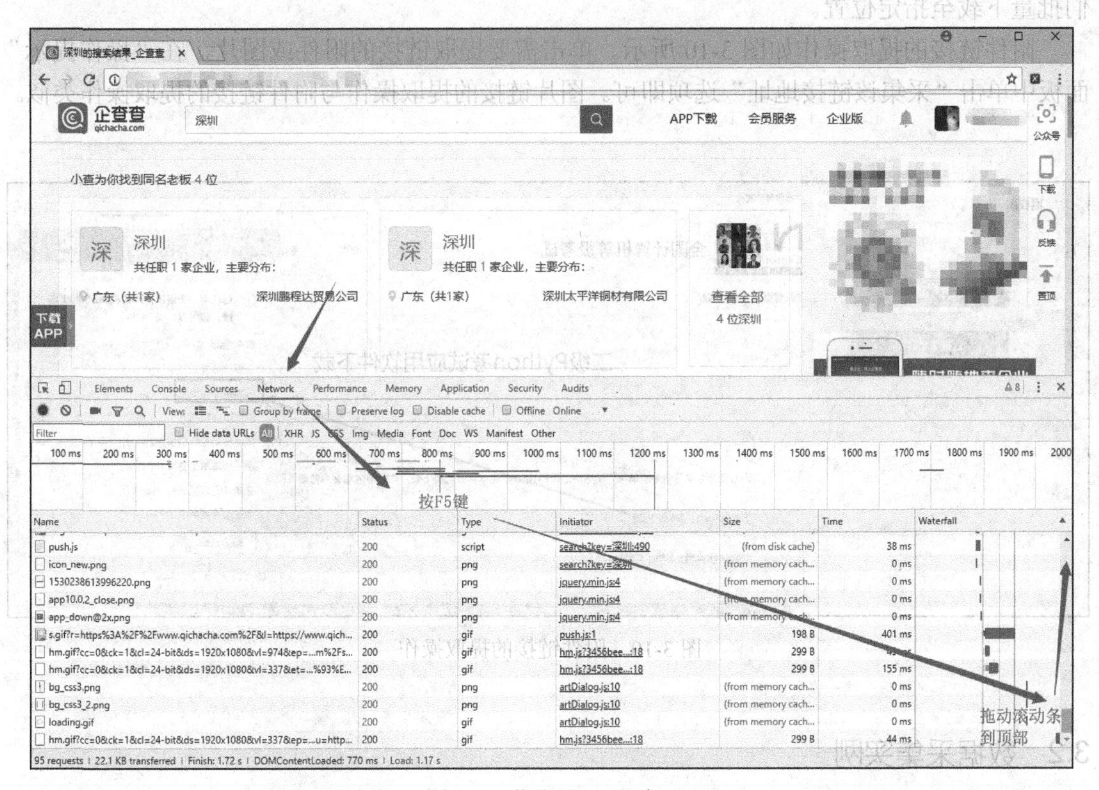

图 3-8　获取 Cookie 演示

步骤 5：单击该 Name 后，再单击“Headers”选项获取头文件信息，然后拖动滚动条找到相应的 Cookie 信息，Cookie 位置如图 3-9 所示。

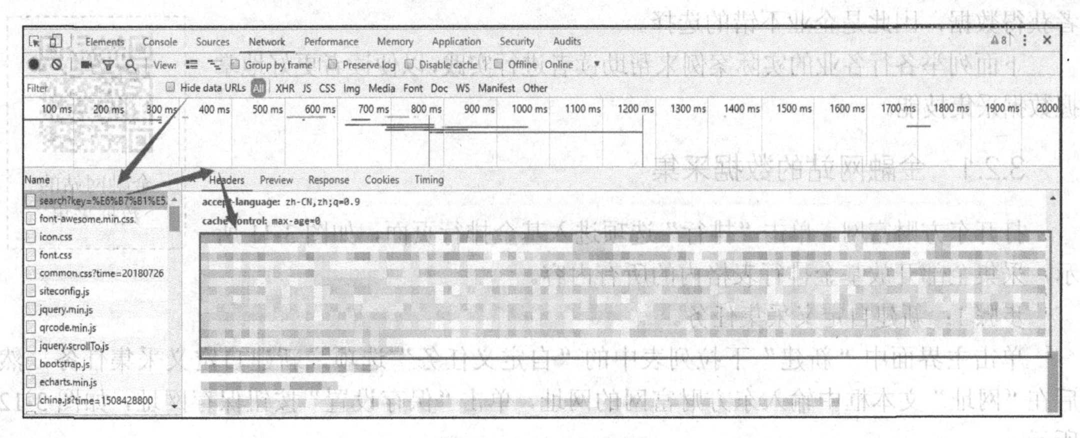

图 3-9　Cookie 位置

步骤 6：将“cookie:”后的信息都复制下来，并粘贴到八爪鱼采集器的相应文本框中即可。

3.1.5 图片及附件采集与下载

部分网页包含图片与附件，采集器可以将它们的链接采集下来，然后利用下载工具将它们批量下载至指定位置。

附件链接的提取操作如图 3-10 所示。单击需要提取链接的附件或图片，在“操作提示”面板中单击“采集该链接地址”选项即可。图片链接的提取操作与附件链接的提取操作类似。

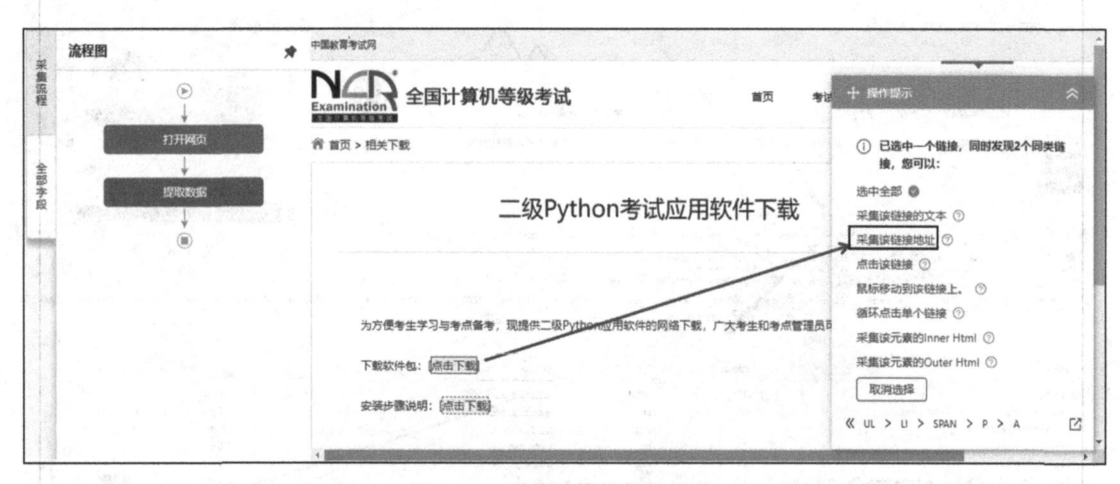

图 3-10 附件链接的提取操作

3.2 数据采集实例

目前，企业、政府、税务、公安刑侦、金融、教育及个人使用等领域都有大量的数据需求，但是并不是所有人或者单位都具备数据采集能力。一般出于学习成本高、项目周期短和紧急程度高等方面的考虑，八爪鱼数据采集器由于上手较快且功能全面，可以快速帮助使用者获得数据，因此是企业不错的选择。

下面列举各行各业的实际案例来帮助读者进行实践，以便读者更好地掌握数据采集技能。

金融网站的数据采集

3.2.1 金融网站的数据采集

打开东方财富网，单击“排行”选项进入基金排行页面，如图 3-11 所示，采集全部开放基金排行表格内的所有内容。

步骤 1：新建自定义采集任务。

单击主界面中“新建”下拉列表中的“自定义任务”选项，新建自定义采集任务，然后在“网址”文本框中输入东方财富网的网址，单击“保存设置”按钮保存网址，如图 3-12 所示。

比较	序号	基金代码	基金简称	日期	单位净值	累计净值	日增长率	近1周	近1月	近3月	近6月	近1年	近2年	近3年	今年来	成立来	自定义	手续费	
☐	1	005968	创金合信工业	02-05	3.3398	3.3398	-2.15%	2.32%	9.40%	43.11%	71.34%	166.86%	284.64%	---	18.73%	233.98%	163.83%	0.15%	购买
☐	2	005969	创金合信工业	02-05	3.2804	3.2804	-2.16%	2.31%	9.34%	42.87%	70.76%	165.04%	279.68%	---	18.65%	228.04%	162.03%	0.00%	购买
☐	3	003834	华夏能源革新	02-05	2.7300	2.7300	-3.91%	-5.21%	-7.21%	33.76%	65.66%	93.75%	219.30%	159.75%	1.00%	173.00%	95.00%	0.15%	购买
☐	4	009147	建信新能源行	02-05	1.7909	1.7909	-2.38%	-2.50%	-2.01%	26.03%	63.57%	---	---	---	3.60%	79.09%	79.09%	0.15%	购买
☐	5	161725	招商中证白酒	02-05	1.5084	3.1395	1.10%	5.82%	-2.61%	32.83%	63.23%	154.55%	276.21%	233.29%	5.73%	473.04%	149.93%	0.10%	购买
☐	6	001951	金鹰改革红利	02-05	2.5100	2.5100	-2.68%	2.28%	3.85%	36.56%	61.73%	100.00%	180.76%	100.00%	14.09%	151.00%	94.57%	0.15%	购买
☐	7	160632	鹏华酒	02-05	1.1250	2.4030	0.90%	5.73%	-2.51%	31.72%	59.31%	157.17%	282.19%	232.49%	5.63%	353.62%	151.80%	0.12%	购买
☐	8	004987	诺德新享灵活	02-05	2.5600	2.5600	1.52%	6.25%	1.20%	33.44%	54.26%	119.05%	139.25%	120.37%	9.42%	156.00%	115.38%	0.15%	购买
☐	9	501057	汇添富中证新	02-05	2.2300	2.2300	-3.42%	-1.03%	-4.18%	23.74%	53.58%	94.25%	185.28%	---	4.35%	123.00%	94.39%	0.12%	购买
☐	10	501058	汇添富中证新	02-05	2.2124	2.2124	-3.42%	-1.04%	-4.21%	23.66%	53.39%	93.76%	183.82%	---	4.32%	121.24%	93.90%	0.00%	购买
☐	11	002083	新华鑫动力灵	02-05	2.3754	2.3754	-2.99%	-2.80%	-6.37%	28.19%	53.35%	114.58%	226.74%	122.83%	2.17%	137.54%	112.09%	0.10%	购买
☐	12	002084	新华鑫动力灵	02-05	2.3629	2.3629	-2.99%	-2.80%	-6.38%	28.14%	53.24%	114.42%	225.92%	122.08%	2.16%	136.29%	111.92%	0.10%	购买
☐	13	400015	东方新能源汽	02-05	2.8463	3.3063	-3.48%	-2.98%	-6.56%	23.08%	53.10%	88.81%	166.53%	117.18%	1.39%	279.51%	89.25%	0.15%	购买
☐	14	005669	前海开源公用	02-05	1.6714	1.6714	-3.53%	-6.59%	-7.15%	22.78%	53.09%	64.86%	69.48%	---	0.60%	67.14%	63.78%	0.15%	购买
☐	15	004812	中欧先进制造	02-05	2.7985	2.7985	-0.94%	-0.61%	-3.45%	23.93%	52.66%	114.71%	226.09%	188.33%	3.66%	179.85%	114.13%	0.15%	购买

图 3-11 东方财富网基金排行页面

图 3-12 新建自定义采集任务

步骤 2：进入基金排行页面。

在浏览器页面中单击“排行”选项，在“操作提示”面板中单击“点击该链接”选项进入基金排行页面，如图 3-13 所示。

步骤 3：循环提取数据。

单击某单元格，在“操作提示”面板中单击“TR”选项即可选择整行数据，如图 3-14 所示。

参照上述步骤，再次选中某单元格，单击“操作提示”面板中的“TR”选项，然后单击“选中全部子元素”，此时八爪鱼采集器会选中所有数据。单击“操作提示”面板中的“采集数据”选项，流程图中将生成“循环列表”模块，如图 3-15 所示。

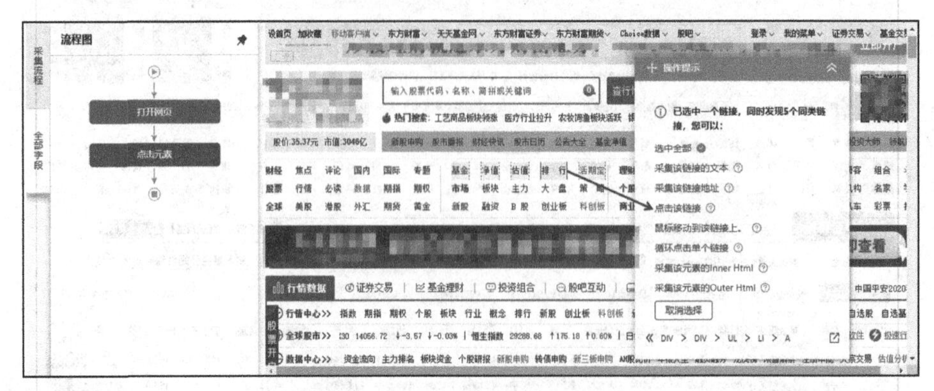

图 3-13　进入基金排行页面

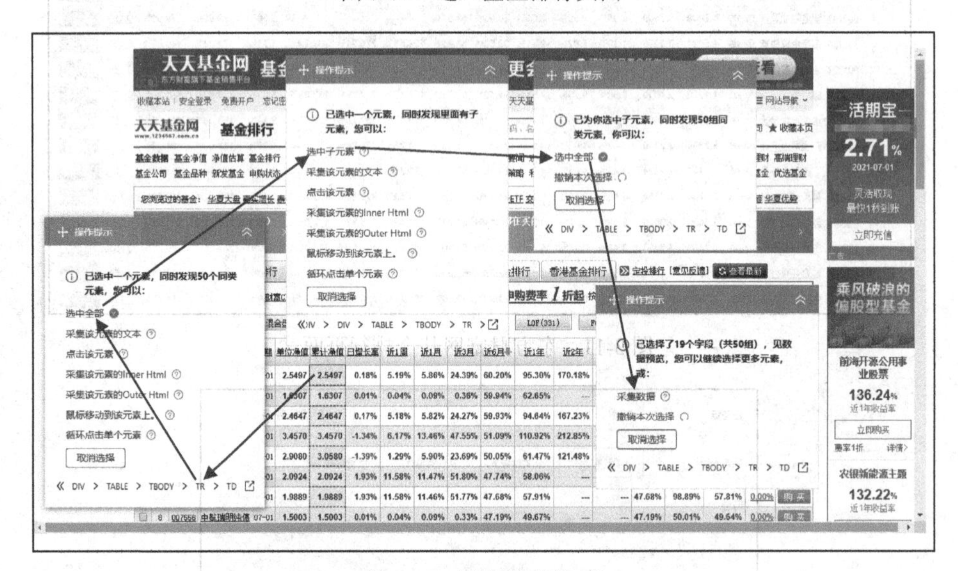

图 3-14　选择整行数据

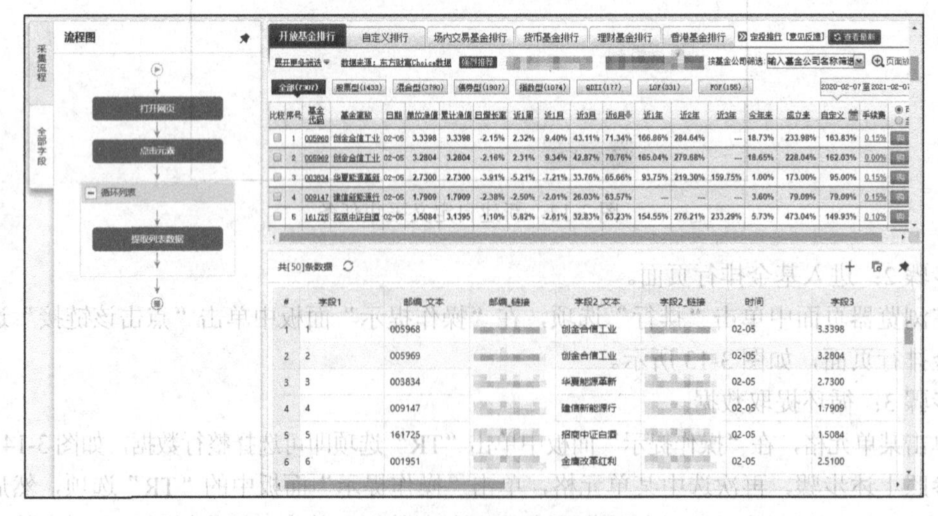

图 3-15　生成“循环列表”模块

步骤4：设置自动翻页。

单击流程图中的“循环列表”流程后，在浏览器中单击“下一页”按钮，在“操作提示”面板中单击“循环点击下一页”选项，流程图中将生成“循环翻页”模块，如图3-16所示。

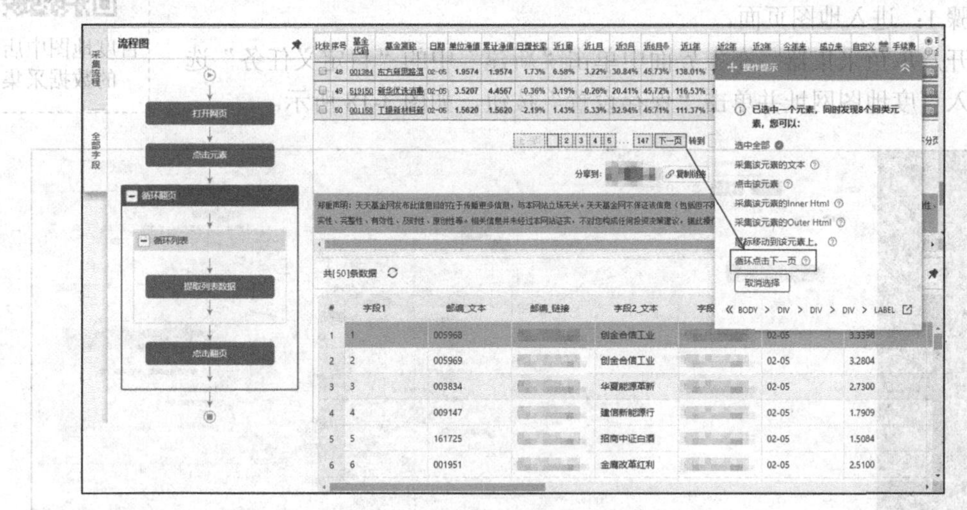

图3-16 生成“循环翻页”模块

步骤5：运行任务。

单击主界面上的“采集”按钮，再单击“启动本地采集”按钮开始采集。

步骤6：数据导出。

数据采集完成后，单击“导出数据”按钮，选择导出方式，单击“确定”按钮，选择存储位置即可，如图3-17所示。

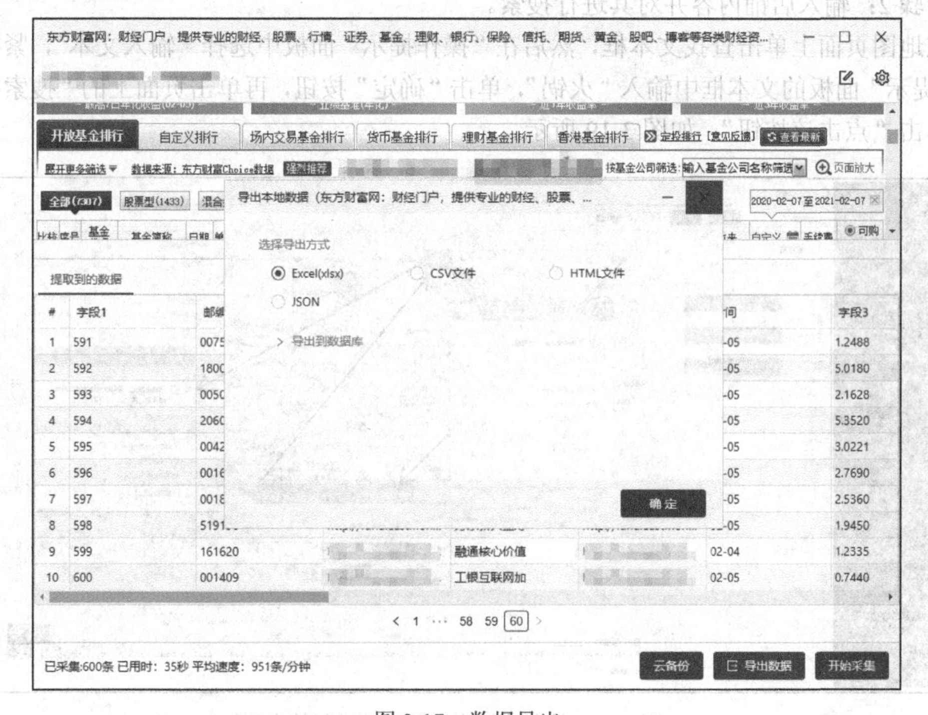

图3-17 数据导出

3.2.2 百度地图中店铺的数据采集

百度地图中店铺的数据采集

本实例为深圳市火锅店铺数据采集，具体步骤如下。

步骤 1：进入地图页面。

打开八爪鱼采集器，在主界面中单击“新建”中的“自定义任务”选项，输入百度地图网址并单击“保存设置”按钮，如图 3-18 所示。

图 3-18 进入地图页面

步骤 2：输入店铺内容并对其进行搜索。

在地图页面上单击查找文本框，然后在“操作提示”面板中选择“输入文本”，紧接着在“操作提示”面板的文本框中输入“火锅”，单击“确定”按钮，再单击页面上的“搜索按钮”，最后单击“点击该按钮”，如图 3-19 所示。

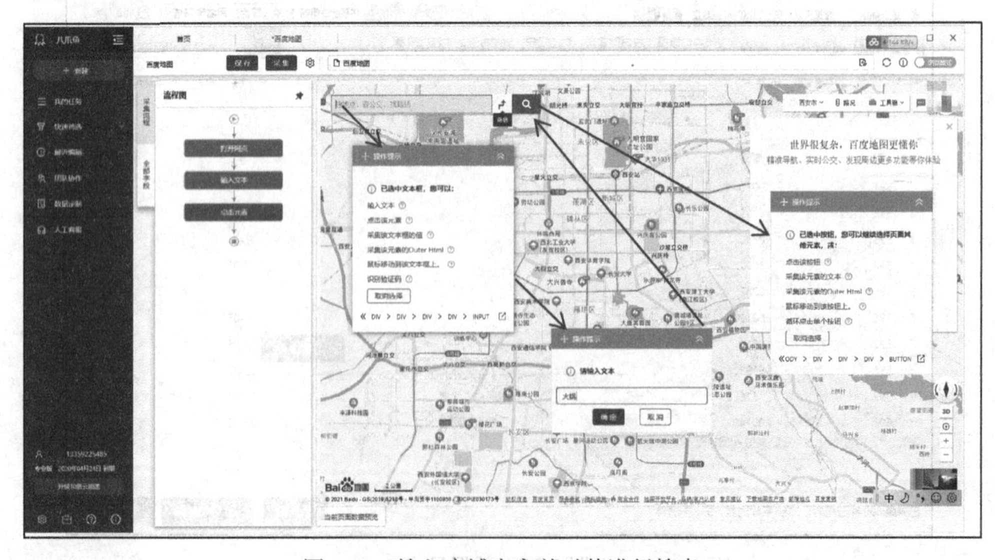

图 3-19 输入店铺内容并对其进行搜索

步骤 3：提取页面数据。

在搜索页面中单击第一个店铺数据使其变成蓝色，然后在“操作提示”面板中依次单击“选中子元素”“选中全部”“采集数据”选项，即可提取页面数据，如图 3-20 所示。

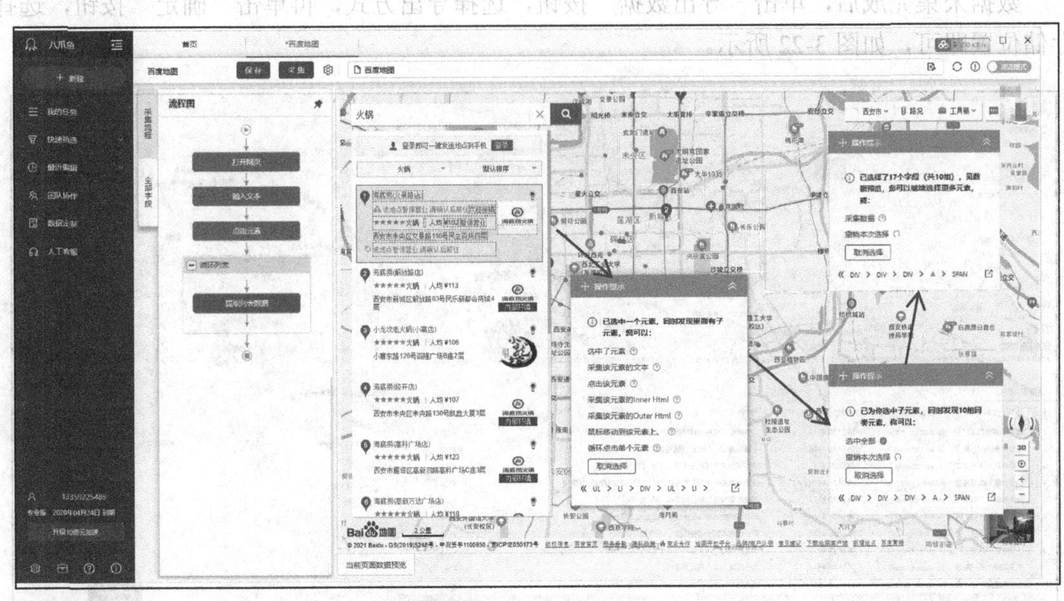

图 3-20　提取页面数据

步骤 4：设置循环翻页。

选中流程图中的“循环列表”流程，在地图页面中找到“下一页”按钮并单击，然后单击“循环点击下一页”，设置循环翻页，如图 3-21 所示。

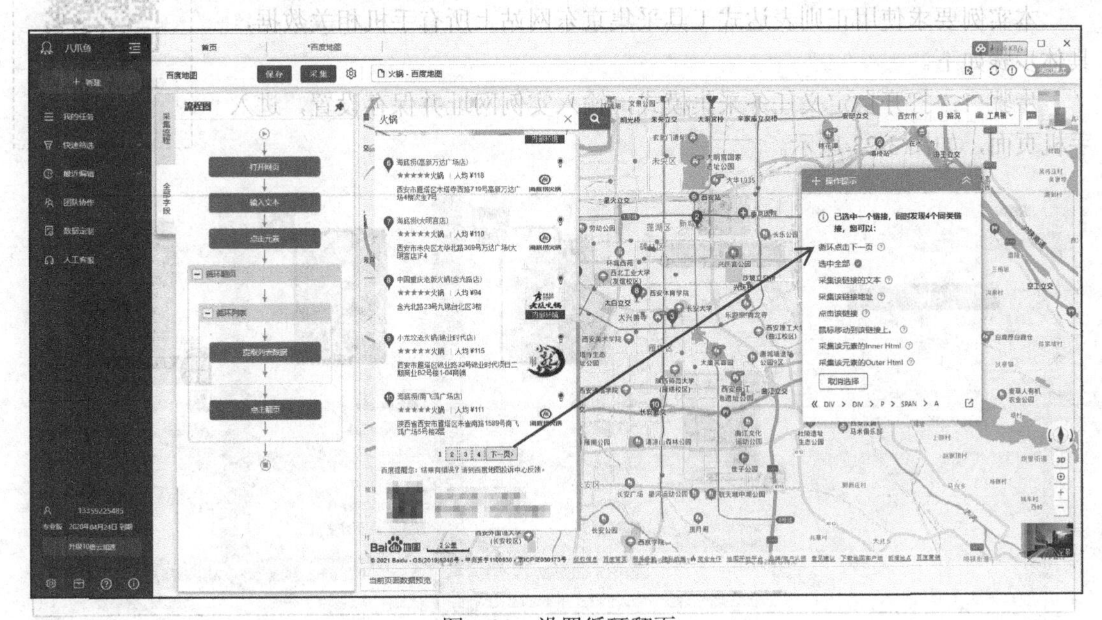

图 3-21　设置循环翻页

步骤 5：运行任务。

单击主界面上的“采集”按钮，再单击“启动本地采集”按钮开始采集。

步骤 6：数据导出。

数据采集完成后，单击“导出数据”按钮，选择导出方式，再单击“确定”按钮，选择存储位置即可，如图 3-22 所示。

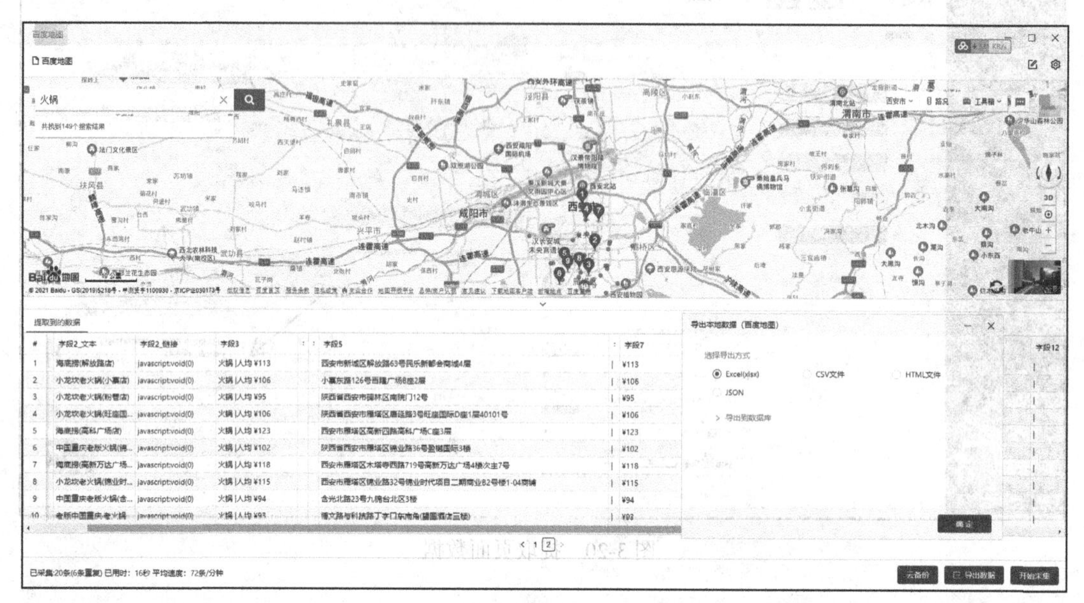

图 3-22　数据导出

3.2.3　电商产品的数据采集

电商产品的数据采集

本实例要求使用正则表达式工具采集京东网站上所有手机相关数据，具体步骤如下。

步骤 1：打开自定义任务采集模式，输入实例网址并保存设置，进入手机页面，如图 3-23 所示。

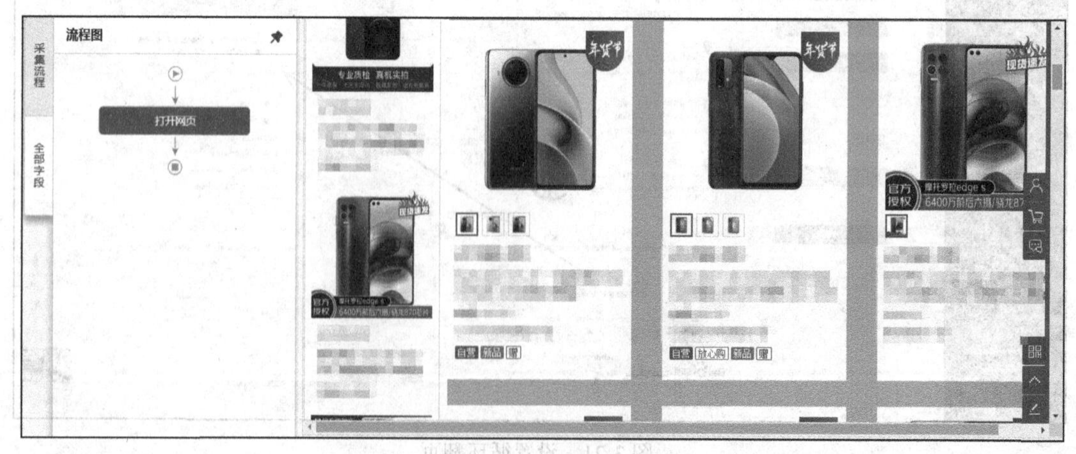

图 3-23　进入手机页面

步骤 2：设置循环点击以进入详情页。

单击页面内第一个商品链接，然后在“操作提示”面板中依次单击“选中全部”和“循环点击每个元素”选项，如图 3-24 所示，以保证自动进入每个商品的详情页。

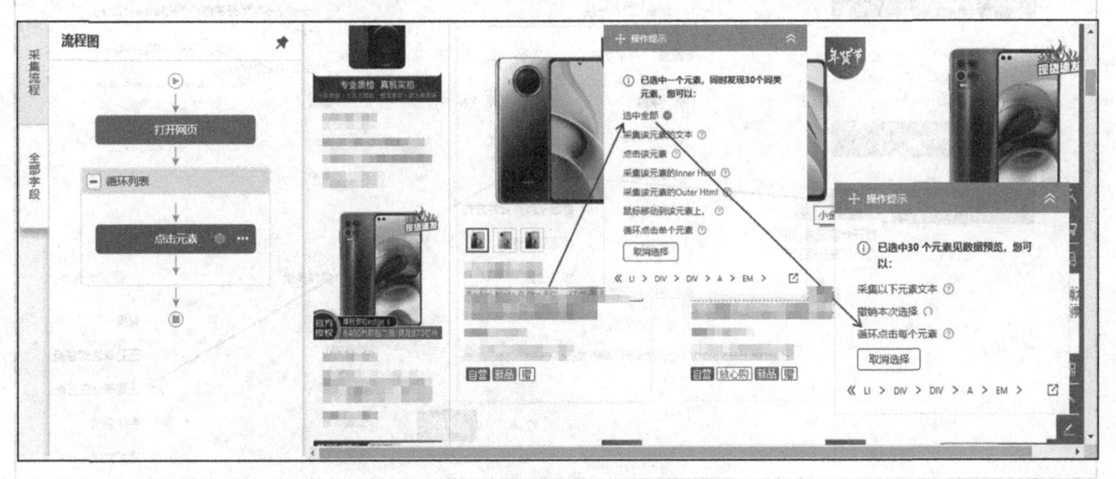

图 3-24　设置循环点击以进入详情页

步骤 3：使用正则表达式提取数据。

通过移动鼠标指针使商品介绍中商品属性区域全部被选中再单击，随后在出现的“操作提示”面板中单击“采集该元素的 Inner Html”，如图 3-25 所示。

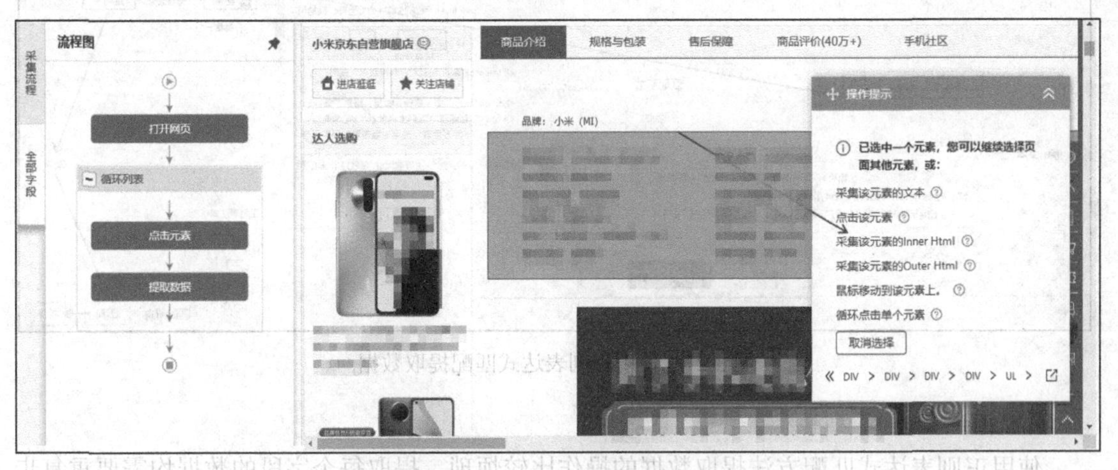

图 3-25　提取元素的 Inner Html

如图 3-26 所示，在流程图中单击“提取数据”模块的设置按钮，再依次单击“格式化数据”和“正则表达式匹配”，就会出现图 3-27 所示的“正则表达式匹配”对话框。

在“正则表达式匹配”对话框中单击“不懂正则？试试正则工具”，然后在源文本中仔细观察。例如我们想提取“6GB”，可以在右侧依次设置“6GB”的开始和结束标识，再依次单击“生成”“匹配”和“应用”按钮，即可从大量源文本中提取出用户认为有价值的运行内存“6GB”，如图 3-27 所示。读者可使用相同方法在源文本中提取其他数据，如商品毛重、摄像头数量等。

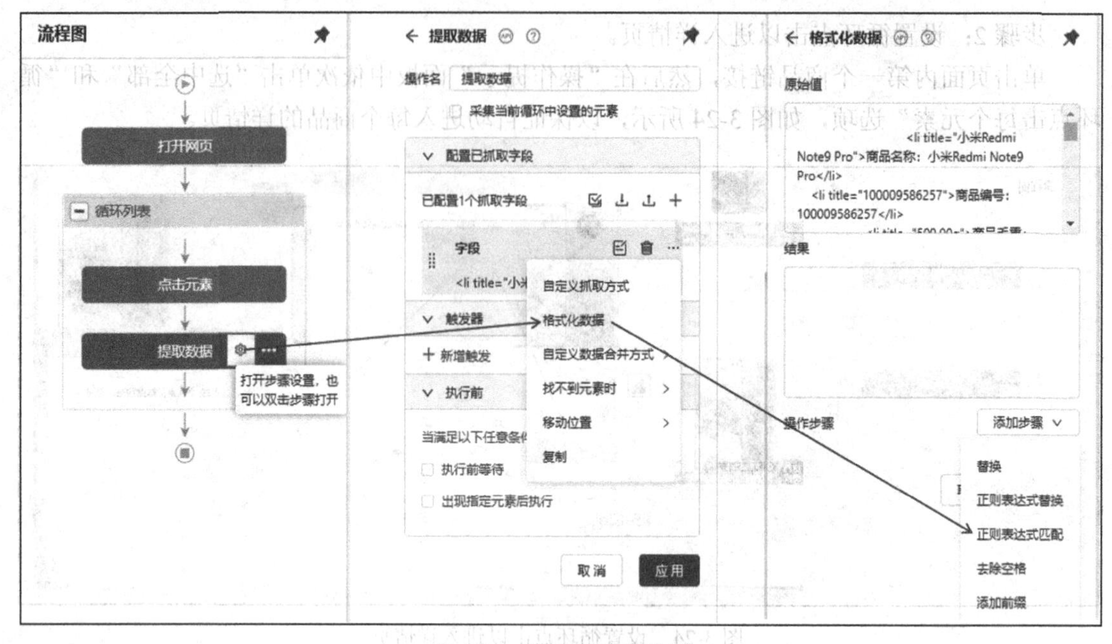

图 3-26　格式化数据设置

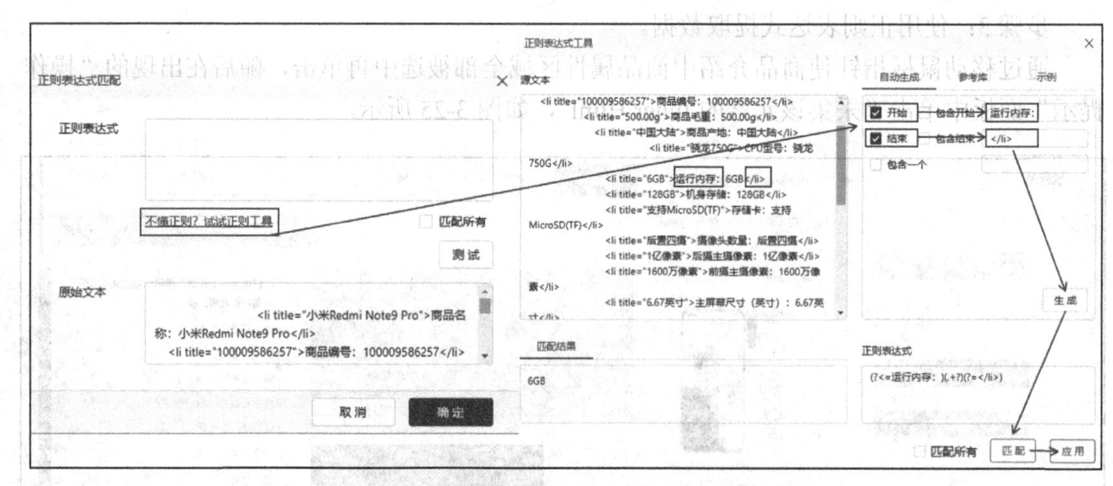

图 3-27　使用正则表达式匹配提取数据

使用正则表达式匹配方法提取数据的操作比较烦琐，提取每个字段的数据均需要重复步骤 3 中的操作，但可以有效解决数据串行、串列等数据质量问题。

不断重复步骤 3，直到把所有需要的数据采集下来，即可进入步骤 4。

步骤 4：设置循环翻页。

选中流程图中的“循环列表”，在页面中找到“下一页”按钮并单击，然后单击“循环点击下一页”，设置循环翻页。

步骤 5：运行任务。

单击主界面上的“采集”按钮，再单击“启动本地采集”按钮开始采集。

步骤 6：数据导出。

数据采集完成后，单击“导出数据”按钮，选择导出方式，单击“确定”按钮，选择存储位置即可。

3.2.4 职场招聘的数据采集

职场招聘的数据采集

本实例使用模板任务模式采集猎聘网数据，通过搜索“数据分析”找到所有数据分析岗位，采集对应的职场招聘数据，包括招聘岗位、招聘企业、薪资水平、工作城市、学历要求等信息。

步骤1：新建模板任务并选择模板。

在八爪鱼采集器主界面，单击“新建”中的“模板任务”选项，找到“猎聘招聘”模板并单击，如图3-28所示。

图3-28 选择模板

步骤2：查看模板。

通过图3-29所示的界面，可以查看该模板的“模板介绍”“采集字段预览”“采集参数预览”“示例数据”，仔细查看使用方法后单击“立即使用”按钮。

步骤3：配置模板参数。

根据模板的使用方法及采集数据的要求，配置本模板参数，包括“搜索关键词”和“翻页次数”，最后单击“保存并启动”按钮，如图3-30所示。

步骤4：运行任务。

单击主界面上的“采集”按钮，再单击“启动本地采集”按钮开始采集。

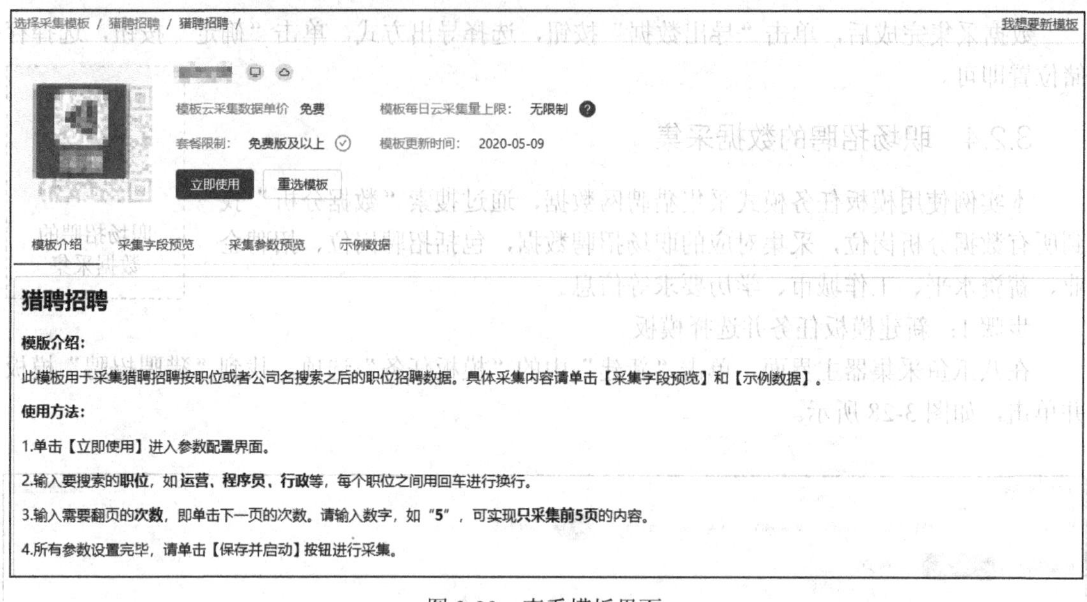

图 3-29　查看模板界面

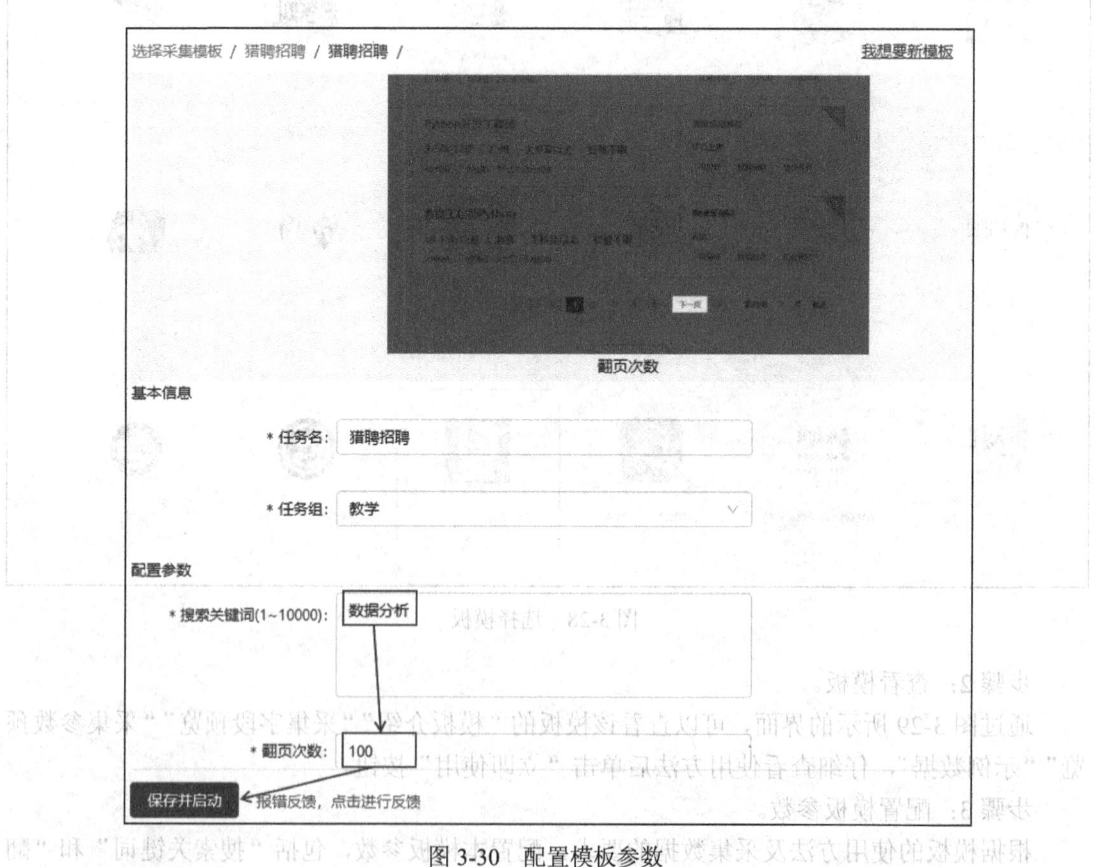

图 3-30　配置模板参数

步骤 5：数据导出。

数据采集完成后，单击“导出数据”按钮，选择导出方式，单击“确定”按钮，选择存储位置即可，如图 3-31 所示。

提取到的数据

#	关键词	岗位名称		薪酬	地区	学历	工作经验	发布时间	反馈时间	公司名称	公
1	数据分析	总公司高级数据分析...	...	10-20k·12薪	天津-和平区	本科及以上	3-5年	3小时前	投递后：72小时反馈	恒安标准人寿保险有限公司	htt
2	数据分析	数据分析主管	...	8-12k·12薪	广州	大专及以上	1-3年	3小时前	投递后：24小时反馈	沐家健康产业	htt
3	数据分析	数据分析工程师	...	面议	昆明	大专及以上	3-5年	4小时前	投递后：7个工作日...	云能智慧	htt
4	数据分析	数据分析工程师	...	15-20k·13薪	深圳	统招本科	3-5年	4小时前	投递后：24小时反馈	房车宝集团有限公司	htt
5	数据分析	电商数据分析	...	6-7k·12薪	上海-宝山区	本科及以上	3-5年	4小时前	投递后：72小时反馈	白色系文化传媒(上海)有限公司	htt
6	数据分析	数据分析专家	...	25-35k·14薪	杭州-余杭区	本科及以上	5-10年	4小时前	投递后：10个工作日...	北京群鲜荟萃科技有限公司	htt
7	数据分析	数据分析员	...	8-13k·12薪	杭州	大专及以上	1-3年	4小时前	投递后：24小时反馈	浙江墨达汇电子商务有限公司	htt
8	数据分析	数据分析专家	...	12-18k·12薪	杭州-滨江区	本科及以上	3-5年	4小时前	投递后：72小时反馈	纳爱斯集团有限公司	htt
9	数据分析	数据分析师	...	9-14k·12薪	西安	本科及以上	1-3年	5小时前	投递后：72小时反馈	美亚柏科	htt
10	数据分析	数据分析师	...	面议	青岛	本科及以上	3-5年	6小时前	投递后：72小时反馈	海尔集团金融控股平台	htt

< 1 2 3 >

图 3-31 数据导出

【本章小结】

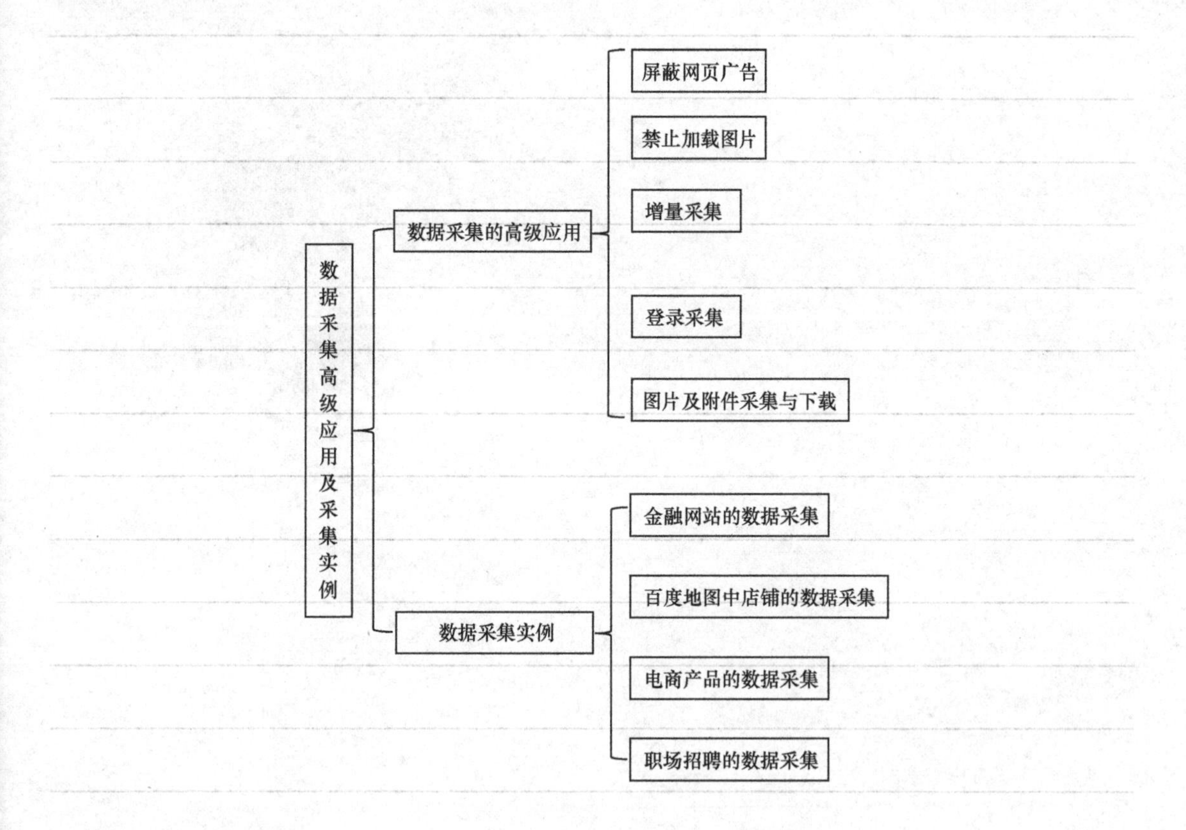

【习题三】

1．如何在浏览器中获取 Cookie 信息？

2．思考数据采集还有哪些应用场景。

3．解释数据采集流程图中，循环列表与循环翻页的区别。

【技能实训】

1．使用模板任务模式或自定义任务模式在招聘网站上采集你所学专业相关岗位的招聘数据，要求有效数据的行数大于 1000、列数大于 10。

2．在百度地图上采集你所在城市的火锅店铺数据。

3．根据你的个人喜好，在体育类网站上采集篮球或足球的相关数据。

4．利用正则表达式工具在京东商城上采集手机相关数据，要求有效数据的行数大于 1000、列数大于 10。

学习心得

第4章 数据清洗与整理

【学习目标】

- 理解数据清洗与整理的原则。
- 掌握数据清洗的基本操作。
- 掌握数据整理的基本方法。

【引导案例】

数据分析师招聘数据

小白刚从某招聘网站上下载了数据分析师招聘数据，如图4-1所示，其中共有6345条记录、14个字段。可出乎他意料的是，这份数据非常杂乱！虽然已经了解到下载好的数据会有不规整的现象，可万万没想到，事实要比想象中糟糕很多。

1	薪资	详情	招聘城市	职能类别	公司信息	工作经验要求	学历要求	招聘人数	发布日期	公司类别
2	0.6-1.3万/月	150-500人 ｜制药/生物工程,学术/科研	广州	职能类别：数据库工程师/	中国科学院广州生物医	无工作经验	本科	招1人	05-03发布	
3	6-8千/月	500-1000人 ｜通信/电信/网络设备	合肥-经开区	职能类别：电话销售	广东鸿联九五信息产业有限	无工作经验		招20人	05-12发布	
4	3-4.5千/月	500-1000人 ｜快速消费品(食品、饮料、化妆品)	南昌	职能类别：业务分析专员/	旺旺于1992年正式投资大陆	无工作经验		招1人	05-09发布	
5	150元/天	50-150人 ｜计算机软件,文字媒体/出版	上海-静安区	职能类别：市场分析/调研	上海商情信息中心（原国内	无工作经验		招若干人	05-11发布	
6	0.7-1.4万/月	创业公司 ｜150-500人 ｜互联网/电子商务,专业服务(咨询、人力	成都-高新区	职能类别：其他	享宇金服是立足风险管控、	2年经验	本科	招1人	05-12发布	创业公司
7	4-6千/月	创业公司 ｜500-1000人 ｜互联网/电子商务	郑州-管城回族区	职能类别：业务分析专员/	斗米***是五八赶集集团旗	1年经验	本科	招1人	05-12发布	创业公司
8	0.6-1万/月	创业公司 ｜150-500人 ｜专业服务(咨询、人力资源、财会),互联	上海-闵行区	职能类别：SEO/SEM大数据	上海知加信息科技有限公	2年经验	大专	招若干人	05-12发布	创业公司
9	4-8千/月	创业公司 ｜50-150人 ｜互联网/电子商务,法律	上海-浦东新区	职能类别：其他市场分析/	"点击律"是由点击律（上	1年经验	大专	招2人	05-12发布	创业公司
10	1-1.5万/月	创业公司 ｜少于50人 ｜互联网/电子商务,计算机服务(系统、数	南京-雨花台区	职能类别：大数据开发/分	指食针：行业前沿、业界	3-4年经验	本科	招1人	05-12发布	创业公司
11	4.5-6千/月	创业公司 ｜少于50人 ｜互联网/电子商务	深圳	职能类别：市场分析/调研	深圳市恒达世纪科技有限公	1年经验	大专	招若干人	05-12发布	创业公司
12	0.6-2.5万/月	创业公司 ｜50-150人 ｜计算机软件,计算机服务(系统、数据服	广州-越秀区	职能类别：大数据开发/分	广州风林火山网络科技	3-4年经验	本科	招1人	05-12发布	创业公司
13	1-1.5万/月	创业公司 ｜少于50人 ｜教育/培训/院校,专业服务(咨询、人力	上海-静安区	职能类别：市场分析/调研	专注于教育培训行业的各科	无工作经验	本科	招1人	05-11发布	创业公司
14	0.8-1万/月	创业公司 ｜50-150人 ｜互联网/电子商务	上海-静安区	职能类别：大数据开发/分	上海商希信息技术有限公	无工作经验		招1人	05-11发布	创业公司
15	1-1.5万/月	创业公司 ｜50-150人 ｜互联网/电子商务	福州	职能类别：数据库工程师/	福州网乐网络科技有限公司	无工作经验	本科	招若干人	05-11发布	创业公司
16	0.8-1.1万/月	创业公司 ｜500-1000人 ｜互联网/电子商务,教育/培训/院校	厦门	职能类别：市场分析/调研	厦门神州鹰软件科技有限公	5-7年经验	大专	招1人	05-11发布	创业公司
17	1.2-1.8万/月	创业公司 ｜150-500人 ｜互联网/电子商务,金融/投资/证券	广州-越秀区	职能类别：系统分析员数据	公司介绍 民贷天下（www	5-7年经验	本科	招1人	05-11发布	创业公司
18	0.6-1万/月	创业公司 ｜少于50人 ｜金融/投资/证券,信托/担保/拍卖/典当	上海-浦东新区	职能类别：风险管理/控制	微齐金融信息服务（上海）	无工作经验	本科	招1人	05-11发布	创业公司
19	0.7-1.2万/月	创业公司 ｜50-150人 ｜互联网/电子商务,环保	武汉-江夏区	职能类别：市场分析/调研	回收哥(武汉)互联网有限	2年经验	硕士	招1人	05-11发布	创业公司
20	1.5-2.5万/月	创业公司 ｜150-500人 ｜互联网/电子商务,计算机服务(系统、数	上海-浦东新区	职能类别：售前/售后技术	驻云科技成立于2013年，是	3-4年经验	本科	招1人	05-11发布	创业公司
21	1-1.5万/月	创业公司 ｜少于50人 ｜互联网/电子商务,影视/媒体/艺术/文化	广州-黄埔区	职能类别：数据库工程师/	公司介绍 新进优秀的网络	2年经验	大专	招若干人	05-11发布	创业公司
22	0.8-1万/月	创业公司 ｜50-150人 ｜互联网/电子商务	上海-浦东新区	职能类别：其他	爱海米是一家为家庭素质	1年经验		招4人	05-11发布	创业公司
23	1-1.5万/月	创业公司 ｜少于50人 ｜互联网/电子商务	成都-高新区	职能类别：数据库工程师/	跑哪儿成立于2015年5月，	2年经验	本科	招1人	05-11发布	创业公司
24	2-4万/月	创业公司 ｜500-1000人 ｜互联网/电子商务,教育/培训/院校	北京-朝阳区	职能类别：手机应用开发工	作业盒子是一家致力于推动	无工作经验		招若干人	05-11发布	创业公司
25	6-8千/月	创业公司 ｜少于50人 ｜互联网/电子商务,医疗/护理/卫生	重庆	职能类别：情报信息分析人	关于动脉网（www.vcbeat.r	1年经验	本科	招3人	05-11发布	创业公司
26	1.5-3万/月	创业公司 ｜50-150人 ｜计算机硬件,计算机软件	深圳-南山区	职能类别：算法工程师	专业级ADAS 让驾驶更安全	2年经验	硕士	招1人	05-11发布	创业公司
27	0.8-1万/月	创业公司 ｜50-150人 ｜医疗设备/器械,学术/科研	成都-郫都区	职能类别：临床数据分析员	成都默通科技有限公司主营	1年经验	本科	招1人	05-11发布	创业公司
28	1-2万/月	创业公司 ｜150-500人 ｜互联网/电子商务	北京-朝阳区	职能类别：财务分析经理/	北京直睿通科技有限公司	无工作经验	本科	招2人	05-11发布	创业公司
29	1.6-3.2万/月	创业公司 ｜少于50人 ｜电子技术/半导体/集成电路	北京-海淀区	职能类别：软件工程师	芯视界（北京）科技有	无工作经验	本科	招1人	05-11发布	创业公司
30	0.8-1.2万/月	创业公司 ｜50-150人 ｜互联网/电子商务	广州	职能类别：市场分析/调研	广州友米科技有限公司是一	2年经验	本科	招1人	05-11发布	创业公司
31	6-8千/月	创业公司 ｜150-500人 ｜互联网/电子商务	沈阳-皇姑区	职能类别：大数据开发/分	梵天是一家致力于通过	2年经验	本科	招1人	05-11发布	创业公司
32	0.6-1.2万/月	创业公司 ｜50-150人 ｜互联网/电子商务,汽车及零配件	上海-浦东新区	职能类别：其他	上海金配电子商务有限公司	1年经验		招1人	05-11发布	创业公司

图4-1 数据分析师招聘数据

【思考】

1. 数据的清洗与整理包括哪些工作？
2. 数据的清洗与整理需要遵循哪些原则？
3. 数据的清洗与整理分别有哪些具体操作？

数据杂乱无章：有重复值，有缺失值，有组合列，单位不统一……本章所讲内容，可帮助读者解决上述问题。

4.1 数据清洗与整理的基本原则

所谓数据清洗就是将“脏数据”清洗掉，即检测和去除数据集中的噪声数据和无关数据，处理遗漏数据，去除空白数据等。数据清洗的目的就是对各种数据进行合适的处理后，得到标准的、“干净”的、连续的数据，提供给数据统计、数据挖掘等相关从业者使用。本章我们会详细讲解如何对原始数据进行清洗与整理。

那么，在对数据进行清洗与整理时，我们需要遵循哪些原则呢？或者说，把数据整理到什么样的程度，才算是合格了呢？这里，我们介绍“四性”原则，即完整性、唯一性、合法性、一致性。

1. 完整性

所谓完整性，是指某个字段中无缺失值。通常，拿到新数据后，我们第一眼查看的就是所有字段是否填充完整。对于那些缺失值太多而又无法填充的字段，只能将这个字段删除，转而从其他字段寻找影响分析结果的因素。而对于那些缺失值较少，比如有5%左右缺失值的字段，通常认为其是可以接受的，在分析时可忽略缺失值的影响，把这些带有缺失值的记录暂时隐藏即可。如果我们可以从数据集中找到某些规律对缺失值进行填充，可以利用特殊的方法对缺失值进行填充。总之，保证数据的完整性，是我们要遵循的第一个原则。

2. 唯一性

唯一性是指一份数据中不能包含完全相同的两条记录，即如果两条记录内容完全一致，我们可认为其中一条为重复项，需要进行删除重复项的操作。

3. 合法性

合法性是指某个字段的取值范围应在合理区间内，比如“性别”字段的取值有两种，可以用“男/女”“1/0”“是/否”“M/F”等多种表示方法，但该字段必须只有两种取值。又如，“出生日期”肯定是小于系统当前日期的日期型数据，“高考单科分数”肯定是小于等于 350 分的数值型数据，中国公民的身份证号码必须是 18 位的字符串，人的年龄肯定是小于 200 的数值型数据……这些都是数据合法性需要考虑的内容，即我们必须保证某个字段的取值是在合理区间内的，否则就需要批量调整。

4. 一致性

一致性是指同一个字段的字段值类型和单位相同，比如，“重量”都是数值型数据且单位统一（如 kg 或 g），“能效等级”都是字符型数据（如Ⅰ级、Ⅱ级、Ⅲ级、Ⅳ级、Ⅴ级），“出生日期”都是日期型数据（如 1996-10-12）。

4.2 数据清洗的基本操作

数据清洗的基本操作包括删除重复项、处理缺失值、分离组合列、处理非法值等。数据清洗后，我们看到的是没有噪声污染的数据。下一步是数据整理要做的事情，我们将在 4.3

节中详细介绍。

在本节中，我们来学习数据清洗的基本操作。

4.2.1 删除重复项

对于数据集，要求每条记录都是不重复的，否则就认为其是重复项，需要删除。在 Excel 中，删除重复项的功能在“数据”菜单中，操作起来简单方便。但是，在处理数据之前，需要注意是否有特殊情况出现，下面我们就“正常情况”和“特殊情况”分别进行讲解。图 4-2 所示是某网站某天北京市火锅店的数据集。

	A	B	C	D	E	F	G	H	I
1	标题	评论数	人均价位（/人）	口味评分	环境评分	服务评分	地区	地址	营业时间
2	桐记小灶儿牛板筋火锅(悠唐购物中心店)	2056	5	0.7	8.6	8.6	北京 朝阳区	3丰北里2号楼悠唐购物中心4层001号	周一至周日10:00-22:00
3	亮健容天上锅羊蝎子(安贞店) 手机买单	133	8	0.4	7.5	8.1	北京 朝阳区	安定路胜古中路1号(华欣超市旁)	
4	龙门阵串串香(北京总店) 手机买单 积分	2085	4	0	7.5	8.4	北京 朝阳区	安慧东里13-5号(中央民族乐团北边红绿灯向西20	周一至周日11:30-23:30
5	海边蟹逅肉蟹煲 手机买单 积分抵现	604	4	0.3	9.1	9	北京 朝阳区	安立路北辰时代大厦名门多福生活广场4层	周一至周日09:30-22:00
6	朱题·猪手火锅(安苑北里店) 手机买单 积	2681	8	0.4	7.6	8.2	北京 朝阳区	安苑北里16号楼、近奥体东门(鸟巢、水立方、奥	10:00-00:00 周一至周日
7	新辣道鱼火锅(安贞店) 手机买单 积分抵	2276	9	0.8	8.5	8.4	北京 朝阳区	安贞西里2、3号楼仟村商务大厦2楼(安贞医院西	10:00--22:00
8	四川仁火锅(双井店) 手机买单 积分抵现	9230	8	0.3	8.2	8	北京 朝阳区	八棵杨甲1号南(北京歌剧舞剧院南)	周一至周日11:00-23:30
9	锅仙人(保利东郡店) 手机买单 积分抵现	426	31	0.2	8.7	8.5	北京 朝阳区	八里庄北里129号院8号楼(保利东郡)	周一至周日10:30-24:00
10	签上签串串香(石佛营店) 手机买单 积分	1787	82	9.1	9.1	9.1	北京 朝阳区	八里庄北里129号院保利东郡底商9-6号(漫咖啡南	周一至周日10:30-23:30
11	黄门老灶火锅(石佛营店) 手机买单 积分	1139	24	0.9	8.8	9	北京 朝阳区	八里庄北里石佛营南街保利东郡底商2号楼102	周一至周日全天;
12	今牛海记潮汕牛肉火锅(慈云寺店) 手机	1139	4	0.9	8.8	8.6	北京 朝阳区	八里庄东里一号莱锦产业园a区3号楼02b(朝阳路	周一至周日11:00-23:30
13	牛村来人潮汕鲜牛肉火锅(慈云寺店) 手	1735	105	9.1	9.1	8.8	北京 朝阳区	八里庄路住邦2000商务中心4号楼底商(东四环慈	周一至周日11:00-22:00
14	我还年轻毛肚火锅(三里屯店) 手机买单	200	130	9.1	9.1	9	北京 朝阳区	白家庄路甲2-4号(海底捞对面)	周一至周日10:00-05:00
15	海底捞火锅(白家庄店) 手机买单 积分抵	4685	117	9	8.6	9.1	北京 朝阳区	白家庄路甲2号	周一至周日全天;
16	耍牛忙串串香(百子湾创始店) 手机买单	702	75	9	8.7	8.5	北京 朝阳区	百子湾黄木厂6号(苹果社区今日美术馆斜对面，	周一至周日11:30-14:3017:00-00:00
17	四川简阳羊肉汤火锅(百子湾路店) 手机	657	8	0.5	7.1	7.3	北京 朝阳区	百子湾路16号(百子湾桥西)	10：30至23：00
18	有面儿串串香火锅(百子湾店) 手机买单	180	6	0.6	8.8	8.4	北京 朝阳区	百子湾路16号，百子湾桥往西200米	周一至周日10:00-23:30
19	路小凤海鲜鸡锅 手机买单 积分抵现	218	47	0	9	9	北京 朝阳区	百子湾路25号	周一至周日10:30-23:30
20	蜀一数二 手机买单 积分抵现	173	7	0.1	9.1	9	北京 朝阳区	百子湾路29号院内	周一至周日11:00-14:0017:00-02:00
21	大龙燚火锅(双井店) 手机买单 积分抵现	366	42	0.9	8	7.4	北京 朝阳区	百子湾路32号苹果社区南区12号	周一至周日10:00-00:00
22	黄门老灶火锅(双井旗舰店) 手机买单 积	5094	134	9	8.3	8.4	北京 朝阳区	百子湾路37号(双井京粮大厦北侧对面)	11:00-02:00 周一至周日
23	渝焱·重庆秘宗火锅 手机买单 积分抵现	1449	44	0	9.1	8.8	北京 朝阳区	百子湾路和黄木厂路交叉口西北角(恒润商务中心	10:00-00:00 周一至周日
24	常赢三兄弟(国贸店) 手机买单 积分抵现	1044	8	0.6	7.7	7.6	北京 朝阳区	百子湾路京粮大厦北侧	10:00-00:00 周一至周日

图 4-2 某网站某天北京市火锅店的数据集

1. 正常情况

作为数据分析师，拿到数据集后的第一反应，就是检查该数据集中是否存在重复项，具体步骤如下。

步骤 1：把光标定位在数据集内的任意单元格中，单击“数据”→“删除重复项”，即可弹出“删除重复项”对话框，如图 4-3 所示。

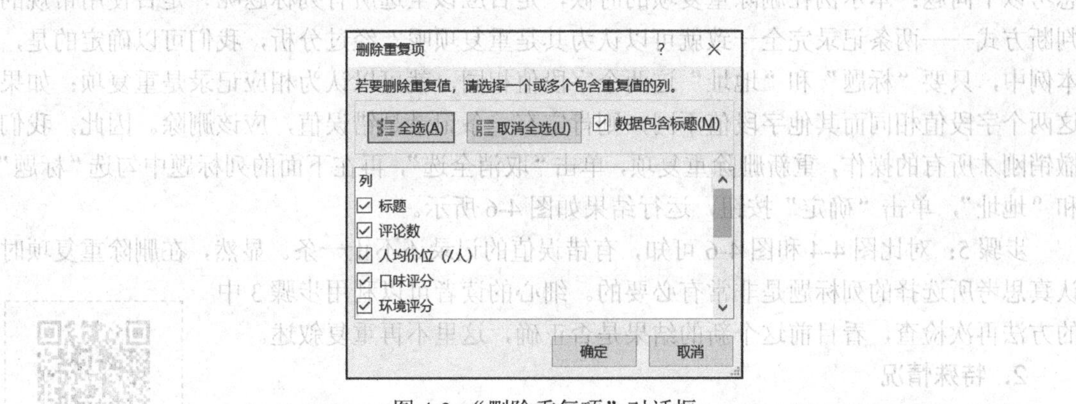

图 4-3 “删除重复项”对话框

步骤 2：在图 4-3 中，有 3 个可以调整的设置。“全选”和“取消全选”用于设置下方的列标题，如果单击“取消全选”，则需要自行选择适当的列标题，一般而言，我们认为只有两条记录完全相同才属于重复数据，所以多数情况下我们单击“全选”；“数据包含标题”一般不用修改，该复选框被勾选，说明这个数据集的第一行是列标题。本例中，我们直接按照默认状态来设置，运行结果如图 4-4 所示。

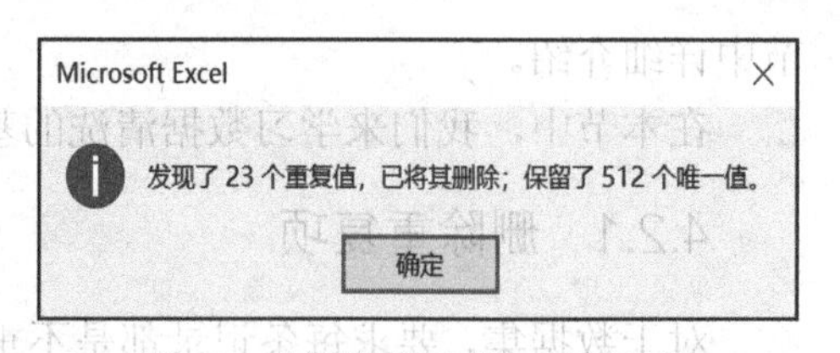

图 4-4 “删除重复项”运行结果

步骤 3：正常情况下，我们可以放心地继续下一个步骤，但为了以防万一，我们使用“排序”功能来进行检查。将光标定位在第一列的任意单元格，单击“数据”→“升序”，运行结果如图 4-5 所示。

	A	B	C	D	E	F	G	H	I
37	常赢三兄弟(陆港城总店) 手机买单 积分	498	15	0	8.6	8.1	北京 朝阳区	朝阳北路陆港城一楼	10:00-00:00 周一至周日
38	常赢三兄弟(青年路店) 手机买单 积分抵	385	12	0.6	7.6	7.9	北京 朝阳区	青年路27号院华纺新天地底商	10:00-00:00 周一至周日
39	常赢三兄弟(燕莎店) 手机买单 积分抵现	952	10	0	7.7	7.8	北京 朝阳区	三元东桥三源里小区21号楼	10:00-00:00 周一至周日
40	常赢三兄弟餐厅(金盏店) 手机买单 积分	282	3	0.5	7.9	7.9	北京 朝阳区	金盏乡金榆路7号院(首都机场，蟹岛，金港汽车	10:00-00:00 周一至周日
41	潮代鲜牛肉火锅(三里屯店) 手机买单 积	366	34	0.9	9.1	9.1	北京 朝阳区	三里屯洲际酒店正对面机电厂院内(QMEX斜对面)	周一至周日11:00-02:00
42	潮黄记潮汕牛肉火锅(常营店) 手机买单	298	19	0.9	8.9	8.8	北京 朝阳区	常营地铁站C口东50米(长楹天街东区对面)	早市 11:30-14:00 周一至周日;晚市 17:0
43	潮黄记潮汕牛肉火锅(双井店) 手机买单	1020	4	0.8	8	8.6	北京 朝阳区	广渠路百环家园甲19号2层A2(云鼎百泉茶楼楼上)	周一至周日11:30-14:3017:30-21:30
44	潮汕阿五牛肉店(百脑汇旗舰店) 手机买	453	17	0.8	9.1	9	北京 朝阳区	朝外大街99号百脑汇旗舰店二楼	
45	潮汕阿五牛肉店(百脑汇旗舰店) 手机买	453	17	0.8	9.1	9	北京 丰台区	朝外大街99号百脑汇旗舰店二楼	
46	潮汕八合里海记牛肉店(电视台店) 手机	375	22	0.2	8.2	8.1	北京 朝阳区	光华路1号院(中国海关对面)	周一至周日10:00-22:00
47	潮汕牛肉丸火锅(团结湖路店) 手机买单	711	6	0	6.4	6.9	北京 朝阳区	农展馆南路团结湖北二条3号楼(农业部对面)	周一至周日10:30-00:00
48	潮味26潮汕牛肉丸火锅(朝阳路店) 手机	527	7	0.8	7.4	8.1	北京 朝阳区	朝阳路管庄周家井大院(周井医院旁)	周一至周日10:00-23:00
49	潮味26潮汕牛肉丸火锅(芍药居店) 手机	955	8	0.9	8.1	8.7	北京 朝阳区	芍药居甲二号院17号楼17-17室(世纪华联超市向	10:00-00:00 周一至周日
50	潮州小弟潮汕牛肉火锅 手机买单 积分抵	970	6	0.8	7.9	7.8	北京 朝阳区	将台路311号(丽都饭店正门对面)	周一至周日全天;
51	陈阿婆酸菜鱼(十里堡店) 手机买单 积分	1452	5	0.7	8.5	8.7	北京 朝阳区	朝阳北路八里庄南里26号(地铁十里堡站D口)	周一至周日10:00-21:00
52	陈记·老北京铜锅涮肉(左家庄店) 手机买	111	80	8.8	8.8	8.9	北京 朝阳区	左家庄东里14号楼一层	周一至周日11:00-23:00
53	陈记老北京铜锅涮肉(慈云寺店) 手机买	368	6	0	8.4	8.9	北京 朝阳区	延静里中街乙5号楼如家酒店正下方(慈云寺桥向	10:00-00:00 周一至周日
54	陈记老北京铜锅涮肉(劲松店) 手机买单	63	6	0.2	9.2	9.2	北京 朝阳区	劲松中街403号	周一至周日11:00-23:30
55	成都葫芦娃一家人火锅(好运街店) 手机	1		0	0	0	北京 朝阳区	朝阳公园路好运街1号商铺C7单元28号(蓝色港湾	周一至周日10:30-02:00
56	成都葫芦娃一家人火锅(三里屯店) 手机	4645	148	9	9.2	8.9	北京 朝阳区	三里屯工体东路丙2号中国红街3号楼301室(工人	周一至周日10:00-02:00
57	成都牛土油串串香 手机买单 积分抵现	89	0	0.8	8.6	9	北京 朝阳区	三里屯SOHO1号商场1层123号(平行星巴克)	周一至周日11:00-23:00
58	成都蜀大侠火锅(北京店) 手机买单 积分	1211	25	0.8	8.7	8.3	北京 朝阳区	朝阳西大望路友金大厦东100米	周一至周日11:00-02:00
59	吃闹热串串火锅 手机买单 积分抵现	642	94	9.1	9.2	9.2	北京 朝阳区	工体北路新中西里26号	周一至周日午市 11:00-16:00晚市 16:00
60	吃肉群众火锅 手机买单 积分抵现	267	16	0.6	9.1	9	北京 朝阳区	青年路甲89号(交通银行斜对面)	周一至周日10:00-23:00
61	赤火锅 Red Bowl 手机买单 积分抵现	513	20	0.3	9.2	8.6	北京 朝阳区	呼家楼京广中心北京瑰丽酒店1楼(呼家楼地铁站)	周一至周日17:30-22:30

北京朝阳区火锅数据(514条)

就绪 100%

图 4-5 “排序”运行结果

步骤 4：从第一行往下看，我们会发现第 44、45 两行是重复的，唯一不同就是“地区”字段值，一个是“北京 朝阳区”，一个是“北京 丰台区”。再仔细检查一下“地址”字段值，是一模一样的，也就是说，这两条记录中的一条肯定是错误的，需要删除。因此，我们就要思考以下问题：本示例在删除重复项的时候，是否应该全选所有列标题呢？是否使用常规的判断方式——两条记录完全一致就可以认为其是重复项呢？经过分析，我们可以确定的是，本例中，只要“标题”和“地址”这两个字段值相同，就可以认为相应记录是重复项；如果这两个字段值相同而其他字段值不同，则肯定有一条记录是错误值，应该删除。因此，我们撤销刚才所有的操作，重新删除重复项，单击“取消全选”，再在下面的列标题中勾选“标题”和“地址”，单击“确定”按钮，运行结果如图 4-6 所示。

步骤 5：对比图 4-4 和图 4-6 可知，有错误值的记录还不止一条。显然，在删除重复项时认真思考所选择的列标题是非常有必要的。细心的读者可以利用步骤 3 中的方法再次检查，看目前这个新的结果是否正确，这里不再重复叙述。

特殊数据

2. 特殊情况

下面，我们再通过两个简单的小例子来看一下，“删除重复项”功能也有不起作用的时候。究竟是该功能本身的错误，还是数据跟我们“开了个玩笑”呢？

（1）日期型数据

图 4-7 所示为日期型数据素材，使用“删除重复项”功能无法将第 3 行和第 7 行识别为重复项，因为它们的日期格式不同，即使表示的日期值相同，系统也会认为它们是不同的。故这个特殊情况告诉我们，如果数据集中有日期型数据，一定要先将日期格式统一，然后使用“删除重复项”。否则，系统将会把两条日期值相同但日期格式不同的记录识别为两条不同的记录。

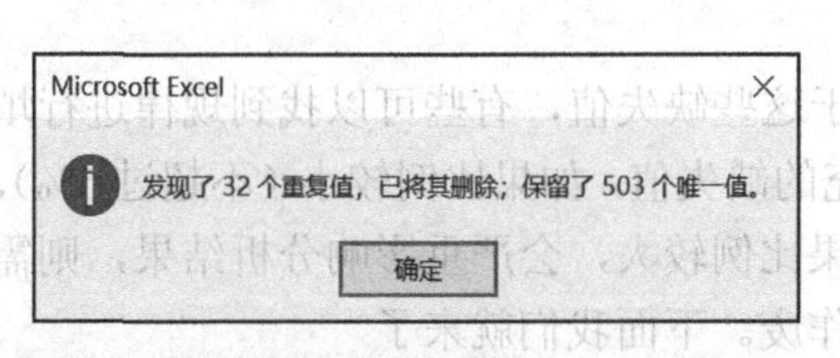

图 4-6　第二次“删除重复项”运行结果

	A	B	C	D
1	日期	项目	收入	成本
2	2016/6/1	微软无线鼠标 迅雷鲨6000	10,025.00	8,832.00
3	2016/6/2	人体工学键盘	5,227.00	5,227.00
4	2016/6/3	微软激光鼠标 暴雷鲨6000	9,560.00	9,560.00
5	2016/6/4	微软光电鼠标	4,403.00	4,403.00
6	2016/6/5	防水键盘	7,869.00	7,869.00
7	2-Jun-16	人体工学键盘	5,227.00	5,227.00
8	2016/6/7	蓝牙耳机 A400	7,367.00	7,367.00
9	2016/6/4	微软光电鼠标	4,403.00	4,403.00
10	2016/6/10	无线人体工学键盘	5,906.00	5,906.00
11	2016/6/1	微软无线鼠标 迅雷鲨6000	10,025.00	8,832.00
12	2016/6/12	微软激光鼠标 暴雷鲨6000	1,683.00	1,683.00

图 4-7　日期型数据素材

（2）特殊字符

图 4-8 所示为特殊字符素材，其中的数据从表面上来看与普通数据没有区别，直观地显示出了 3 条重复项！我们直接使用“删除重复项”功能，运行结果如图 4-9 所示。

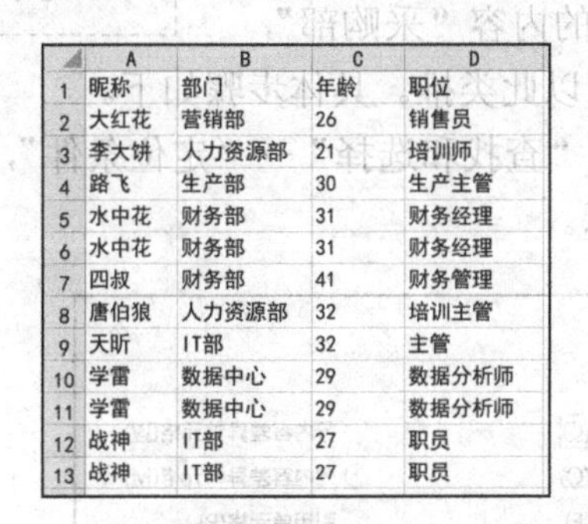

	A	B	C	D
1	昵称	部门	年龄	职位
2	大红花	营销部	26	销售员
3	李大饼	人力资源部	21	培训师
4	路飞	生产部	30	生产主管
5	水中花	财务部	31	财务经理
6	水中花	财务部	31	财务经理
7	四叔	财务部	41	财务管理
8	唐伯狼	人力资源部	32	培训主管
9	天昕	IT部	32	主管
10	学雷	数据中心	29	数据分析师
11	学雷	数据中心	29	数据分析师
12	战神	IT部	27	职员
13	战神	IT部	27	职员

图 4-8　特殊字符素材

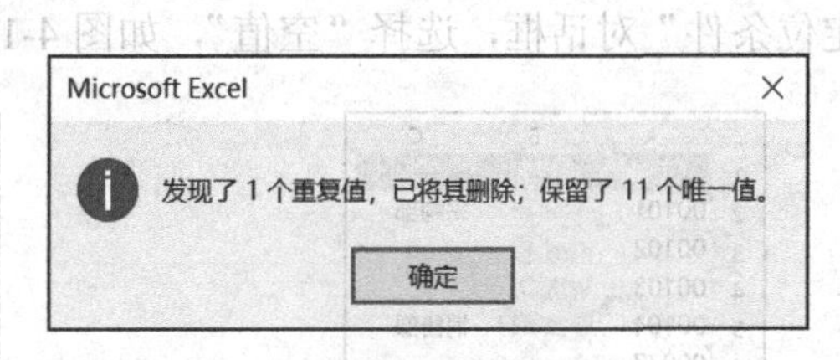

图 4-9　特殊字符运行结果

事实表明，该数据中其实暗藏了两个特殊字符，将单元格对齐方式设置为居中，即可发现两个特殊字符，如图 4-10 所示。

	A	B	C	D
1	昵称	部门	年龄	职位
2	大红花	营销部	26	销售员
3	李大饼	人力资源部	21	培训师
4	路飞	生产部	30	生产主管
5	水中花	财务部	31	财务经理
6	水中花	财务部	31	财务经理
7	四叔	财务部	41	财务管理
8	唐伯狼	人力资源部	32	培训主管
9	天昕	IT部	32	主管
10	学雷	数据中心	29	数据分析师
11	学雷	数据中心	29	数据分析师
12	战神	IT部	27	职员

图 4-10　两个特殊字符

原来，在第 5 行“财务部”后面藏了一个换行符，在第 11 行“数据中心”后面藏了一个空格符。这两类符号如果不仔细观察，可能很难发现。如果是成千上万行数据，我们肉眼观察几乎不可能发现它们。

综上所述，事实告诉我们，在使用“删除重复项”之前，要先将数据集中的所有的“暗雷”先扫除，即仔细分析是否应该全选所有列标题、统一日期型数据的格式、删除所有换行符和空格符（具体操作方法见 4.3 节）。经过这 3 项准备工作，我们才能放心大胆地使用“删除重复项”。

4.2.2 处理缺失值

我们得到的原始数据很有可能存在缺失值，对于这些缺失值，有些可以找到规律进行填充，有些则找不到规律无法填充。对于这些无法填充的缺失值，如果比例较小（不超过 5%），则是可以接受的，在进行分析的时候忽略即可。如果比例较大，会严重影响分析结果，则需要将该缺失值所在字段全部删除，相当于这个字段作废。下面我们就来了解一下缺失值填充的几种情况。

填充原值

1. 填充原值

要填充原值的素材如图 4-11 所示，它是包含缺失值的数据集。经我们对相关业务知识的了解发现，C 列的缺失值其实应该填充的是每个缺失值上方的值，比如：C3～C4 单元格应该填充 C2 单元格的内容“采购部”，C6～C9 单元格应该填充 C5 单元格的内容“销售部”，以此类推。具体步骤如下。

步骤 1：单击列号 C 选中整列，再单击“开始”→“查找和选择”→“定位条件”，将弹出“定位条件”对话框，选择“空值”，如图 4-12 所示。

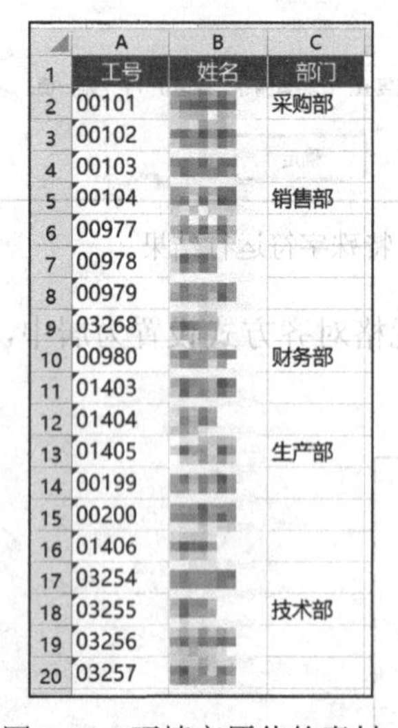

	A	B	C
1	工号	姓名	部门
2	00101		采购部
3	00102		
4	00103		
5	00104		销售部
6	00977		
7	00978		
8	00979		
9	03268		
10	00980		财务部
11	01403		
12	01404		
13	01405		生产部
14	00199		
15	00200		
16	01406		
17	03254		
18	03255		技术部
19	03256		
20	03257		

图 4-11 要填充原值的素材

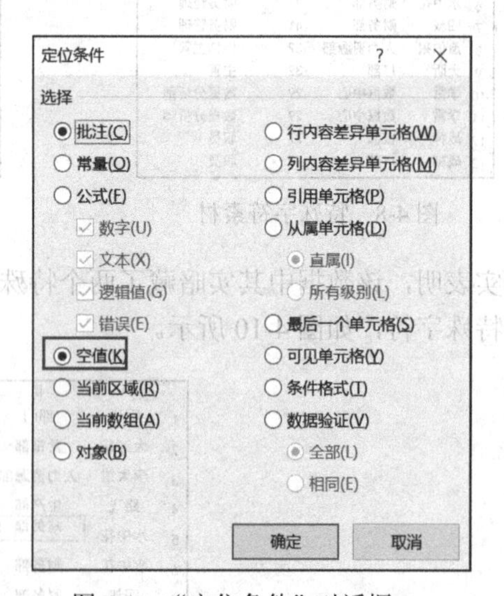

图 4-12 “定位条件”对话框

步骤 2：此时，C 列单元格的选中状态如图 4-13 所示，即所有缺失值单元格被选中，其中第一个被选中的单元格外观较为特殊。

步骤 3：我们只需要判断第一个单元格应该填充什么内容即可。很显然，C3 单元格应该填充的是 C2 单元格的内容。所以，我们在公式文本框中输入“=C2”。最后按 Ctrl+Enter 组合键确认输入即可。填充好的数据集如图 4-14 所示。

	A	B	C
1	工号	姓名	部门
2	00101		采购部
3	00102		
4	00103		
5	00104		销售部
6	00977		
7	00978		
8	00979		
9	03268		
10	00980		财务部
11	01403		
12	01404		
13	01405		生产部
14	00199		
15	00200		
16	01406		
17	03254		
18	03255		技术部
19	03256		
20	03257		

图 4-13　C 列单元格的选中状态

	A	B	C
1	工号	姓名	部门
2	00101		采购部
3	00102		采购部
4	00103		采购部
5	00104		销售部
6	00977		销售部
7	00978		销售部
8	00979		销售部
9	03268		销售部
10	00980		财务部
11	01403		财务部
12	01404		财务部
13	01405		生产部
14	00199		生产部
15	00200		生产部
16	01406		生产部
17	03254		生产部
18	03255		技术部
19	03256		技术部
20	03257		技术部

图 4-14　填充好的数据集

2. 填充均值

要填充均值的素材如图 4-15 所示，它是包含缺失值的数据集。经我们对相关业务知识的了解发现，E 列的缺失值其实应该填充的是每个缺失值上方和下方单元格的均值，例如，E8 单元格应该填充 E7、E9 单元格的均值“(E7+E9)/2”，E17 单元格应该填充 E16、E18 单元格的均值“(E16+E18)/2”，以此类推。具体步骤如下。

	A	B	C	D	E	F	G	H
1	SimNum	GpsTime	Longitude	Latitude	Speed	Altitude	Directio	Mileage
2	64610283839	2016/9/21 19:14	119.283883	25.429438	0	19	22	103601.2
3	64610283839	2016/9/21 19:15	119.283883	25.429438	0	19	22	103601.2
4	64610283839	2016/9/21 19:16	119.283883	25.429438	0	19	22	103601.2
5	64610283839	2016/9/21 19:17	119.283883	25.429438	0	20	22	103601.2
6	64610283839	2016/9/21 19:18	119.28422	25.429133	12	62	120	103601.2
7	64610283839	2016/9/21 19:18	119.284453	25.428911	11	61	167	103601.2
8	64610283839	2016/9/21 19:18	119.284355	25.428765		37	219	103601.3
9	64610283839	2016/9/21 19:18	119.283941	25.428356	12	31	210	103601.3
10	64610283839	2016/9/21 19:19	119.283886	25.428308	0	35	196	103601.3
11	64610283839	2016/9/21 19:19	119.283801	25.427828	11	33	146	103601.4
12	64610283839	2016/9/21 19:20	119.28516	25.427233	12	21	115	103601.5
13	64610283839	2016/9/21 19:21	119.288693	25.425386	5	24	193	103602
14	64610283839	2016/9/21 19:22	119.288713	25.425106	0	23	242	103602
15	64610283839	2016/9/21 19:23	119.288483	25.425193	11	22	337	103602
16	64610283839	2016/9/21 19:23	119.288386	25.425368	12	19	275	103602.1
17	64610283839	2016/9/21 19:23	119.288278	25.42532		20	225	103602.1
18	64610283839	2016/9/21 19:23	119.28823	25.425205	12	22	190	103602.1
19	64610283839	2016/9/21 19:24	119.28804	25.424825	0	21	189	103602.1
20	64610283839	2016/9/21 19:25	119.28804	25.424825	0	21	189	103602.1
21	64610283839	2016/9/21 19:26	119.287741	25.424178	14	25	198	103602.2
22	64610283839	2016/9/21 19:27	119.285571	25.420185	25	26	207	103602.7
23	64610283839	2016/9/21 19:27	119.28536	25.419595	30	30	151	103602.8
24	64610283839	2016/9/21 19:28	119.288796	25.418045	31	24	114	103603.2
25	64610283839	2016/9/21 19:29	119.292173	25.416688	11	18	110	103603.6
26	64610283839	2016/9/21 19:30	119.292833	25.416373	0	23	116	103603.7

图 4-15　要填充均值的素材

步骤 1：单击列号 E 选中整列，再单击“开始”→“查找和选择”→“定位条件”，将弹出“定位条件”对话框，选择“空值”。此时，E 列的缺失值单元格已被选中。

步骤 2：我们只需要判断第一个单元格应该填充什么内容即可。很显然，E8 单元格应该填充的是 E7、E9 单元格的均值“(E7+E9)/2”。所以，我们在公式文本框中输入“=(E7+E9)/2”。最后按 Ctrl+Enter 组合键确认输入即可。填充均值后的数据集如图 4-16 所示。

	A	B	C	D	E	F	G	H
1	SimNum	GpsTime	Longitude	Latitude	Speed	Altitude	Directio	Mileage
2	64610283839	2016/9/21 19:14	119.283883	25.429438	0	19	22	103601.2
3	64610283839	2016/9/21 19:15	119.283883	25.429438	0	19	22	103601.2
4	64610283839	2016/9/21 19:16	119.283883	25.429438	0	19	22	103601.2
5	64610283839	2016/9/21 19:17	119.283883	25.429438	0	20	22	103601.2
6	64610283839	2016/9/21 19:18	119.28422	25.429133	12	62	120	103601.2
7	64610283839	2016/9/21 19:18	119.284453	25.428911	11	61	167	103601.2
8	64610283839	2016/9/21 19:18	119.284355	25.428765	11.5	37	219	103601.3
9	64610283839	2016/9/21 19:18	119.283941	25.428356	12	31	210	103601.3
10	64610283839	2016/9/21 19:19	119.283886	25.428308	0	35	196	103601.3
11	64610283839	2016/9/21 19:19	119.283801	25.427828	11	33	146	103601.4
12	64610283839	2016/9/21 19:20	119.28516	25.427233	12	21	115	103601.5
13	64610283839	2016/9/21 19:21	119.288693	25.425386	5	24	193	103602
14	64610283839	2016/9/21 19:22	119.288713	25.425106	0	23	242	103602
15	64610283839	2016/9/21 19:23	119.288483	25.425193	11	22	337	103602
16	64610283839	2016/9/21 19:23	119.288386	25.425368	12	19	275	103602.1
17	64610283839	2016/9/21 19:23	119.288278	25.42532	12	20	225	103602.1
18	64610283839	2016/9/21 19:23	119.28823	25.425205	12	22	190	103602.1
19	64610283839	2016/9/21 19:24	119.28804	25.424825	0	21	189	103602.1
20	64610283839	2016/9/21 19:25	119.28804	25.424825	0	21	189	103602.1
21	64610283839	2016/9/21 19:26	119.287741	25.424178	14	25	198	103602.2
22	64610283839	2016/9/21 19:27	119.285571	25.420185	25	26	207	103602.7
23	64610283839	2016/9/21 19:27	119.28536	25.419595	28	30	151	103602.8
24	64610283839	2016/9/21 19:28	119.288796	25.418045	31	24	114	103603.2
25	64610283839	2016/9/21 19:29	119.292173	25.416688	11	18	110	103603.6
26	64610283839	2016/9/21 19:30	119.292833	25.416373	0	23	116	103603.7

图 4-16　填充均值后的数据集

4.2.3　分离组合列

有时候，我们采集到的数据的一列中可能包含多列的内容，恰好这些多列内容又包含相同的分隔符，这时就可以使用“分列”功能将这一列拆分成多列。根据分列依据的不同，有两种分列方法，一种是按分隔符拆分，另一种是按固定宽度拆分。

按分隔符拆分

1．按分隔符拆分

要按分隔符拆分的素材如图 4-17 所示，“起点—终点”这一列很明显应该拆分为“起点”“终点”两列，中间的分隔符都是“—”。我们来看看具体的操作步骤。

步骤 1：右击列号 C 后选择“插入”命令，在列 B 后面插入一个新的空白列。

步骤 2：单击列号 B，单击“数据”→“分列”，打开“文本分列向导”对话框。本例中我们选择“分隔符号”作为分列依据，如图 4-18 所示。

	A	B	C	D	E
1	站牌	起点—终点	首班时间	末班时间	路线
2	丈八北路区间车路公交线路	西辛庄—茶张村	07:00	19:00	1…西辛庄2…丁家桥3…南窑头
3	1路公交线路	西铁小区—起重机厂	06:30	20:00	1…西铁小区‥2…大明宫街办3
4	2路公交线路	辛家庙公交枢纽站—特警支队	06:00	20:30	1…辛家庙公交枢纽站‥2…辛家
5	4路公交线路	韩森寨—丰庆公园西门	06:00	00:00	1…幸福中路(临时取消)2…韩森
6	5路公交线路	南三环电子正街枢纽站—火车站	06:00	00:00	1…南三环电子正街枢纽站2…
7	6路公交线路	怡园路北口—火车站西	06:00	20:30	1…怡园路北口2…悦园路北口
8	7路公交线路	王家坟—西门	06:00	00:00	1…王家坟‥2…公交二公司3…
9	8路公交线路	林河春天枢纽站—钟楼	06:00	23:00	1…林河春天枢纽站2…枣园刘
10	9路公交线路	邓家村—火车站	06:00	23:00	1…邓家村2…自来水五厂3…大
11	10路公交线路	金花北路—西大新区	06:00	21:00	1…金花北路[长乐公园]2…互助
12	11路公交线路	林河春天枢纽站—南门	06:00	23:00	1…林河春天枢纽站2…枣园刘
13	12路公交线路	正义纺织公司—翠华路植物园	06:00	23:00	1…正义纺织公司2…光华厂3…
14	13路公交线路	水岸东方—火车站	06:00	20:30	1…水岸东方2…檀香园小区3…
15	14路公交线路	唐兴路西段—火车站	06:00	23:00	1…唐兴路西段2…西辛庄3…科

图 4-17　要按分隔符拆分的素材

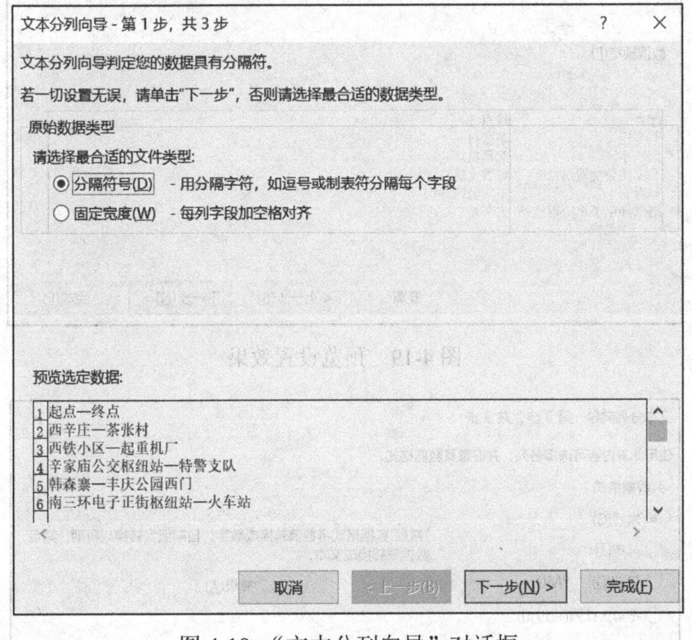

图 4-18 “文本分列向导”对话框

步骤 3：进入向导的第 2 步，这一步要选择的是分隔符号的种类，通常有“Tab 键”“分号”“逗号”“空格”等。如果数据中的分隔符号不是这几种，则可以选择“其他”，再将正确的分隔符号写到“其他”后面的文本框中，这里可以填写任意英文字符、中文字符。当然，如果无法区别分隔符号是中文字符还是英文字符，则可以直接将其复制过来(本案例中的“—”就是复制过来的)。当设置好分隔符号后，“数据预览”文本框中自然会显示出组合列被分为两列的效果，如图 4-19 所示。

步骤 4：进入向导的第 3 步，这一步要设置的是分列后的数据格式，通常有“常规”“文本”“日期”3 种。本案例中，被拆分后的两列均为文本型数据，所以两列均选为“文本”即可。当然，使用系统默认的“常规”选项也可以，因为文本型数据不存在分歧。如果拆分后，某一列是纯数字，却是没有数值含义的数字，例如：编号、身份证号码、电话号码、邮编、学号等。这种类型的数据虽然表面看起来是数字，但没有算术意义，只表示某种特殊含义的编码，那么数据格式应改为“文本”。另外，如果拆分后只需要保留其中的一列，而需要删除另一列，则选中“数据预览”中的这一列，再选中“不导入此列（跳过）”即可。最后需要注意的是，两列数据需要分开设置，在“数据预览”中先设置好一列，再设置第二列，无法同时设置两列。操作结果如图 4-20 所示。

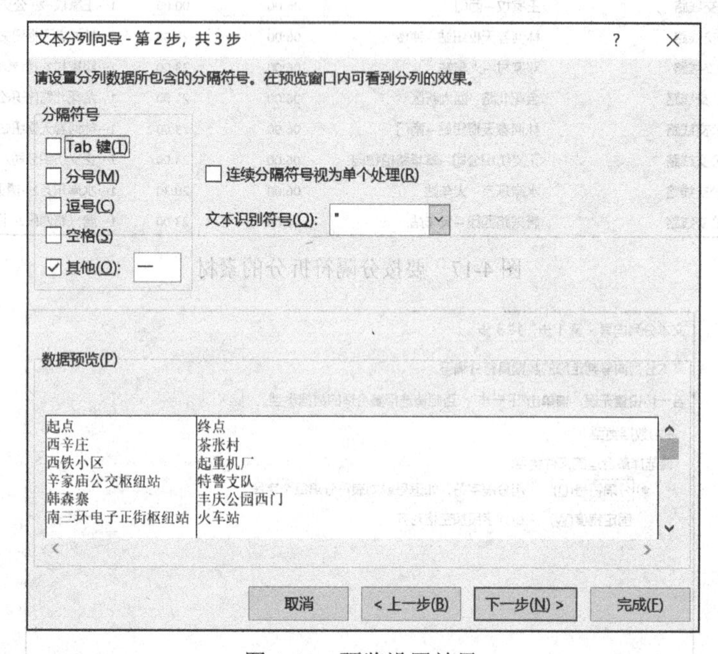

图 4-19　预览设置效果

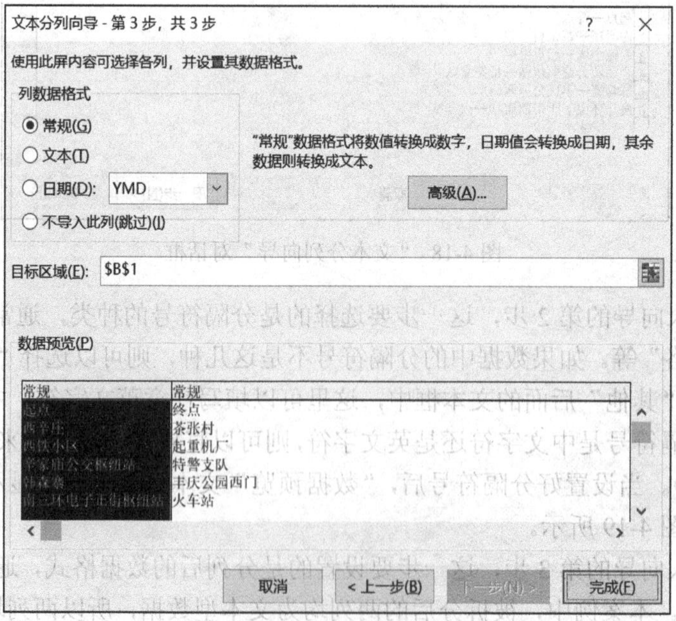

图 4-20　操作结果

步骤5：单击图4-20中的“完成”按钮后，将弹出图4-21所示的对话框，这里单击“确定”按钮即可。完成后，原有的组合列消失，取而代之的是两个新分离出来的列。如果这里单击“取消”按钮，则该对话框会关闭，上述所有步骤会作废。

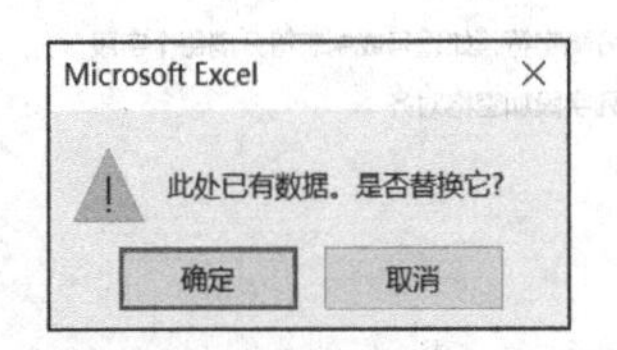

图4-21 单击“确定”按钮

2. 按固定宽度拆分

有些时候，我们从数据库、记事本等其他软件中导出的数据可能只有一列，如图4-22所示的素材，所有数据都集中在A列，每个字段都有相同的宽度，貌似每列之间都有一条看不见的分割线一样，如图4-22所示。对于这样的数据，我们可以按固定宽度来拆分，具体步骤如下。

步骤1：单击列号A，单击“数据”→“分列”，打开“文本分列向导”对话框。本例中，系统默认会选择“固定宽度”选项，如图4-23所示。

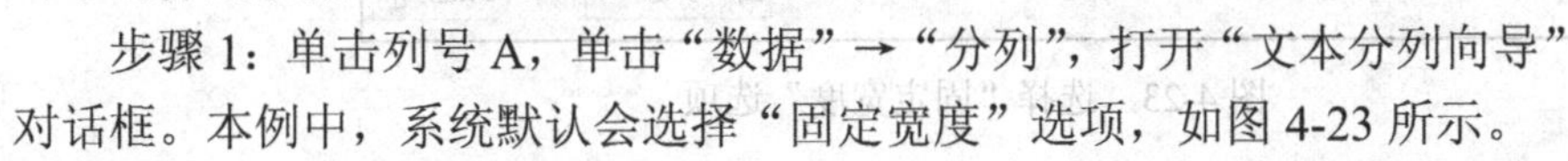

	A									B
1	Supplier	Supplier	Invoice	Invoice	Inv	Invoice	Voucher	User		
2	Name	Number	Number	Date	Cur	Amount	Number	Name	Exception	
3	------------------------	--------	---------------	---------	---	----------------	---------	-------	------------------------	
4	ACEUS INT'LINC	108530	ACEUS1206-05.	29-JUN-12	USD	23,247.23	212081162	B2B盡／	Not Validated	
5	ACEUS INT'LINC	108530	ACEUS1207-01.	03-AUG-12	USD	14,715.37	212080832	B2B盡／	Not Validated	
6	ACEUS INT'LINC	108530	ACEUS1207-02.	03-AUG-12	USD	2,813.64	212081163	B2B盡／	Not Validated	
7	ACEUS INT'LINC	108530	ACEUS1207-03.	03-AUG-12	USD	3,624.81	212081164	B2B盡／	Not Validated	
8	ACEUS INT'LINC	108530	ACEUS1207-04.	03-AUG-12	USD	2,961.66	212081165	B2B盡／	Not Validated	
9	ADVANCE ELECTRONIC SUPPL	102951	1235-1208090003	09-AUG-12	USD	586.80	212080861	B2B盡／	Not Validated	
10	AZUREWAVE TECHNOLOGIES,I	108752	46351	23-MAY-12	USD	68,544.00	212080865	B2B盡／	Not Validated	
11	EPCOS LTD	101598	89373254	22-SEP-11	USD	1,620.00	212081224	B2B盡／	Not Validated	
12	EPCOS LTD	101598	89825750.	14-MAR-12	USD	4,230.00	212081225	B2B盡／	Not Validated	
13	IIDA ELECTRONICS CO., LT	104826	IDE-1207768- 1	18-JUL-12	USD	8,835.00	212081245	B2B盡／	Not Validated	
14	IIDA ELECTRONICS CO., LT	104826	IDE-1207768- 2	18-JUL-12	USD	6,107.50	212081263	B2B盡／	Not Validated	
15	IIDA ELECTRONICS CO., LT	104826	IDE-1207768- 3	18-JUL-12	USD	11,205.00	212081246	B2B盡／	Not Validated	
16	IIDA ELECTRONICS CO., LT	104826	IDE-1207782- 1	20-JUL-12	USD	16,200.00	212081275	B2B盡／	Not Validated	
17	IIDA ELECTRONICS CO., LT	104826	IDE-1207782- 2	20-JUL-12	USD	21,600.00	212081247	B2B盡／	Not Validated	
18	IIDA ELECTRONICS CO., LT	104826	IDE-1207794- 1	25-JUL-12	USD	6,775.00	212081276	B2B盡／	Not Validated	
19	IIDA ELECTRONICS CO., LT	104826	IDE-1207794- 2	25-JUL-12	USD	6,045.00	212081248	B2B盡／	Not Validated	
20	IIDA ELECTRONICS CO., LT	104826	IDE-1207794- 3	25-JUL-12	USD	13,050.00	212081249	B2B盡／	Not Validated	
21	IIDA ELECTRONICS CO., LT	104826	IDE-1207794- 4	25-JUL-12	USD	12,550.00	212081250	B2B盡／	Not Validated	
22	IIDA ELECTRONICS CO., LT	104826	IDE-1207794- 5	25-JUL-12	USD	4,530.00	212081251	B2B盡／	Not Validated	
23	IIDA ELECTRONICS CO., LT	104826	IDE-1207823- 1	31-JUL-12	USD	665.00	212081265	B2B盡／	Not Validated	
24	IIDA ELECTRONICS CO., LT	104826	IDE-1207824- 1	31-JUL-12	USD	8,210.00	212081252	B2B盡／	Not Validated	
25	IIDA ELECTRONICS CO., LT	104826	IDE-1207824- 2	31-JUL-12	USD	10,060.00	212081253	B2B盡／	Not Validated	
26	IIDA ELECTRONICS CO., LT	104826	IDE-1207824- 3	31-JUL-12	USD	3,560.00	212081254	B2B盡／	Not Validated	

图4-22 要按固定宽度拆分的素材

步骤2：进入向导的第2步，如图4-24所示，该步骤是供我们设置分割线位置的。系统会根据自己的判断，在“数据预览”文本框中标出分割线。如果觉得不合适可自行调整，选择分割线并左右拖动鼠标即可调整分割线位置；如果想清除某条分割线，则可双击那条分割线；如果想在某处添加一条新的分割线，则单击合适位置即可。请注意，本案例中数据字段较多，一定要拖动“数据预览”文本框下方的滚动条，向右继续查看分割线的位置是否合适，不要忽略隐藏的内容。

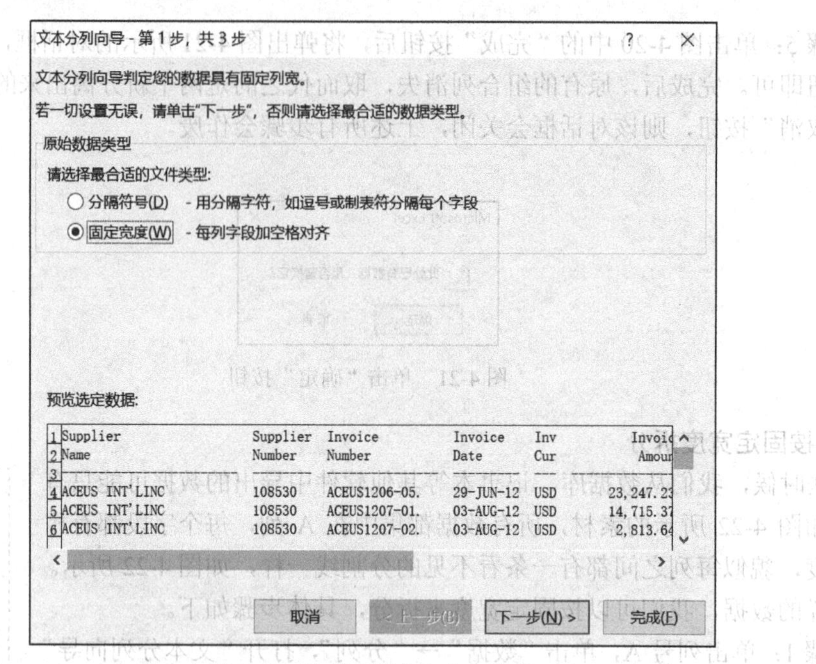

图 4-23 选择"固定宽度"选项

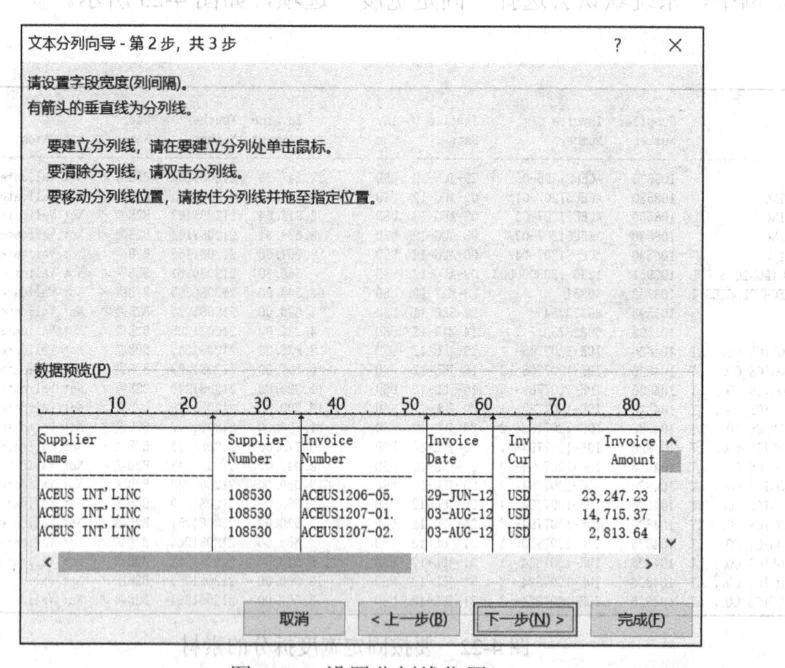

图 4-24 设置分割线位置

步骤 3：进入向导的第 3 步，如图 4-25 所示，该步骤是供我们选择数据类型的。例如："Supplier Name"（供应商名字）是文本型数据，"Supplier Number"（供应商编号）是文本型数据，"Invoice Number"（发票编号）是文本型数据，"Invoice Date"（发票日期）是日期型数据，"Inv Cur"（发票币种）是文本型数据，"Invoice Amount"（发票数量）是常规型数据（注意：纯数字的字段设为"常规"表示数值型数据），"Voucher Number"（订单编号）是文本型数据，“User Name”（使用者名字）是文本型数据，“Exception”（备注）是文本型数据。

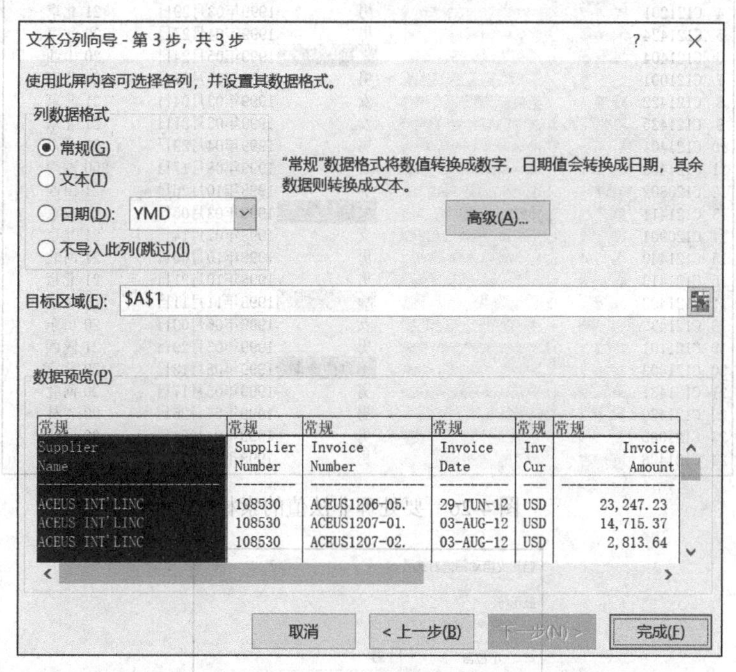

图 4-25 选择数据类型

步骤 4：单击“完成”按钮即可完成按固定宽度拆分的操作。

4.2.4 处理非法值

处理非法值

所谓非法值是指有些值超出了其所在列的正常取值范围，例如，“性别”只能取值“男”或“女”，如果该列中有其他字符出现，则认为其非法值。又如，“人的身高”值只能小于 3m，如果该列中有值大于 3m 或者是负数的话，显然也是非法值。对于这样的非法值，我们可以利用“筛选”功能将其找出来，然后将其删除，即将其变为“缺失值”，然后按缺失值的处理办法对其进行处理即可。要处理非法值的素材如图 4-26 所示，该数据集中的“性别”字段中有 4 个非法值，“年龄”字段中有 2 个非法值，下面我们来看一下该如何处理这些非法值。

步骤 1：处理“性别”字段中的非法值。将光标定位在数据集内的任意单元格，单击“数据”→“筛选”，单击“性别”右侧的筛选按钮，单击“文本筛选”→“不包含”，打开“自定义自动筛选方式”对话框，条件设置如图 4-27 所示。

步骤 2：如图 4-28 所示，将筛选出来的 4 个单元格中的内容删除即可。最后再次单击“性别”右侧的筛选按钮，恢复显示全部数据。

步骤 3：恢复显示全部数据后，我们继续处理“年龄”字段中的非法值。单击“年龄”右侧的筛选按钮，单击“数字筛选”→“介于”，打开“自定义自动筛选方式”对话框，我们假定学生的入学年龄必须大于等于 10 岁且小于等于 100 岁，则条件设置如图 4-29 所示。

	A	B	C	D	E	F	G
1	学号	姓名	身份证号码	性别	出生日期	年龄	籍贯
2	C121417			男	2000年01月05日	20	湖北
3	C121301			男	1998年12月19日	21	北京
4	C121201			男	1999年03月29日	21	北京
5	C121424			男	1999年04月27日	20	北京
6	C121404			未知	1999年05月24日	20	山西
7	C121001			男	1999年05月28日	20	北京
8	C121422			女	1999年03月04日	21	北京
9	C121425			女	1999年03月27日	21	北京
10	C121401			男	1999年04月29日	20	北京
11	C121439			女	1999年08月17日	200	湖南
12	C120802			男	1998年10月26日	21	山西
13	C121411			未知	1999年03月05日	21	北京
14	C120901			女	1998年07月14日	21	北京
15	C121440			男	1998年10月05日	21	河北
16	C121413			男	1998年10月21日	21	北京
17	C121423			啥	1998年11月11日	1	北京
18	C121432			女	1999年06月03日	20	山东
19	C121101			男	1999年03月29日	21	陕西
20	C121403			不方便透漏	1999年05月13日	20	北京
21	C121437			男	1999年05月17日	20	河北
22	C121420			男	1999年07月25日	20	吉林
23	C121003			男	1999年04月23日	20	河南
24	C121428			男	1998年11月06日	21	河北

图 4-26　要处理非法值的素材

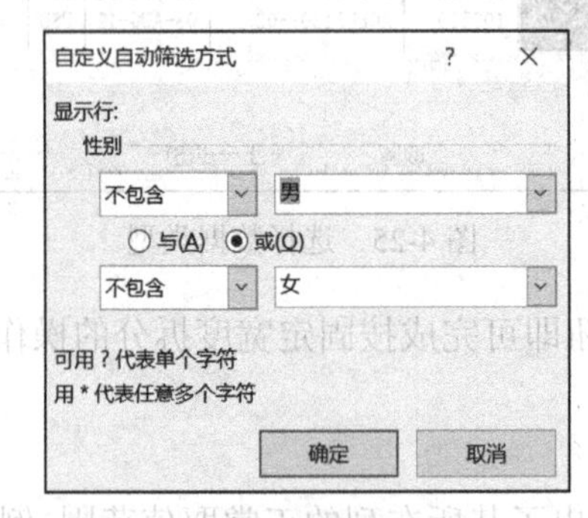

图 4-27　条件设置

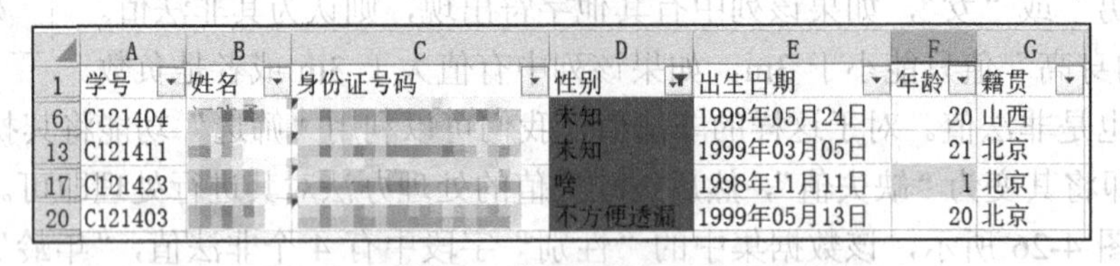

	A	B	C	D	E	F	G
1	学号	姓名	身份证号码	性别	出生日期	年龄	籍贯
6	C121404			未知	1999年05月24日	20	山西
13	C121411			未知	1999年03月05日	21	北京
17	C121423			啥	1998年11月11日	1	北京
20	C121403			不方便透漏	1999年05月13日	20	北京

图 4-28　筛选出“性别”字段中的非法值

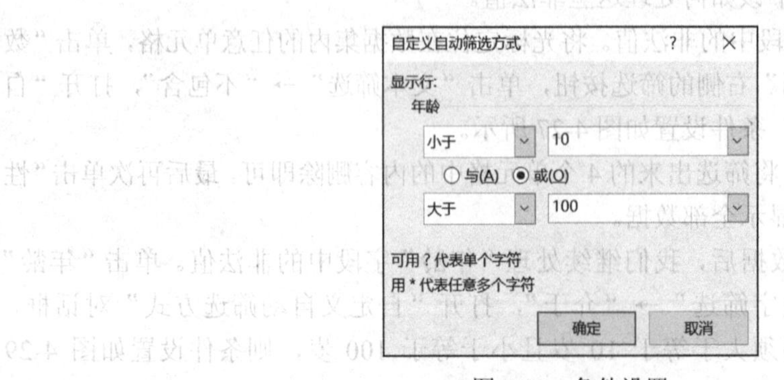

图 4-29　条件设置

步骤 4：如图 4-30 所示，将筛选出来的 2 个单元格中的内容删除即可。最后再次单击“年龄”右侧的筛选按钮，恢复显示全部数据。

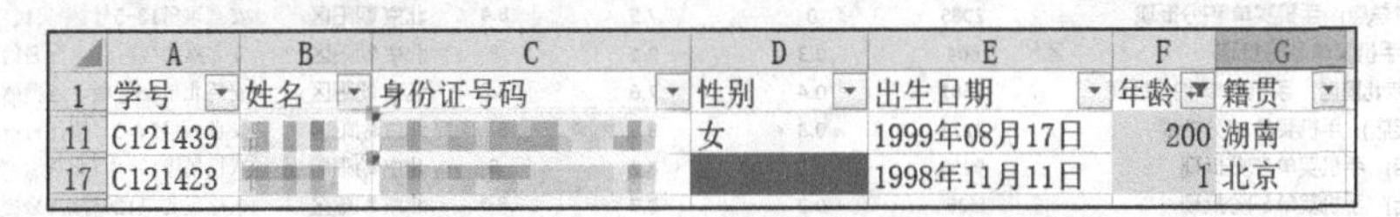

	A	B	C	D	E	F	G
1	学号	姓名	身份证号码	性别	出生日期	年龄	籍贯
11	C121439			女	1999年08月17日	200	湖南
17	C121423				1998年11月11日	1	北京

图 4-30　筛选出“年龄”字段中的非法值

至此，我们就将该数据集中的非法值转变为了缺失值，接下来就可以直接将其作为缺失值来处理（参见 4.2.2 小节）。

4.3　数据整理的基本方法

数据清洗完成后，我们得到了一个整齐的数据集，但接下来还是不能直接使用。缺失的处理步骤对应到数据分析的步骤叫作“数据整理”，在这个步骤中，数据分析师需要对清洗好的数据进行相应的处理，以方便后续的数据分析工作。常规的数据整理方法有特殊字符处理、统一单位、数据离散化、自定义分组、数值型数据的数据类型转换、匹配等。另外，对于日期时间型数据，我们还需要有一些特殊的处理办法。接下来，我们将分别来详细讲解。

4.3.1　常规的数据整理方法

通常情况下，数据集的整理可能会用到以下某种方法或方法的组合，具体需要哪些方法要根据数据的复杂程度具体分析，这里我们只分别介绍各种方法。

1．特殊字符处理

删除空格

所谓的特殊字符指的是空格符或换行符。有时会遇到一些数据集的单元格中包含空格符或换行符的情况，它们会影响我们的操作，所以要学会删除这些特殊字符。首先看空格符的删除操作，素材如图 4-31 所示，“地区”字段中的单元格中有空格符。

步骤 1：选中有空格符的单元格，这里单击列号 F 即可。

步骤 2：单击“开始”→“查找和选择”→“替换”，打开“查找和替换”对话框，如图 4-32 所示。在“查找内容”文本框中输入一个空格符，在“替换为”文本框中单击一下，不输入任何内容，然后单击“全部替换”按钮，即可删除 F 列中的所有空格符。

接下来，我们看一下如何删除换行符。其删除思路与删除空格符的思路类似，也需要使用一个空字符串替换掉换行符，但是无法再通过“查找和替换”对话框来完成，有兴趣的读者可以尝试一下在“查找内容”文本框里输入一个换行符将会是什么效果。下面，我们来给大家介绍一个字符串替换函数 SUBSTITUTE()。该函数的语法结构为：SUBSTITUTE(text,old_text,new_text)。要删除换行符的素材如图 4-33 所示，“营业时间”字段中含有换行符，具体步骤如下。

删除回车符

	A	B	C	D	E	F	G
1	标题	评论数	口味评分	环境评分	服务评分	地区	地址
2	桐记小灶儿牛板筋火锅(悠唐购物中心店)　手机买单 积分	2056	0.7	8.6	8.6	北京 朝阳区	3丰北里2号楼悠唐购物中心4层001号
3	亮健容天土锅羊蝎子(安贞店)　手机买单 积分抵现	133	0.4	7.5	8.1	北京 朝阳区	安定路胜古中路1号(华欣超市旁)
4	龙门阵串串香(北京总店)　手机买单 积分抵现	2085	0	7.5	8.4	北京 朝阳区	安慧东里13-5号(中央民族乐团北边红绿灯向西20
5	海边蟹逅肉蟹煲　手机买单 积分抵现　　　　添	604	0.3	9.1	9	北京 朝阳区	安立路北辰时代大厦名门多福生活广场4层
6	朱题·猪手火锅(安苑北里店)　手机买单 积分抵现	2681	0.4	7.6	8.2	北京 朝阳区	安苑北里16号楼、近奥体东门(鸟巢、水立方、奥
7	新辣道鱼火锅(安贞店)　手机买单 积分抵现	2276	0.8	8.5	8.4	北京 朝阳区	安贞西里2、3号楼仟村商务大厦2楼(安贞医院西门
8	四川仁火锅(双井店)　手机买单 积分抵现	9230	0.3	8.2	8	北京 朝阳区	八棵杨甲1号南(北京歌剧舞剧院南)
9	锅仙人(保利东郡店)　手机买单 积分抵现	426	0.2	8.7	8.5	北京 朝阳区	八里庄北里129号院8号楼(保利东郡)
10	签上签串串香(石佛营店)　手机买单 积分抵现	1787	9.1	9.1	9.1	北京 朝阳区	八里庄北里129号院保利东郡底商9-6号(漫咖啡南
11	黄门老灶火锅(石佛营店)　手机买单 积分抵现	1139	0.9	8.8	9	北京 朝阳区	八里庄北里石佛营南街保利东郡底商2号楼102
12	今牛海记潮汕牛肉火锅(慈云寺店)　手机买单 积分抵现	1139	0.9	8.8	8.6	北京 朝阳区	八里庄东里一号莱锦产业园a区3号楼02b(朝阳路
13	牛村来人潮汕鲜牛肉火锅(慈云寺店)　手机买单 积分抵	1735	9.1	9.1	8.8	北京 朝阳区	八里庄路住邦2000商务中心4号楼底商(东四环慈
14	我还年轻毛肚火锅(三里屯店)　手机买单 积分抵现	200	9.1	9.1	9	北京 朝阳区	白家庄路甲2-4号(海底捞对面)
15	海底捞火锅(白家庄店)　手机买单 积分抵现	4685	9	8.6	9.1	北京 朝阳区	白家庄路甲2号
16	耍牛忙串串香(百子湾创始店)　手机买单 积分抵现	702	9	8.7	8.5	北京 朝阳区	百子湾黄木厂6号(苹果社区今日美术馆斜对面，
17	四川简阳羊肉汤火锅(百子湾路店)　手机买单 积分抵现	657	0.5	7.1	7.3	北京 朝阳区	百子湾路16号(百子湾桥西)
18	有面儿串串香火锅(百子湾店)　手机买单 积分抵现	180	0.6	8.8	8.4	北京 朝阳区	百子湾路16号，百子湾桥往西200米
19	路小凤海鲜鸡锅　手机买单 积分抵现　　　　添	218	0	9	9	北京 朝阳区	百子湾路25号
20	蜀一数二　手机买单 积分抵现　　　　添加分店	173	0.1	9.1	9	北京 朝阳区	百子湾路29号院内
21	大龙燚火锅(双井店)　手机买单 积分抵现	366	0.9	8	7.4	北京 朝阳区	百子湾路32号苹果社区南区12号
22	黄门老灶火锅(双井旗舰店)　手机买单 积分抵现	5094	9	8.3	8.4	北京 朝阳区	百子湾路37号(双井京粮大厦北侧对面)
23	渝焱·重庆秘宗火锅　手机买单 积分抵现	1449	0	9.1	8.8	北京 朝阳区	百子湾路和黄木厂路交叉口西北角(恒润商务中心

图 4-31　要删除空格符的素材

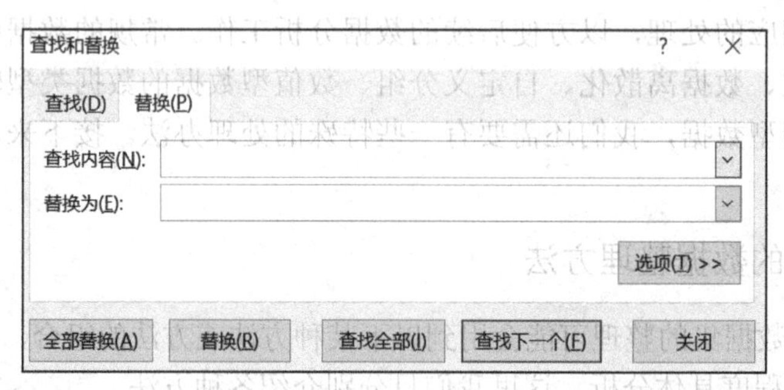

图 4-32　“查找和替换”对话框

	A	B	C	D	E	F	G	H
1	标题	评论数	口味评分	环境评分	服务评分	地区	地址	营业时间
2	桐记小灶儿牛板筋火锅(	2056	0.7	8.6	8.6	北京 朝阳区	3丰北里2号楼悠唐购物中心4层001	周一至周日10:00-22:00
3	龙门阵串串香(北京总店)	2085	0	7.5	8.4	北京 朝阳区	安慧东里13-5号(中央民族乐团北边	周一至周日11:30-23:30
4	海边蟹逅肉蟹煲　手机买	604	0.3	9.1	9	北京 朝阳区	安立路北辰时代大厦名门多福生活	周一至周日09:30-22:00
5	朱题·猪手火锅(安苑北里	2681	0.4	7.6	8.2	北京 朝阳区	安苑北里16号楼、近奥体东门(鸟巢	10:00-00:00 周一至周日
6	新辣道鱼火锅(安贞店)	2276	0.8	8.5	8.4	北京 朝阳区	安贞西里2、3号楼仟村商务大厦2楼	10:00--22:00
7	四川仁火锅(双井店)　手	9230	0.3	8.2	8	北京 朝阳区	八棵杨甲1号南(北京歌剧舞剧院南)	周一至周日11:00-23:30
8	锅仙人(保利东郡店)　手	426	0.2	8.7	8.5	北京 朝阳区	八里庄北里129号院8号楼(保利东郡	周一至周日10:30-24:00
9	签上签串串香(石佛营店)	1787	9.1	9.1	9.1	北京 朝阳区	八里庄北里129号院保利东郡底商9-	周一至周日10:30-23:30
10	黄门老灶火锅(石佛营店)	1139	0.9	8.8	9	北京 朝阳区	八里庄北里石佛营南街保利东郡底	周一至周日全天;
11	今牛海记潮汕牛肉火锅(	1139	0.9	8.8	8.6	北京 朝阳区	八里庄东里一号莱锦产业园a区3号	周一至周日11:00-23:30
12	牛村来人潮汕鲜牛肉火锅	1735	9.1	9.1	8.8	北京 朝阳区	八里庄路住邦2000商务中心4号楼底	周一至周日11:00-22:00
13	我还年轻毛肚火锅(三里	200	9.1	9.1	9	北京 朝阳区	白家庄路甲2-4号(海底捞对面)	周一至周日10:00-05:00
14	海底捞火锅(白家庄店)	4685	9	8.6	9.1	北京 朝阳区	白家庄路甲2号	周一至周日全天;
15	耍牛忙串串香(百子湾创	702	9	8.7	8.5	北京 朝阳区	百子湾黄木厂6号(苹果社区今日美	周一至周日11:30-14:3017:00-00:00
16	四川简阳羊肉汤火锅(百	657	0.5	7.1	7.3	北京 朝阳区	百子湾路16号(百子湾桥西)	10：30至23：00
17	有面儿串串香火锅(百子	180	0.6	8.8	8.4	北京 朝阳区	百子湾路16号，百子湾桥往西200米	周一至周日10:00-23:30
18	路小凤海鲜鸡锅　手机买	218	0	9	9	北京 朝阳区	百子湾路25号	周一至周日10:30-23:30
19	蜀一数二　手机买单 积分	173	0.1	9.1	9	北京 朝阳区	百子湾路29号院内	周一至周日11:00-14:0017:00-02:00
20	大龙燚火锅(双井店)　手	366	0.9	8	7.4	北京 朝阳区	百子湾路32号苹果社区南区12号	周一至周日10:00-00:00
21	黄门老灶火锅(双井旗舰	5094	9	8.3	8.4	北京 朝阳区	百子湾路37号(双井京粮大厦北侧对	11:00-02:00 周一至周日
22	渝焱·重庆秘宗火锅　手机	1449	0	9.1	8.8	北京 朝阳区	百子湾路和黄木厂路交叉口西北角	10:00-00:00 周一至周日
23	常赢三兄弟(国贸店)　手	1044	0.6	7.7	7.6	北京 朝阳区	百子湾路京粮大厦北侧	10:00-00:00 周一至周日

图 4-33　要删除换行符的素材

步骤 1：在 I2 单元格中输入公式：=SUBSTITUTE(H2,char(10),“”)。其中 10 是换行符在

计算机字符集中的代码，所以 char(10)代表换行符，一对空双引号代表一个空字符串。所以，整个函数的意思是：把 H2 单元格中的换行符替换成空字符串，即将换行符删除的意思。

步骤 2：确认输入上述公式后，双击 I2 的填充柄，下面所有单元格即可被填充。此时，I 列就是利用函数计算得出的结果。如果直接使用这一列去进行数据分析的话是不行的，因为这一列的实质内容是一个个函数，而不是具体的字符，所以我们还需要再做一步，即将该列的内容转换为真正的字符串。

步骤 3：右击行号 I 选择“复制”，再右击行号 J 选择“粘贴选项”中的“值”，这样的话，我们就可以将 I 列的函数结果复制出来，将其变换成真正的字符串，便于后期的数据分析工作。

统一单位

2. 统一单位

有些数据的单位是不统一的，如图 4-34 所示，其中“重量”字段值的单位有些是 kg，有些是 g，这在进行数据分析的时候显然是不合适的。在此，我们需要将该列数据的单位统一，可以都统一为 g，也可以都统一为 kg，视具体的业务问题而定。如果这是一台电视机或者计算机的重量，显然以 kg 为单位较为合适；如果这是一桶方便面或者一副眼镜的重量，显然以 g 为单位较为合适。该案例是计算机数据，所以，我们统一将该列的单位改为 kg，具体步骤如下。

	A	B	C	D	E	F	G
1	商品名称	重量	操作系统	厚度	内存容量	分辨率	显卡型号
2	雷蛇（Razer）灵刃游戏本	1.89kg	Windows 10	15.1mm—20.0mm	16G	全高清屏（1920×1	GTX1060
3	雷蛇（Razer）灵刃游戏本	1.89kg	Windows 10	15.1mm—20.0mm	16G	全高清屏（1920×1	GTX1060
4	微星GS63VR 7RF-258CN	4.8kg	Windows 10	15.1mm—20.0mm	16G	全高清屏（1920×1	GTX1060
5	华硕(ASUS) 飞行堡垒FX7	5.0kg	Windows 10	20.0mm以上	16G	全高清屏（1920×1	GTX1050
6	华硕(ASUS) G60VW6700 R	3.6kg	Windows 10	20.0mm以上	16G	超高清屏（2K/3k/4	GTX960M
7	戴尔灵越游匣15PR-5545B	4.0kg	Windows 10	20.0mm以上	4G	全高清屏（1920×1	GTX1050
8	戴尔成就	3.44kg	Windows 10	20.0mm以上	4G	标准屏（1366×768	AMD R5
9	戴尔成就	3.04kg	Windows 10	15.1mm—20.0mm	4G	全高清屏（1920×1	其他
10	戴尔成就	3.0kg	Windows 10	15.1mm—20.0mm	4G	全高清屏（1920×1	其他
11	戴尔成就	2.87kg	Windows 10	20.0mm以上	4G	标准屏（1366×768	AMD R5
12	戴尔成就	2.7kg	Windows 10	15.1mm—20.0mm	4G	标准屏（1366×768	GT930m
13	ThinkPadT570	3.1kg	Windows 10	15.1mm—20.0mm	4G	全高清屏（1920×1	GT940M
14	戴尔成就	2.7kg	Windows 10	15.1mm—20.0mm	4G	全高清屏（1920×1	其他
15	戴尔成就	3.02kg	Windows 10	15.1mm—20.0mm	4G	标准屏（1366×768	其他
16	华硕FH5900V	3.2kg	Windows 10	20.0mm以上	4G	全高清屏（1920×1	其他
17	华硕FH5900V	3.315kg	Windows 10	20.0mm以上	4G	全高清屏（1920×1	其他
18	华硕FL5900UQ	3.09kg	Windows 10	20.0mm以上	4G	全高清屏（1920×1	其他
19	联想Lenovo小新潮5000	2.7kg	Windows 10	20.0mm以上	4G	全高清屏（1920×1	AMD R5
20	华硕FL5900UQ	3.05kg	Windows 10	20.0mm以上	4G	全高清屏（1920×1	其他
21	联想Lenovo小新潮5000	2.7kg	Windows 10	20.0mm以上	4G	全高清屏（1920×1	AMD R5
22	联想Lenovo小新潮5000	2.65kg	Windows 10	20.0mm以上	4G	全高清屏（1920×1	AMD R5
23	联想拯救者R720	4.13kg	Windows 10	20.0mm以上	8G	全高清屏（1920×1	GTX1050Ti
24	惠普暗影精灵III代	3.96kg	Windows 10	20.0mm以上	8G	全高清屏（1920×1	GTX1050Ti
25	戴尔灵越游匣15PR-5645B	3.98kg	Windows 10	20.0mm以上	8G	全高清屏（1920×1	GTX1050
26	联想Lenovo小新锐7000	3.4kg	Windows 10	20.0mm以上	8G	全高清屏（1920×1	GTX1050

图 4-34　要统一单位的素材

步骤 1：在 B 列后面插入一个空白列，输入列标题“重量（单位：kg）”。

步骤 2：如果要将单位统一成 kg，则保持单位为 kg 的记录不变。我们需要先利用“筛选”功能找到单位是 g 的记录，即可。将光标定位在数据集内的任意单元格中，单击“数据”→“筛选”，单击“重量”右侧的筛选按钮，选择“不包含”，打开“自定义自动筛选方式”对话框。

步骤 3：在“不包含”后面的文本框中输入“k”，如图 4-35 所示，筛选出以 g 为单位的记录，如图 4-36 所示。

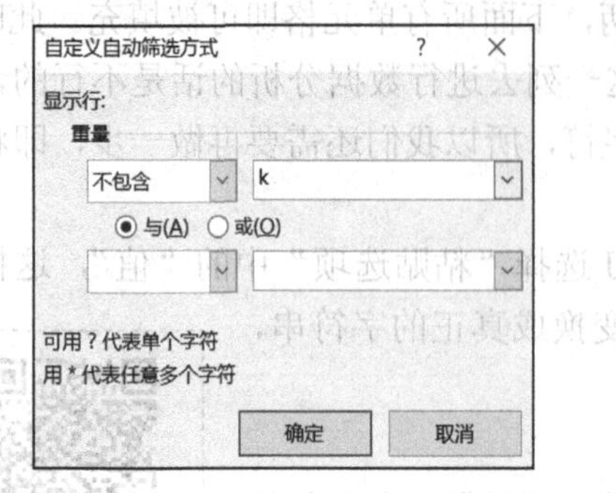

图 4-35　在“不包含”后面的文本框中输入“k”

	A	B	C	D
1	商品名称	重量	重量(单位：kg)	操作系统
123	【精选尖货】联想扬天V3	200.00g		Windows 10
189	华硕（ASUS）飞行堡垒 Z	100.00g		Windows 10
231	华硕（ASUS）飞行堡垒 Z	100.00g		Windows 10
305	联想ThinkPad T470p 14英	500.00g		Windows 10
326	华硕（ASUS）飞行堡垒 Z	100.00g		Windows 10
472	戴尔/DELL新游匣7000 灵	500.00g		Windows 10
552	联想笔记本ThinkPad x1	400.00g		Windows 10
584	华硕（ASUS）小K A555BP	200.00g		Windows 10
587	微软（Microsoft）Surfa	500.00g		Windows 10
681	戴尔（DELL） XPS13-936	100.00g		Windows 10
771	微软（Microsoft）Surfa	500.00g		Windows 10
818	联想(Lenovo)小新潮5000	500.00g		Windows 10
867	联想（Lenovo）IdeaPad1	400.00g		Windows 10

图 4-36　筛选出以 g 为单位的记录

步骤 4：单击列号 B 选中整列，单击“开始”→“查找和选择”→“替换”，打开“查找和替换”对话框。如图 4-37 所示，在“查找内容”文本框中输入 g，在“替换为”文本框中单击，不输入任何内容，然后单击“全部替换”按钮，即可删除所有的“g”。只有删除字符“g”之后的纯数字才可以进行数学运算。

查找和替换

查找(D)　替换(P)　定位(G)

查找内容(N):　g

选项:　向下搜索, 区分全/半角

替换为(I):

更多(M) >>　替换(R)　全部替换(A)　查找下一处(F)　取消

图 4-37　删除字符“g”

步骤 5：在 C123 单元格中输入公式：=B123/1000。确认输入后，双击该单元格的填充柄，下面所有单元格即可被填充。

步骤 6：将光标定位在数据集内的任意单元格中，再次单击“数据”→“筛选”，即可取消筛选。此时全部记录均被显示出来，C 列中会存在大量的空白单元格，这些正对应以 kg 为单位的字段值。我们需要做的是将这些字段值从 B 列原样迁移到 C 列。

步骤 7：这就用到了之前我们曾经学过的填充原值操作。单击列号 C，再单击“开始”→“查找和选择”→“定位条件”，选择“空值”，将找到 C 列所有空白单元格。在公式文本框中输入第一个空白单元格中要填充的内容：=B2。然后，按 Ctrl+Enter 组合键确认输入。

步骤 8：由于此时的 C 列是使用公式计算出来的结果，因此日后的数据分析或简单画图都无法处理它。解决的办法是在 C 列后面插入一个空白列，将 C 列的内容复制，在 D 列“粘贴选项”中选择“值”，即可将 C 列的公式结果转变为数值型数据。

步骤 9：单击列号 D，再次利用“查找和替换”对话框，将 D 列中的“kg”删除，再删除 C 列。至此，单位统一就完成了，最终结果如图 4-38 所示。

	A	B	C	D	E
1	商品名称	重量	重量(单位：kg)	操作系统	厚度
2	雷蛇（Razer）灵刃游戏本	1.89kg	1.89	Windows 10	15.1mm—20.0mm
3	雷蛇（Razer）灵刃游戏本	1.89kg	1.89	Windows 10	15.1mm—20.0mm
4	微星GS63VR 7RF-258CN	4.8kg	4.8	Windows 10	15.1mm—20.0mm
5	华硕(ASUS) 飞行堡垒FX7	5.0kg	5	Windows 10	20.0mm以上
6	华硕(ASUS) G60VW6700 R	3.6kg	3.6	Windows 10	20.0mm以上
7	戴尔灵越游匣15PR-5545B	4.0kg	4	Windows 10	20.0mm以上
8	戴尔成就	3.44kg	3.44	Windows 10	20.0mm以上
9	戴尔成就	3.04kg	3.04	Windows 10	15.1mm—20.0mm
10	戴尔成就	3.0kg	3	Windows 10	15.1mm—20.0mm
11	戴尔成就	2.87kg	2.87	Windows 10	20.0mm以上
12	戴尔成就	2.7kg	2.7	Windows 10	15.1mm—20.0mm
13	ThinkPadT570	3.1kg	3.1	Windows 10	15.1mm—20.0mm
14	戴尔成就	2.7kg	2.7	Windows 10	15.1mm—20.0mm
15	戴尔成就	3.02kg	3.02	Windows 10	15.1mm—20.0mm
16	华硕FH5900V	3.2kg	3.2	Windows 10	20.0mm以上
17	华硕FH5900V	3.315kg	3.315	Windows 10	20.0mm以上
18	华硕FL5900UQ	3.09kg	3.09	Windows 10	20.0mm以上
19	联想Lenovo小新潮5000	2.7kg	2.7	Windows 10	20.0mm以上
20	华硕FL5900UQ	3.05kg	3.05	Windows 10	20.0mm以上

图 4-38 单位统一的最终结果

3. 数据离散化

有时候，连续的数值型数据需要划分成区间表示，例如：分数可以划分为优秀（85 分及以上）、良好（75～84 分）、及格（60～74 分）、不及格（59 分及以下）；常用于衡量人体胖瘦程度的标准BMI可以划分为体重过低(BMI<18.5)、正常范围（18.5≤BMI<24）、肥胖前期（24≤BMI<28）、Ⅰ度肥胖（28≤BMI<30）、Ⅱ度肥胖（30≤BMI<40）、Ⅲ度肥胖（BMI≥40）。以上这两个例子都是基于相关业务知识划分的。

数据离散化

如果某列数据没有相关业务知识的硬性规定，例如某商品的评价量，如果想给它划分区间的话，需要先根据散点图查看该列数据是否存在极端值，如果没有极端值，即数据均匀分布的话，则可采用“等宽划分”，意思是“按照相同的宽度将数据分成几等份”。如果有极端值存在，即数据分布不均匀，大部分都集中在一起，其他区间出现个数较少时，则可采用“等频划分”，意思就是“将数据分成几等份，每份数据里面的个数是均匀的”。

了解了划分区间的方法，下面我们来看一下具体的实施步骤。要数据离散化的素材如图 4-39 所示，这是学生成绩数据集，我们需要将“总分”划分成 3 个区间：“小于 600 分”“600～650 分”“大于650”。

步骤 1：在 K1 单元格输入“总评结果”。

步骤 2：将光标定位在数据集内的任意单元格，单击“数据”→“筛选”。单击“总分”右侧的筛选按钮，选择“数字筛选”→“小于”，打开“自定义自动筛选方式”对话框。

步骤 3：在“小于”后面的文本框中输入“600”，如图 4-40 所示，单击“确定”按钮，得到“小于 600 分”的记录，如图 4-41 所示。

	A	B	C	D	E	F	G	H	I	J
1	学号	姓名	语文	数学	英语	物理	化学	品德	历史	总分
2	C121401		98.7	87.9	84.5	93.8	76.2	90	76.9	608
3	C121402		98.3	112.2	88	96.6	78.6	90	93.2	656.9
4	C121403		90.4	103.6	95.3	93.8	72.3	94.6	74.2	624.2
5	C121404		86.4	94.8	94.7	93.5	84.5	93.6	86.6	634.1
6	C121405		98.7	108.8	87.9	96.7	75.8	78	88.3	634.2
7	C121406		91	105	94	75.9	77.9	94.1	88.4	626.3
8	C121407		107.9	95.9	90.9	95.6	89.6	90.5	84.4	654.8
9	C121408		80.8	92	96.2	73.6	68.9	78.7	93	583.2
10	C121409		105.7	81.2	94.5	96.8	63.7	77.4	67	586.3
11	C121410		89.6	80.1	77.9	76.9	80.5	75.6	67.1	547.7
12	C121411		92.4	104.3	91.8	94.1	75.3	89.3	94	641.2
13	C121412		93.3	83.2	93.5	78.3	67.6	77.2	79.6	572.7
14	C121413		98.7	91.9	91.2	78.8	81.6	94	88.9	625.1
15	C121414		86.4	111.2	94	92.7	61.6	82.1	89.7	617.7
16	C121415		94.1	91.6	98.7	86.1	79.7	77	68.4	595.6
17	C121416		105.2	89.7	93.9	84	62.2	93	89.3	617.3
18	C121417		75.6	81.8	78.2	76.1	71.5	89	67.3	539.5
19	C121418		96.2	95.9	88.2	85.7	76.8	96.1	74.3	613.2

图 4-39　要数据离散化的素材

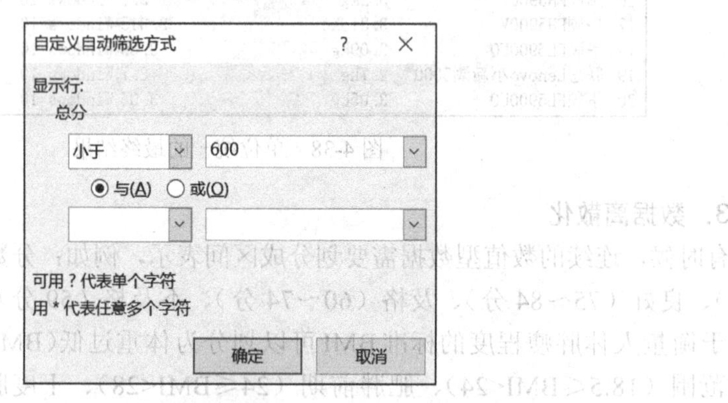

图 4-40　在“小于”后面的文本框中输入“600”

	A	B	C	D	E	F	G	H	I	J	K
1	学号	姓名	语文	数学	英语	物理	化学	品德	历史	总分	总评结
9	C121408		80.8	92	96.2	73.6	68.9	78.7	93	583.2	小于600分
10	C121409		105.7	81.2	94.5	96.8	63.7	77.4	67	586.3	
11	C121410		89.6	80.1	77.9	76.9	80.5	75.6	67.1	547.7	
13	C121412		93.3	83.2	93.5	78.3	67.6	77.2	79.6	572.7	
16	C121415		94.1	91.6	98.7	86.1	79.7	77	68.4	595.6	
18	C121417		75.6	81.8	78.2	76.1	71.5	89	67.3	539.5	
26	C121425		84.8	98.7	82.1	90.6	86.7	80.5	65.1	588.5	
30	C121429		94.8	89.6	96.7	90	68.1	84.7	69.9	593.8	
32	C121431		99.6	91.8	89.7	80.3	70	83.3	82.3	597	

图 4-41　“小于 600 分”的记录

步骤 4：在 K9 单元格中输入“小于 600 分”，双击该单元格的填充柄进行填充。

步骤 5：再次单击“总分”右侧的筛选按钮，选择“数字筛选”→“介于”，打开“自定义自动筛选方式”对话框。

步骤 6：在“大于或等于”后面的文本框中输入“600”，在“小于或等于”后面的文本框中输入“650”，如图 4-42 所示，单击“确定”按钮，得到“600~650 分”的记录，如图 4-43 所示。

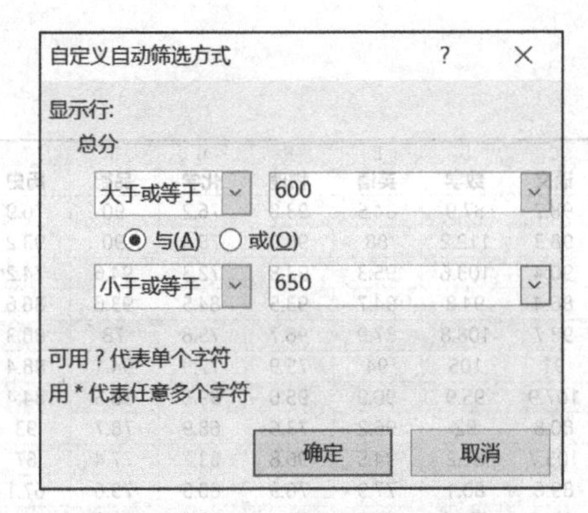

图 4-42　在“大于或等于”后面的文本框中输入“600”，在“小于或等于”后面的文本框中输入“650”

	A	B	C	D	E	F	G	H	I	J	K
1	学号	姓名	语文	数学	英语	物理	化学	品德	历史	总分	总评结
2	C121401		98.7	87.9	84.5	93.8	76.2	90	76.9	608	600-650分
4	C121403		90.4	103.6	95.3	93.8	72.3	94.6	74.2	624.2	
5	C121404		86.4	94.8	94.7	93.5	84.5	93.6	86.6	634.1	
6	C121405		98.7	108.8	87.9	96.7	75.8	78	88.3	634.2	
7	C121406		91	105	94	75.9	77.9	94.1	88.4	626.3	
12	C121411		92.4	104.3	91.8	94.1	75.3	89.3	94	641.2	
14	C121413		98.7	91.9	91.2	78.8	81.6	94	88.9	625.1	
15	C121414		86.4	111.2	94	92.7	61.6	82.1	89.7	617.7	
17	C121416		105.2	89.7	93.9	84	62.2	93	89.3	617.3	
19	C121418		96.2	95.9	88.2	85.7	76.8	96.1	74.3	613.2	
21	C121420		89.6	85.5	91.3	90.7	66.4	96.5	80.2	600.2	
22	C121421		85	113.6	96	74.7	83.3	81.8	68.6	603	
24	C121423		94.2	95.2	90.7	89.5	84.8	85.2	67.2	606.8	
25	C121424		95.6	100.5	94.5	87.9	67.5	82.8	93.1	621.9	
27	C121426		99	109.4	85.4	88.7	68.3	89.1	80.9	620.8	
28	C121427		90.3	95.7	86.2	97.5	78.3	80.5	90.2	618.7	

图 4-43　“600～650 分”的记录

步骤 7：在 K2 单元格中输入“600～650 分”，向下拖动该单元格的填充柄进行填充（在一列数据中，双击填充柄填充的方法只能使用一次，第二次再填充时，就只能使用向下拖动填充柄的方式）。

步骤 8：与上述步骤类似，再次单击“总分”右侧的筛选按钮，选择“数字筛选”→“大于”，打开“自定义自动筛选方式”对话框，在“大于”后面的文本框中输入“650”，单击“确定”按钮，得到“大于 650 分”的记录。在 K 列的第一个单元格中输入“大于 650 分”，再向下拖动填充柄。

步骤 9：再次单击“数据”→“筛选”，即可取消筛选，此时，可看到填充完毕的“总评结果”列，即我们已经对“总分”列进行了离散化。最终结果如图 4-44 所示。

自定义分组

4. 自定义分组

如果遇到类似图 4-45 所示要自定义分组的素材，“硬盘类别”这一列的取值过于杂乱，无法进行分析。这时，我们可以按照相关业务知识将其划分为几大类，例如“硬盘类别”可分为固态硬盘、机械硬盘、混合硬盘三大类，具体步骤如下。

	A	B	C	D	E	F	G	H	I	J	K
1	学号	姓名	语文	数学	英语	物理	化学	品德	历史	总分	总评结果
2	C121401		98.7	87.9	84.5	93.8	76.2	90	76.9	608	600-650分
3	C121402		98.3	112.2	88	96.6	78.6	90	93.2	656.9	大于650分
4	C121403		90.4	103.6	95.3	93.8	72.3	94.6	74.2	624.2	600-650分
5	C121404		86.4	94.8	94.7	93.5	84.5	93.6	86.6	634.1	600-650分
6	C121405		98.7	108.8	87.9	96.7	75.8	78	88.3	634.2	600-650分
7	C121406		91	105	94	75.9	77.9	94.1	88.4	626.3	600-650分
8	C121407		107.9	95.9	90.9	95.6	89.6	90.5	84.4	654.8	大于650分
9	C121408		80.8	92	96.2	73.6	68.9	78.7	93	583.2	小于600分
10	C121409		105.7	81.2	94.5	96.8	63.7	77.4	67	586.3	小于600分
11	C121410		89.6	80.1	77.9	76.9	80.5	75.6	67.1	547.7	小于600分
12	C121411		92.4	104.3	91.8	94.1	75.3	89.3	94	641.2	600-650分
13	C121412		93.3	83.2	93.5	78.3	67.6	77.2	79.6	572.7	小于600分
14	C121413		98.7	91.9	91.2	78.8	81.6	94	88.9	625.1	600-650分
15	C121414		86.4	111.2	94	92.7	61.6	82.1	89.7	617.7	600-650分
16	C121415		94.1	91.6	98.7	86.1	79.7	77	68.4	595.6	小于600分
17	C121416		105.2	89.7	93.9	84	62.2	93	89.3	617.3	600-650分
18	C121417		75.6	81.8	78.2	76.1	71.5	89	67.3	539.5	小于600分
19	C121418		96.2	95.9	88.2	85.7	76.8	96.1	74.3	613.2	600-650分
20	C121419		99.3	108.9	91.4	97.6	91	91.9	85.3	665.4	大于650分
21	C121420		89.6	85.5	91.3	90.7	66.4	96.5	80.2	600.2	600-650分
22	C121421		85	113.6	96	74.7	83.3	81.8	68.6	603	600-650分

图 4-44　数据离散化的最终结果

	I	J	K	L	M	N	O
1	处理器	特性	裸机重量	显卡类别	显存容量	硬盘类别	屏幕尺寸
2	Intel i7标准电压版	背光键盘，其他	1.5-2kg	高性能游戏独	6G	128G+1T	15.6英寸
3	Intel i5标准电压版	其他	大于2.5kg	入门级游戏独	4G	128G+500G	15.6英寸
4	Intel 其他	其他	1-1.5kg	集成显卡	其他	128G固态	11.6英寸
5	Intel i7低功耗版		2-2.5kg	高性能游戏独	2G	192G固态	15.6英寸
6	Intel i7低功耗版	背光键盘，指纹识别	1-1.5kg	集成显卡	其他	1T	12.5英寸
7	Intel i7标准电压版		2-2.5kg	高性能游戏独	2G	1T+120G	15.6英寸
8	Intel i5标准电压版	背光键盘	2-2.5kg	高性能游戏独	2G	1T+128G	15.6英寸
9	Intel i5标准电压版	背光键盘	2-2.5kg	高性能游戏独	2G	1T+PCI-E128G	15.6英寸
10	Intel i7标准电压版	背光键盘	大于2.5kg	高性能游戏独	6G	256G+1T	15.6英寸
11	Intel i7标准电压版	背光键盘	2-2.5kg	集成显卡	其他	256G固态	其他
12	AMD系列	其他	1.5-2kg	入门级游戏独	2G	500G	15.6英寸
13	桌面级处理器		大于2.5kg	入门级游戏独	4G	500G+128G	15.6英寸
14	Intel i7标准电压版		2-2.5kg	高性能游戏独	4G	512G+1T	15.6英寸
15	Intel i7标准电压版	窄边框，背光键盘	1.5-2kg	高性能游戏独	4G	512G固态	15.6英寸
16	Intel i5标准电压版		2-2.5kg	高性能游戏独	4G	固态	15.6英寸
17	Intel i7标准电压版	背光键盘，其他	大于2.5kg	高性能游戏独	8G	混合硬盘	17.3英寸
18	Intel i7低功耗版	指纹识别	1-1.5kg	集成显卡	其他	机械	14.0英寸
19	Intel 其他	其他	1-1.5kg	集成显卡	其他	其他	14.0英寸

图 4-45　要自定义分组的素材

步骤 1：将光标定位在数据集内的任意单元格，单击“数据”→“筛选”。单击“硬盘类别”右侧的筛选按钮，在列表框中取消“全选”，依次选择类似于“128GB+1TB”（注：图是G，无法修改，特此说明）这样的类别，如图 4-46 所示。

步骤 2：筛选出所有混合硬盘类别的记录后，在“硬盘类别”列的第一个单元格中输入“混合硬盘”，向下拖动填充柄即可，如图 4-47 所示。

步骤 3：再次单击“硬盘类别”右侧的筛选按钮，在列表框中取消“全选”，依次选择类似于“128GB 固态”这样的类别，如图 4-48 所示。

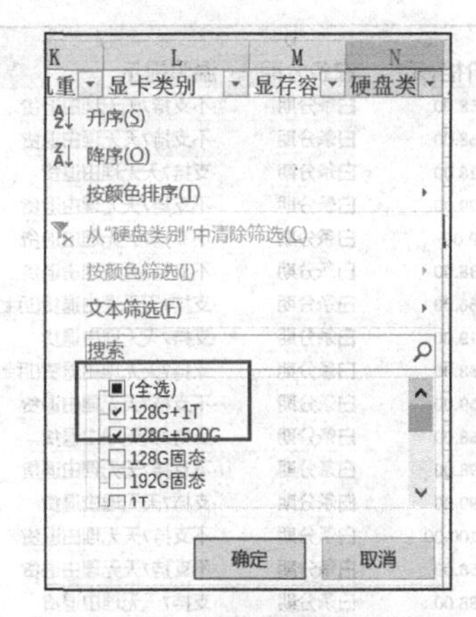

图 4-46 选择混合硬盘类别

处理器	特性	裸机重	显卡类别	显存容	硬盘类
Intel i7	背光键盘	1.5-2kg	高性能游戏独	6G	混合硬盘
Intel i7	标准电压版	大于2.5kg	高性能游戏独	4G	128G+1T
Intel i7	背光键盘	2-2.5kg	高性能游戏独	4G	128G+1T
Intel i5	其他	大于2.5kg	高性能游戏独	4G	128G+1T
Intel i5	其他	2-2.5kg	入门级游戏独	2G	128G+1T
Intel i5	指纹识别	1.5-2kg	入门级游戏独	2G	128G+1T
Intel i5	指纹识别	1.5-2kg	入门级游戏独	2G	128G+1T
Intel i5	其他	1.5-2kg	入门级游戏独	2G	128G+1T
Intel i5	背光键盘	1.5-2kg	入门级游戏独	2G	128G+1T
Intel i5	指纹识别	2-2.5kg	入门级游戏独	2G	128G+1T
Intel i5	指纹识别	1.5-2kg	入门级游戏独	2G	128G+1T
Intel i5	指纹识别	1.5-2kg	入门级游戏独	2G	128G+1T
Intel i7	其他	2-2.5kg	入门级游戏独	2G	128G+1T
Intel i7	其他	2-2.5kg	入门级游戏独	2G	128G+1T
Intel i7	其他	2-2.5kg	入门级游戏独	2G	128G+1T
Intel i7	其他	2-2.5kg	入门级游戏独	2G	128G+1T

图 4-47 筛选出所有混合硬盘类别的记录

步骤 4：筛选出所有固态硬盘类别的记录后，在“硬盘类别”列的第一个单元格中输入“固态硬盘”，向下拖动填充柄即可，如图 4-49 所示。

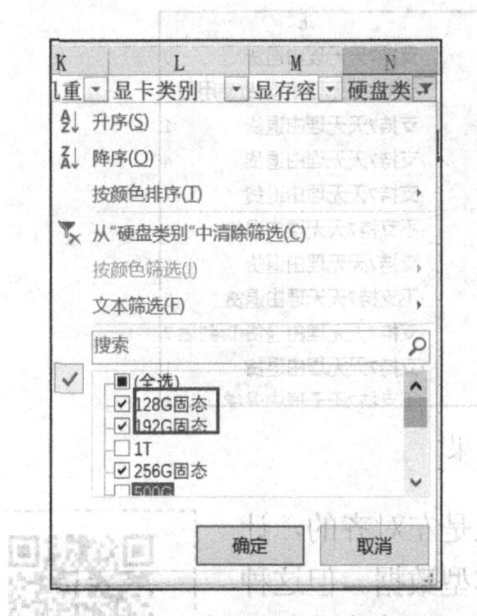

图 4-48 选择固态硬盘类别

处理器	特性	裸机重	显卡类别	显存容	硬盘类
Intel 其	其他	1-1.5kg	集成显卡	其他	固态硬盘
Intel Co	其他	1-1.5kg	集成显卡	其他	128G固态
Intel 其	指纹识别	1-1.5kg	集成显卡	其他	128G固态
Intel 其	其他	1-1.5kg	集成显卡	其他	128G固态
Intel 其	指纹识别	1-1.5kg	集成显卡	其他	128G固态
Intel 其	触控屏	小于1kg	集成显卡	其他	128G固态
Intel 其	指纹识别	1-1.5kg	集成显卡	其他	128G固态
Intel 其	其他	1.5-2kg	集成显卡	2G	128G固态
Intel 其	窄边框	1.5-2kg	集成显卡	其他	128G固态
Intel i5	背光键盘	1-1.5kg	集成显卡	其他	128G固态
Intel i5	背光键盘	1-1.5kg	集成显卡	其他	128G固态
Intel i5	背光键盘	1.5-2kg	高性能游戏独	2G	128G固态
Intel i5	窄边框，	1-1.5kg	集成显卡	其他	128G固态
Intel i5	背光键盘	1.5-2kg	高性能游戏独	2G	128G固态
Intel i5	背光键盘	1.5-2kg	高性能游戏独	2G	128G固态
Intel 其	背光键盘	1-1.5kg	集成显卡	其他	128G固态
Intel i5	触控屏	1.5-2kg	集成显卡	其他	128G固态
Intel	其他	1-1.5kg	集成显卡	其他	128G固态
Intel 其	其他	1.5-2kg	集成显卡	其他	128G固态

图 4-49 筛选出所有固态硬盘类别的记录

步骤 5：重复上述步骤，再筛选出所有机械硬盘类别的记录并用“机械硬盘”填充。最终，自定义分组后的“硬盘类别”被归纳为三大类（缺失值除外），如图 4-50 所示。

5．数值型数据的数据类型转换

数值型数据格式转换 1

从网页上获取的数据有时会出现这样的情况，如图 4-51 所示，“价格”列明明是数值型数据，但在每个单元格的左上角却有一个绿色的小三角标识，这就意味着这一列是文本型数据，这显然是不合理的，所以我们需要将该列的数据类型进行转换。具体操作步骤如下。

步骤 1：单击 C2 单元格，按 Ctrl+Shift+↓组合键可选中整列。

步骤 2：单击左侧的黄色感叹号标识，在下拉列表中选择“转换为数字”，如图 4-52 所示，转换完毕后，该列数据将右对齐。

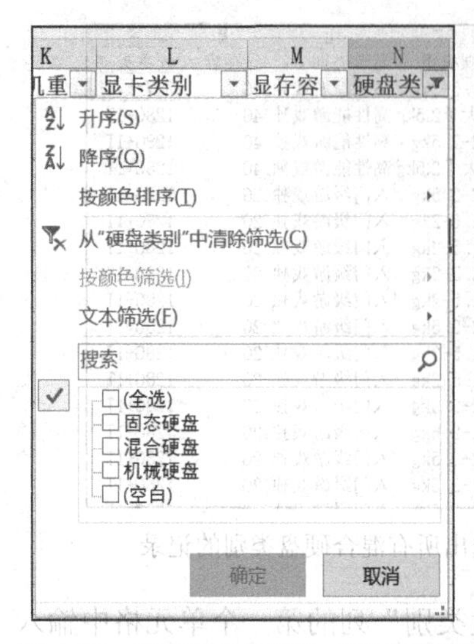

图 4-50　自定义分组后的“硬盘类别”

	A	B	C	D	E
1	名称	评分人数	价格(元)	白条分期	温馨提示
2	法国进口红酒 卡伯纳小红鸟	1.4万+	258.00	白条分期	·不支持7天无理由退货
3	法国进口红酒 拉菲（LAFITE	67万+	268.00	白条分期	·不支持7天无理由退货
4	【超市红酒】法国原瓶进口	13万+	228.00	白条分期	·支持7天无理由退货
5	长城（GreatWall）红酒 特选	29万+	599.00	白条分期	·不支持7天无理由退货
6	法国原酒进口红酒 图利斯酒	17万+	89.00	白条分期	·不支持7天无理由退货
7	法国进口红酒 卡伯纳小红鸟	1.4万+	238.00	白条分期	·不支持7天无理由退货
8	【澳大利亚驻华大使馆官方	1700+	566.00	白条分期	·支持7天无理由退货(拆封后
9	【两件减30】美国红酒馆原	800+	119.00	白条分期	·支持7天无理由退货
10	【购1箱得2箱】红酒 14度A	4700+	388.00	白条分期	·支持7天无理由退货(拆封后
11	盛纳古堡 法国原酒进口红酒	9000+	159.00	白条分期	·不支持7天无理由退货
12	布多格 法国原瓶原装进口红	1.2万+	268.00	白条分期	·支持7天无理由退货
13	法国进口红酒 拉菲（LAFITE	33万+	198.00	白条分期	·不支持7天无理由退货
14	法国进口红酒 AOC级别 拉赛	5100+	399.00	白条分期	·支持7天无理由退货
15	澳大利亚进口红酒 奔富（Pe	8.6万+	1100.00	白条分期	·不支持7天无理由退货
16	智利进口红酒 圣丽塔（Sant	3.4万+	458.00	白条分期	·不支持7天无理由退货
17	西班牙原瓶进口红酒整箱 罗	22万+	188.00	白条分期	·支持7天无理由退货
18	智利进口红酒 智利水手干红	6300+	89.00	白条分期	·不支持7天无理由退货
19	楼兰（loulan）红酒 试饮 印	3000+	19.90	白条分期	·支持7天无理由退货
20	法国进口红酒稀有14度干红	1900+	199.99	白条分期	·不支持7天无理由退货

图 4-51　要数据类型转换的素材 1

	A	B	C	D	E	
673	法国原酒进口红酒 路易拉菲	40+	56.00	白条分期	·支持7天无理由退货	0
674	莫高（MOGAO）红酒 2002	3200+			·支持7天无理由退货(使用后	7
675	法国进口红酒 波尔多城堡级	2200+			·支持7天无理由退货	1
676	名庄靓年 法国原瓶进口红酒	300+			·支持7天无理由退货	4
677	智利原瓶进口红酒 干露红魔	7500+			·支持7天无理由退货	7
678	伯顿酒庄 澳大利亚原装原瓶	40+			·不支持7天无理由退货	1
679	朵雅（DOYA）梦露冰酒 加拿	800+			·支持7天无理由退货	1
680	智利原瓶进口红酒 露歌曼露	300+			·不支持7天无理由退货	5
681	法国进口红酒 14度AOC级干	200+	229.00	白条分期	·支持7天无理由退货(拆封后	7
682	美国原瓶原装进口红酒加州	10+	178.00	白条分期	·支持7天无理由退货	1
683	澳大利亚进口红酒 布琅兄弟	700+	119.00	白条分期	·不支持7天无理由退货	1

以文本形式存储的数字
转换为数字(C)
关于此错误的帮助(H)
忽略错误(I)
在编辑栏中编辑(F)
错误检查选项(O)...

图 4-52　数据类型转换示例结果

如果获取的数据不显示左上角的绿色小三角形标识，但是左对齐的，计算时结果也不对，就说明这一列数值型数据实质上也是文本型数据。但这种格式的文本型数据无法直接使用上述步骤进行转换，我们需要“中转一下”，要数据类型转换的素材 2 如图 4-53 所示。

数值型数据格式转换 2

步骤 3：在 B 列后面插入一个新列，将 B 列复制到新列中。如图 4-54 所示，复制后的新列中每个单元格的左上角出现了绿色小三角形标识。

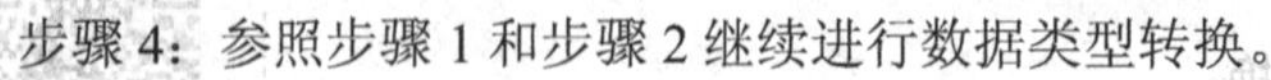

步骤 4：参照步骤 1 和步骤 2 继续进行数据类型转换。

6．匹配

在实际工作中经常会遇到字段值的匹配。例如，要从一个年级的补考成绩表中查找出每个班级的补考成绩，并替换原先的考试成绩。每个年级的补考成绩在一个工作表中，而原来的考试成绩是按班级分别位于不同的工作表里，这时就需要匹配。又如，将招聘数据中的“招聘城市”按城市级别进行分类，也需要用到匹配。这里，我们以数据分析师招聘数据为例来讲解匹配的操作方法，素材如图 4-55 所示。

匹配

	A	B	C	D	E	F	G
1	商品名称	价格(元)	价格(元)	评价	商品毛重	商品产地	拉杆种类
2	地平线8号	269.00	269.00	15万+	4.7kg	中国	双杆
3	爱华仕（	329.00	329.00	23万+	4.24kg	中国	双杆
4	梵地亚（	169.00	169.00	54万+	4.26kg	中国	双杆
5	小米行李	299.00	299.00	38万+	4.4kg	中国	双杆
6	外交官（I	399.00	399.00	10万+	4.4kg	中国	双杆
7	卡帝乐鳄	189.00	189.00	7.4万+	4.11kg	中国	双杆
8	地平线8号	369.00	369.00	6.5万+	6.04kg	中国	双杆
9	外交官（I	699.00	699.00	3.6万+	5.222kg	中国	双杆
10	小米米家	399.00	399.00	7.3万+	4.845kg	中国	双杆
11	卡帝乐鳄	183.00	183.00	4万+	3.45kg	中国	双杆
12	新秀丽拉	1060.00	1060.00	1.2万+	3.04kg	印度	单杆
13	卡帝乐鳄	195.00	195.00	1.1万+	4.6kg	中国	双杆
14	小米米家	999.00	999.00	2.4万+	6.09kg	中国	双杆
15	外交官(Di	898.00	898.00	2500+	5.35kg	中国	双杆
16	90分拉杆	369.00	369.00	2.3万+	5.9kg	中国	双杆
17	美旅拉杆	319.00	319.00	5.3万+	5.82kg	中国	双杆
18	90分拉杆	449.00	449.00	8.1万+	6.08kg	中国	双杆

图 4-53 要数据类型转换的素材 2

	A	B	C	D	E	F	G
1	商品名称	价格(元)	价格(元)	评价	商品毛重	商品产地	拉杆种类
2	地平线8号	269.00	269.00	15万+	4.7kg	中国	双杆
3	爱华仕（	329.00	329.00	23万+	4.24kg	中国	双杆
4	梵地亚（	169.00	169.00	54万+	4.26kg	中国	双杆
5	小米行李	299.00	299.00	38万+	4.4kg	中国	双杆
6	外交官（I	399.00	399.00	10万+	4.4kg	中国	双杆
7	卡帝乐鳄	189.00	189.00	7.4万+	4.11kg	中国	双杆
8	地平线8号	369.00	369.00	6.5万+	6.04kg	中国	双杆
9	外交官（I	699.00	699.00	3.6万+	5.222kg	中国	双杆
10	小米米家	399.00	399.00	7.3万+	4.845kg	中国	双杆
11	卡帝乐鳄	183.00	183.00	4万+	3.45kg	中国	双杆
12	新秀丽拉	1060.00	1060.00	1.2万+	3.04kg	印度	单杆
13	卡帝乐鳄	195.00	195.00	1.1万+	4.6kg	中国	双杆
14	小米米家	999.00	999.00	2.4万+	6.09kg	中国	双杆
15	外交官(Di	898.00	898.00	2500+	5.35kg	中国	双杆
16	90分拉杆	369.00	369.00	2.3万+	5.9kg	中国	双杆
17	美旅拉杆	319.00	319.00	5.3万+	5.82kg	中国	双杆
18	90分拉杆	449.00	449.00	8.1万+	6.08kg	中国	双杆

图 4-54 复制后的素材 2

	A	B	C	D	E	F
1	招聘岗位	招聘公司	薪资	详情	招聘城市	职能类别
2	裴端卿实验组招聘数据分析	中国科学院广州生物医药与	0.6-1.5万/月	150-500人 | 生	广州	职能类别：数据库工程师/管
3	交行高薪电销办公环境好福	广东鸿联九五信息产业有限	6-8千/月	500-1000人 |	合肥	职能类别：电话销售
4	数据分析员	长沙旺旺食品有限公司南昌	3-4.5千/月	500-1000人 |	南昌	职能类别：业务分析专员/助
5	数据分析	上海商情信息中心有限责任	150元/天	50-150人 | 计	上海	职能类别：市场分析/调研人
6	用户数据分析师	四川享宇金信金融服务外包	0.7-1.4万/月	创业公司 | 150-	成都	职能类别：其他
7	数据分析师/数据运营/销售	北京斗米优聘科技发展有限	4-6千/月	创业公司 | 500-	郑州	职能类别：业务分析专员/助
8	SEO专员/数据分析师	上海知加信息科技有限公司	0.6-1万/月	创业公司 | 150-	上海	职能类别：SEO/SEM大数据
9	数据分析师	点击律（上海）网络科技有	4-8千/月	创业公司 | 50-1	上海	职能类别：其他市场分析/调
10	资深数据分析师/行研方向	南京基食信息技术有限公司	1-1.5万/月	创业公司 | 少于	南京	职能类别：大数据开发/分析
11	数据分析师	深圳市恒达世纪科技有限公	4.5-6千/月	创业公司 | 少于	深圳	职能类别：市场分析/调研人
12	数据分析师	广州风林火山网络科技有限	0.6-2.5万/月	创业公司 | 50-1	广州	职能类别：大数据开发/分析
13	CRM数据分析师	上海安蔻教育科技有限公司	1-1.5万/月	创业公司 | 少于	上海	职能类别：市场分析/调研人
14	数据分析师	上海南燕信息技术有限公司	0.8-1万/月	创业公司 | 50-1	上海	职能类别：大数据开发/分析
15	数据分析师	福州网乐网络科技有限公司	1-1.5万/月	创业公司 | 50-1	福州	职能类别：数据库工程师/管
16	数据分析师	厦门神州鹰软件科技有限公	0.8-1.1万/月	创业公司 | 500-	厦门	职能类别：市场分析/调研人
17	数据分析师/主管	民加科风信息技术有限公司	1.2-1.8万/月	创业公司 | 150-	广州	职能类别：系统分析员数据
18	数据分析师	微齐金融信息服务（上海）	0.6-1万/月	创业公司 | 少于	上海	职能类别：风险管理/控制
19	数据分析师	回收哥（武汉）互联网有限	0.7-1.2万/月	创业公司 | 50-1	武汉	职能类别：市场分析/调研人
20	数据分析师架构师	上海驻云信息科技有限公司	1.5-2.5万/月	创业公司 | 150-	上海	职能类别：售前/售后技术支
21	数据分析师	广州金之洋贸易有限公司	1-1.5万/月	创业公司 | 少于	广州	职能类别：数据库工程师/管
22	数据分析师	重庆爱海米科技有限公司	0.8-1万/月	创业公司 | 50-1	上海	职能类别：其他
23	数据分析师	跑哪儿科技（北京）有限公	1-1.5万/月	创业公司 | 少于	成都	职能类别：数据库工程师/管

图 4-55 要匹配的素材

通过初步观察，我们发现城市名特别多（共计 118 个），因此需要将“招聘城市”划分为一线城市、新一线城市、二线城市、三线城市、四线城市、五线城市。为了完成这项工作，我们事先从网上搜索到最新发布的城市分级标准，先建立一个城市分级表，然后进行匹配分组，部分城市分级表如图 4-56 所示。

	A	B
1	城市	城市级别
2	北京	一线城市
3	上海	一线城市
4	广州	一线城市
5	深圳	一线城市
6	成都	新一线城市
7	杭州	新一线城市
8	武汉	新一线城市
9	天津	新一线城市
10	南京	新一线城市
11	重庆	新一线城市
12	西安	新一线城市
13	长沙	新一线城市
14	青岛	新一线城市
15	沈阳	新一线城市
16	大连	新一线城市
17	厦门	新一线城市
18	苏州	新一线城市
19	宁波	新一线城市

图 4-56　部分城市分级表

也就是说，我们需要做的就是从这个城市分级表中根据第一列的城市名找到对应的城市级别，将其填充到数据中。这里我们要用到一个非常常用的匹配函数——VLOOKUP()。VLOOKUP 中的 V 是 Vertical 的缩写，从单词本身可知，它是一个进行垂直查找的函数，也可以理解为它是在一列数据里面进行查找的函数。该函数的参数说明如表 4-1 所示，语法规则如下：

```
VLOOKUP(lookup_value,table_array,col_index_num,range_lookup)
```

表 4-1　VLOOKUP 函数参数说明

参数	简单说明	输入数据类型
lookup_value	要查找的值	数值、引用或字符串
table_array	要查找的区域	单元格区域
col_index_num	返回数据在查找区域的第几列	正整数
range_lookup	精确匹配/近似匹配	FALSE（或 0）/TRUE（或 1、空）

需要注意的是，在使用这个函数时我们要保证两个表中的查找内容完全一致，例如一个表中是“上海”，另一个表中是“上海市”，这就无法匹配。怎样使用这个函数来匹配呢？具体步骤如下。

步骤 1：在素材中“招聘城市”列后面插入一个新列，列标题为“城市级别”。

步骤 2：如图 4-57 所示，在新列的列标题下方第一个单元格，即 F2 单元格中输入：=VLOOKUP(E2,城市分级表!$A$2:$B$306,2,FALSE)。

	D	E	F	G
	详情	招聘城市	城市级别	职能类别
	150-500人 | 制	广州	=VLOOKUP(E2,城市分级表!$A$2:$B$306,2,FALSE)	职能类别：数据库工程师
	500-1000人 |	合肥	VLOOKUP(lookup_value, **table_array**, col_index_num, [range_lookup])	
	500-1000人 |	南昌		职能类别：业务分析专员
	50-150人 | 计	上海		职能类别：市场分析/调研
	创业公司 | 150-	成都		职能类别：其他
	创业公司 | 500-	郑州		职能类别：业务分析专员
	创业公司 | 150-	上海		职能类别：SEO/SEM大数据
	创业公司 | 50-1	上海		职能类别：其他市场分析
	创业公司 | 少于	南京		职能类别：大数据开发/分
	创业公司 | 少于	深圳		职能类别：市场分析/调研

图4-57 输入VLOOKUP()函数

步骤3：确认输入后，双击F2单元格的填充柄，完成该列数据的填充，最终结果如图4-58所示。

	A	B	C	D	E	F	G
1	招聘岗位	招聘公司	薪资	详情	招聘城市	城市级别	职能类别
2	裴端卿实验组招聘数据分析	中国科学院广州生物医药与	0.6-1.5万/月	150-500人 | 制	广州	一线城市	职能类别：数据库
3	交行高薪电销办公环境好福	广东鸿联九五信息产业有限	6-8千/月	500-1000人 |	合肥	二线城市	职能类别：电话销
4	数据分析员	长沙旺旺食品有限公司南昌	3-4.5千/月	500-1000人 |	南昌	二线城市	职能类别：业务分
5	数据分析	上海商情信息中心有限责任	150元/天	50-150人 | 计	上海	一线城市	职能类别：市场分
6	用户数据分析师	四川享宇金信金融服务外包	0.7-1.4万/月	创业公司 | 150-	成都	新一线城市	职能类别：其他
7	数据分析师/数据运营/销售	北京斗米优聘科技发展有限	4-6千/月	创业公司 | 500-	郑州	二线城市	职能类别：业务分
8	SEO专员/数据分析师	上海知加信息科技有限公司	0.6-1万/月	创业公司 | 150-	上海	一线城市	职能类别：SEO/SE
9	数据分析师	点击律（上海）网络科技有	4-8千/月	创业公司 | 50-1	上海	一线城市	职能类别：其他市
10	资深数据分析师/行研方向	南京基食信息技术有限公司	1-1.5万/月	创业公司 | 少于	南京	新一线城市	职能类别：大数据
11	数据分析师	深圳市恒达世纪科技有限公	4.5-6千/月	创业公司 | 少于	深圳	一线城市	职能类别：市场分
12	数据分析师	广州风林火山网络科技有限	0.6-2.5万/月	创业公司 | 50-1	广州	一线城市	职能类别：大数据
13	CRM数据分析师	上海安蔻教育科技有限公司	1-1.5万/月	创业公司 | 少于	上海	一线城市	职能类别：市场分
14	数据分析师	上海南燕信息技术有限公司	0.8-1万/月	创业公司 | 50-1	上海	一线城市	职能类别：大数据
15	数据分析师	福州网乐网络科技有限公司	1-1.5万/月	创业公司 | 50-1	福州	二线城市	职能类别：数据库
16	数据分析师	厦门神州鹰软件科技有限公	0.8-1.1万/月	创业公司 | 500-	厦门	新一线城市	职能类别：市场分
17	数据分析师/主管	民加科风信息技术有限公司	1.2-1.8万/月	创业公司 | 150-	广州	一线城市	职能类别：系统分
18	数据分析师	微齐金融信息服务（上海）	0.6-1万/月	创业公司 | 少于	上海	一线城市	职能类别：风险管
19	数据分析师	回收哥（武汉）互联网有限	0.7-1.2万/月	创业公司 | 50-1	武汉	新一线城市	职能类别：市场分
20	数据分析师架构师	上海驻云信息科技有限公司	1.5-2.5万/月	创业公司 | 150-	上海	一线城市	职能类别：售前/售

图4-58 匹配的最终结果

最后要强调一点，在应用VLOOKUP()函数时，有一个非常严格的规则需要遵守，即在类似城市分级表这样的辅助表格中，必须要让"城市"在前一列，"城市级别"在后一列，如果两列颠倒了位置，则无法实现匹配。

4.3.2 日期时间型的数据处理方法

有些数据集包含日期时间型数据，即由年、月、日构成的数据，有的还精确到几时几分几秒。例如：电商网站中的用户评论发表时间、招聘网中招聘信息的发布时间、某电影的上映时间等。如果想探究日期时间型数据对业务问题所造成的影响，就需要对该类型的数据进行整理，以达到我们需要的标准。常用的日期时间型数据的处理方法有以下几种。

提取日期值

1. 提取日期值

如果想单独探究某年、某月、某天，甚至某时、某分、某秒对业务问题产生的影响，则需要将年、月、日、时、分、秒这些数据单独提取出来。我们可以分别利用函数YEAR()、MONTH()、DAY()来返回指定单元格数据对应的年份、月份和天，利用函数HOUR()、MINUTE()、SECOND()来返回指定单元格数据对应的小时、分钟和秒数。这6个函数都只需指定一个参数，即一个日期值，切记，它必须是日期型数据，如果是文本型数据，则无法实现。如图 4-59 所示，我们想提取车辆“出场时间”的年、月、日、时、分、秒，具体操作方法如下。

	A	B	C	D	E	F	G	H
1	序号	车牌号码	车型	车颜色	收费标准	进场时间	出场时间	
2	1		小型车	深蓝色	1.5	2014/5/26 00:06:00	2014/5/26 14:27:04	
3	2		大型车	银灰色	2.5	2014/5/26 00:15:00	2014/5/26 05:29:02	
4	3		中型车	白色	2	2014/5/26 00:28:00	2014/5/26 01:02:00	
5	4		大型车	黑色	2.5	2014/5/26 00:37:00	2014/5/26 04:46:01	
6	5		大型车	深蓝色	2.5	2014/5/26 00:44:00	2014/5/26 12:42:04	
7	6		大型车	白色	2.5	2014/5/26 01:01:00	2014/5/26 02:43:01	
8	7		中型车	黑色	2	2014/5/26 01:19:00	2014/5/26 06:35:02	
9	8		中型车	深蓝色	2	2014/5/26 01:23:00	2014/5/26 11:02:03	
10	9		大型车	黑色	2.5	2014/5/26 01:25:00	2014/5/26 09:58:03	
11	10		小型车	深蓝色	1.5	2014/5/26 01:26:00	2014/5/26 15:44:05	
12	11		大型车	深蓝色	2.5	2014/5/26 01:31:00	2014/5/26 10:05:03	
13	12		小型车	深蓝色	1.5	2014/5/26 01:35:00	2014/5/26 13:43:04	
14	13		中型车	黑色	2	2014/5/26 01:37:00	2014/5/26 18:04:05	
15	14		中型车	深蓝色	2	2014/5/26 01:52:01	2014/5/26 10:43:03	
16	15		小型车	深蓝色	1.5	2014/5/26 01:52:01	2014/5/26 04:04:01	
17	16		中型车	黑色	2	2014/5/26 02:00:01	2014/5/26 15:02:04	
18	17		大型车	白色	2.5	2014/5/26 02:04:01	2014/5/26 15:43:05	

图 4-59　要提取日期值的素材

在 H2 单元格中输入=YEAR(G2)，即可提取出年份值，确认输入后，双击填充柄填充整列。同理，将 YEAR()函数换成 MONTH()、DAY()、HOUR()、MINUTE()、SECOND()即可将月、日、时、分、秒提取出来。

除此之外，还有一种提取日期值的方法——利用 TEXT(value,format_text)函数。在 H2 单元格中输入=TEXT(G2,"YYYY")，即可提取出年份值，确认输入后，双击填充柄填充整列。同理，将 YYYY 换成 MM（或 M）、DD（或 D）、HH（或 H）、SS（或 S）即可将月、日、时、秒提取出来。需要注意的是，表示月份的“MM”和表示分钟的“MM”相同，默认情况下，系统将“MM”自动识别为月份。只有当“MM”后紧跟着“HH”时才会被识别为分钟，所以如果非要用 TEXT()函数提取分钟的话，则必须辅助以 RIGHT()函数，该函数表示从右侧取几位字符。即要想使用 TEXT()函数提取分钟的话，应该在 H2 单元格中输入=RIGHT(TEXT(H2,"hhmm"),2)。

最后，有兴趣的读者可以利用 4.3.1 节中介绍过的分列操作来尝试一下，对日期型数据进行提取（分割）。这也就是提取日期值的第三种方法，大家不妨自行探索。

2．转换日期格式

转换日期格式

对日期格式进行转换的原因一般有 3 种，我们根据这 3 种不同原因来分别介绍不同的转换方法。

① 数据内容显示不完整，例如时、分、秒显示不出来，如图 4-60 所示，具体步骤如下。

步骤 1：选中 H 列的日期型数据，右击数据，在快捷菜单中选择“设置单元格格式”，打开“设置单元格格式”对话框。

步骤 2：选择“自定义”类型中的“yyyy/m/d h:mm;@”，如图 4-61 所示，这是一个接近“年月日时分秒”最完整的格式。我们只需要在该格式上进行微调，修改为“yyyy/mm/dd hh:mm:ss;@”，这样就可以表示 4 位数的年份，2 位数的月、日、时、分、秒。单击“确定”按钮，修改后的结果如图 4-62 所示。

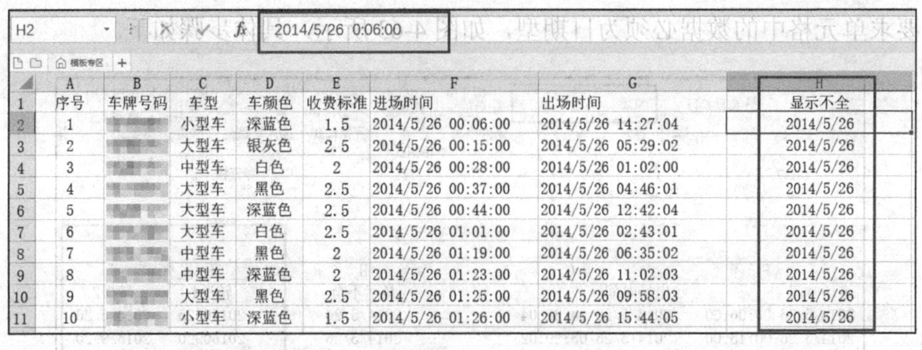

H2　2014/5/26 0:06:00

	A	B	C	D	E	F	G	H
1	序号	车牌号码	车型	车颜色	收费标准	进场时间	出场时间	显示不全
2	1		小型车	深蓝色	1.5	2014/5/26 00:06:00	2014/5/26 14:27:04	2014/5/26
3	2		大型车	银灰色	2.5	2014/5/26 00:15:00	2014/5/26 05:29:02	2014/5/26
4	3		中型车	白色	2	2014/5/26 00:28:00	2014/5/26 01:02:00	2014/5/26
5	4		大型车	黑色	2.5	2014/5/26 00:37:00	2014/5/26 04:46:01	2014/5/26
6	5		大型车	深蓝色	2.5	2014/5/26 00:44:00	2014/5/26 12:42:04	2014/5/26
7	6		大型车	白色	2.5	2014/5/26 01:01:00	2014/5/26 02:43:01	2014/5/26
8	7		中型车	黑色	2	2014/5/26 01:19:00	2014/5/26 06:35:02	2014/5/26
9	8		中型车	深蓝色	2	2014/5/26 01:23:00	2014/5/26 11:02:03	2014/5/26
10	9		大型车	黑色	2.5	2014/5/26 01:25:00	2014/5/26 09:58:03	2014/5/26
11	10		小型车	深蓝色	1.5	2014/5/26 01:26:00	2014/5/26 15:44:05	2014/5/26

图 4-60　数据内容显示不完整素材

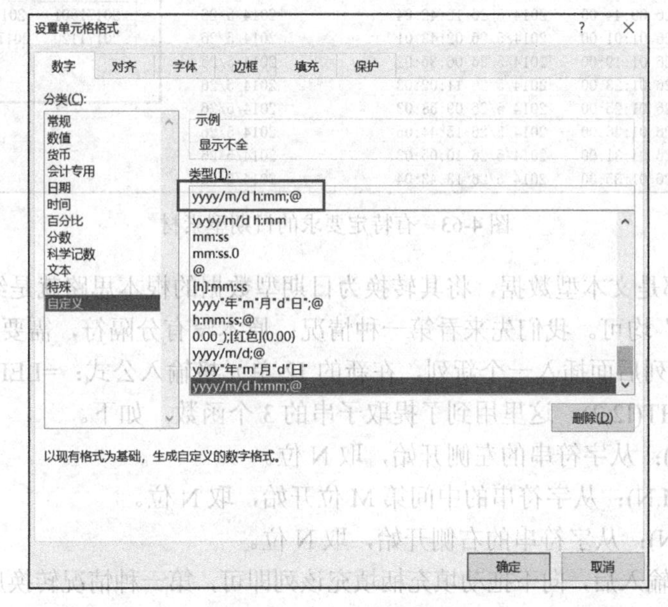

图 4-61　选择格式类型

H2　2014/5/26 0:06:00

	A	B	C	D	E	F	G	H
1	序号	车牌号码	车型	车颜色	收费标准	进场时间	出场时间	显示不全
2	1		小型车	深蓝色	1.5	2014/5/26 00:06:00	2014/5/26 14:27:04	2014/05/26 00:06:00
3	2		大型车	银灰色	2.5	2014/5/26 00:15:00	2014/5/26 05:29:02	2014/05/26 00:15:00
4	3		中型车	白色	2	2014/5/26 00:28:00	2014/5/26 01:02:00	2014/05/26 00:28:00
5	4		大型车	黑色	2.5	2014/5/26 00:37:00	2014/5/26 04:46:01	2014/05/26 00:37:00
6	5		大型车	深蓝色	2.5	2014/5/26 00:44:00	2014/5/26 12:42:04	2014/05/26 00:44:00
7	6		大型车	白色	2.5	2014/5/26 01:01:00	2014/5/26 02:43:01	2014/05/26 01:01:00
8	7		中型车	黑色	2	2014/5/26 01:19:00	2014/5/26 06:35:02	2014/05/26 01:19:00
9	8		中型车	深蓝色	2	2014/5/26 01:23:00	2014/5/26 11:02:03	2014/05/26 01:23:00
10	9		大型车	黑色	2.5	2014/5/26 01:25:00	2014/5/26 09:58:03	2014/05/26 01:25:00
11	10		小型车	深蓝色	1.5	2014/5/26 01:26:00	2014/5/26 15:44:05	2014/05/26 01:26:00
12	11		大型车	深蓝色	2.5	2014/5/26 01:31:00	2014/5/26 10:05:03	2014/05/26 01:31:00
13	12		小型车	深蓝色	1.5	2014/5/26 01:35:00	2014/5/26 13:43:04	2014/05/26 01:35:00
14	13		中型车	黑色	2	2014/5/26 01:37:00	2014/5/26 18:04:05	2014/05/26 01:37:00
15	14		中型车	深蓝色	2	2014/5/26 01:52:01	2014/5/26 10:43:03	2014/05/26 01:52:01
16	15		小型车	深蓝色	1.5	2014/5/26 01:52:01	2014/5/26 04:04:01	2014/05/26 01:52:01
17	16		中型车	黑色	2	2014/5/26 02:00:01	2014/5/26 15:02:04	2014/05/26 02:00:01

图 4-62　修改后的结果

② 某函数对数据格式有特定要求，例如在利用 YEAR()、MONTH()等函数进行日期值提

取时，要求单元格中的数据必须为日期型，如图 4-63 所示，具体步骤如下。

F	G	H	I	J
进场时间	出场时间	显示不全	转换1	转换2
2014/5/26 00:06:00	2014/5/26 14:27:04	2014/5/26	20140526	2014.5.26
2014/5/26 00:15:00	2014/5/26 05:29:02	2014/5/26	20150920	2015.9.20
2014/5/26 00:28:00	2014/5/26 01:02:00	2014/5/26	20170813	2017.8.13
2014/5/26 00:37:00	2014/5/26 04:46:01	2014/5/26	20170901	2017.9.1
2014/5/26 00:44:00	2014/5/26 12:42:04	2014/5/26	20171001	2017.10.1
2014/5/26 01:01:00	2014/5/26 02:43:01	2014/5/26	20171120	2017.11.20
2014/5/26 01:19:00	2014/5/26 06:35:02	2014/5/26		
2014/5/26 01:23:00	2014/5/26 11:02:03	2014/5/26		
2014/5/26 01:25:00	2014/5/26 09:58:03	2014/5/26		
2014/5/26 01:26:00	2014/5/26 15:44:05	2014/5/26		
2014/5/26 01:31:00	2014/5/26 10:05:03	2014/5/26		
2014/5/26 01:35:00	2014/5/26 13:43:04	2014/5/26		

图 4-63　有特定要求的日期型素材

这两列原本都是文本型数据，将其转换为日期型数据的根本思路就是给其添加日期的分隔符，“-”或“/”均可。我们先来看第一种情况：原本没有分隔符，需要添加。

步骤 1：在 I 列后面插入一个新列，在新的 J2 单元格输入公式：=LEFT(I2,4)&"/"&MID(I2,5,2)&"/"&RIGHT(I2,2)。这里用到了提取子串的 3 个函数，如下。

left(字符串,N)：从字符串的左侧开始，取 N 位。

mid(字符串,M,N)：从字符串的中间第 M 位开始，取 N 位。

right(字符串,N)：从字符串的右侧开始，取 N 位。

步骤 2：确认输入后，向下拖动填充柄填充该列即可，第一种情况转换后的结果如图 4-64 所示。

F	G	H	I	J	K
进场时间	出场时间	显示不全	转换1	转换后	转换2
2014/5/26 00:06:00	2014/5/26 14:27:04	2014/05/26 00:06:00	20140526	2014/05/26	2014.5.26
2014/5/26 00:15:00	2014/5/26 05:29:02	2014/05/26 00:15:00	20150920	2015/09/20	2015.9.20
2014/5/26 00:28:00	2014/5/26 01:02:00	2014/05/26 00:28:00	20170813	2017/08/13	2017.8.13
2014/5/26 00:37:00	2014/5/26 04:46:01	2014/05/26 00:37:00	20170901	2017/09/01	2017.9.1
2014/5/26 00:44:00	2014/5/26 12:42:04	2014/05/26 00:44:00	20171001	2017/10/01	2017.10.1
2014/5/26 01:01:00	2014/5/26 02:43:01	2014/05/26 01:01:00	20171120	2017/11/20	2017.11.20
2014/5/26 01:19:00	2014/5/26 06:35:02	2014/05/26 01:19:00			
2014/5/26 01:23:00	2014/5/26 11:02:03	2014/05/26 01:23:00			
2014/5/26 01:25:00	2014/5/26 09:58:03	2014/05/26 01:25:00			
2014/5/26 01:26:00	2014/5/26 15:44:05	2014/05/26 01:26:00			
2014/5/26 01:31:00	2014/5/26 10:05:03	2014/05/26 01:31:00			
2014/5/26 01:35:00	2014/5/26 13:43:04	2014/05/26 01:35:00			
2014/5/26 01:37:00	2014/5/26 18:04:05	2014/05/26 01:37:00			
2014/5/26 01:52:01	2014/5/26 10:43:03	2014/05/26 01:52:01			
2014/5/26 01:52:01	2014/5/26 04:04:01	2014/05/26 01:52:01			

图 4-64　第一种情况转换后的结果

第二种情况：原本有分隔符，但不是正确的日期型数据的分隔符，需要修改。

步骤 1：选中图 4-64 中的 K 列，单击“开始”→“查找和选择”→“替换”，打开“查找和替换”对话框。

步骤 2：在“查找内容”文本框中输入“.”，在“替换为”文本框中输入“/”或者“-”，如图 4-65 所示，单击“全部替换”按钮。第二种情况转换后的结果如图 4-66 所示。

查找和替换

查找(D) 替换(P)

查找内容(N): .

替换为(E): /

选项(T) >>

全部替换(A) 替换(R) 查找全部(I) 查找下一个(F) 关闭

图 4-65 输入查找与替换内容

H	I	J	K
显示不全	转换1	1转换后	转换2
2014/05/26 00:06:00	20140526	2014/05/26	2014/5/26
2014/05/26 00:15:00	20150920	2015/09/20	2015/9/20
2014/05/26 00:28:00	20170813	2017/08/13	2017/8/13
2014/05/26 00:37:00	20170901	2017/09/01	2017/9/1
2014/05/26 00:44:00	20171001	2017/10/01	2017/10/1
2014/05/26 01:01:00	20171120	2017/11/20	2017/11/20
2014/05/26 01:19:00			
2014/05/26 01:23:00			
2014/05/26 01:25:00			

图 4-66 第二种情况转换后的结果

③ 同一列数据格式不统一，多种格式混合在一起，要统一格式，如图 4-67 所示。

G	H	I	J	K
出场时间	显示不全	转换1	转换2	转换3
2014/5/26 14:27:04	2014/5/26	20140526	2014.5.26	20140526
2014/5/26 05:29:02	2014/5/26	20150920	2015.9.20	20150920
2014/5/26 01:02:00	2014/5/26	20170813	2017.8.13	20170813
2014/5/26 04:46:01	2014/5/26	20170901	2017.9.1	20170901
2014/5/26 12:42:04	2014/5/26	20171001	2017.10.1	20171001
2014/5/26 02:43:01	2014/5/26	20171120	2017.11.20	20171120
2014/5/26 06:35:02	2014/5/26			2014.5.26
2014/5/26 11:02:03	2014/5/26			2015.9.20
2014/5/26 09:58:03	2014/5/26			2017.8.13
2014/5/26 15:44:05	2014/5/26			2017.9.1
2014/5/26 10:05:03	2014/5/26			2017.10.1
2014/5/26 13:43:04	2014/5/26			2017.11.20

图 4-67 数据格式不统一的素材

选中 K 列，单击“数据”→“分列”，打开“文本分列向导”对话框，第 1 步、第 2 步都采用默认设置（不用更改），在第 3 步中将“列数据格式”修改为“日期”，如图 4-68 所示，单击“完成”按钮即可，转换后的结果如图 4-69 所示。

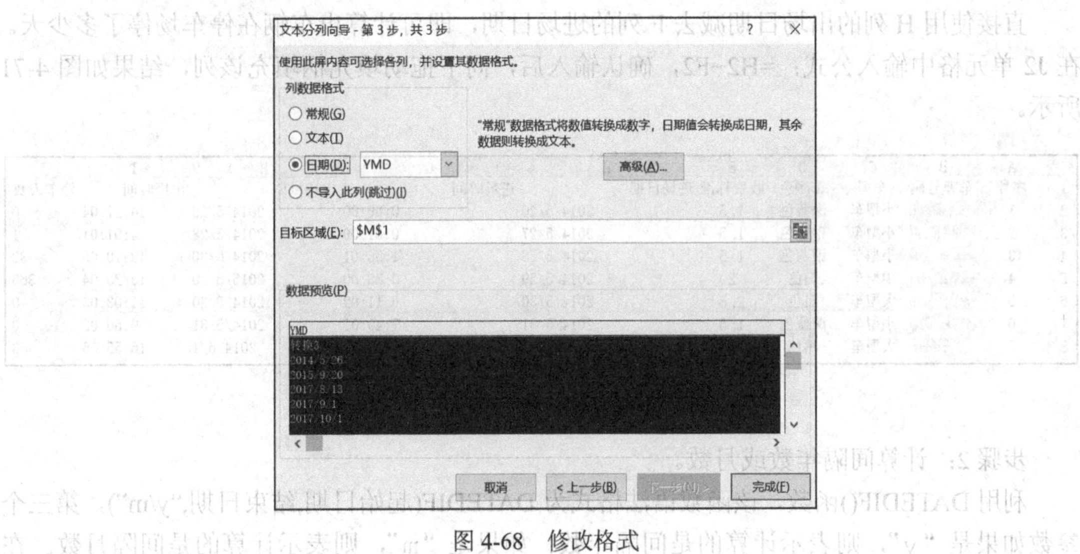

图 4-68 修改格式

G	H	I	J	K
出场时间	显示不全	转换1	转换2	转换3
2014/5/26 14:27:04	2014/05/26 00:06:00	2014/5/26	2014/5/26	2014/5/26
2014/5/26 05:29:02	2014/05/26 00:15:00	2015/9/20	2015/9/20	2015/9/20
2014/5/26 01:02:00	2014/05/26 00:28:00	2017/8/13	2017/8/13	2017/8/13
2014/5/26 04:46:01	2014/05/26 00:37:00	2017/9/1	2017/9/1	2017/9/1
2014/5/26 12:42:04	2014/05/26 00:44:00	2017/10/1	2017/10/1	2017/10/1
2014/5/26 02:43:01	2014/05/26 01:01:00	2017/11/20	2017/11/20	2017/11/20
2014/5/26 06:35:02	2014/05/26 01:19:00			2014/5/26
2014/5/26 11:02:03	2014/05/26 01:23:00			2015/9/20
2014/5/26 09:58:03	2014/05/26 01:25:00			2017/8/13
2014/5/26 15:44:05	2014/05/26 01:26:00			2017/9/1
2014/5/26 10:05:03	2014/05/26 01:31:00			2017/10/1
2014/5/26 13:43:04	2014/05/26 01:35:00			2017/11/20
2014/5/26 18:04:05	2014/05/26 01:37:00			

图 4-69　转换后的结果

需要注意的是，我们根据 3 种不同原因介绍了不同的转换方法，但是第③种分列方法是非常简单、通用的，有兴趣的读者可以利用自己的素材进行尝试。

计算日期

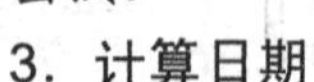

3. 计算日期

如果我们想计算两个日期间或两个时间点间的差值，可以通过下面的方法进行，素材为某停车场车辆进出时间表，如图 4-70 所示。

	A	B	C	D	E	F	G	H	I	J
1	序号	车牌号码	车型	车颜色	收费标准	进场日期	进场时间	出场日期	出厂时间	
2	1		小型车	深蓝色	1.5	2014/5/26	0:06:00	2014/5/26	14:27:04	
3	2		小型车	银灰色	1.5	2014/5/27	0:01:00	2014/5/28	4:01:01	
4	3		小型车	银灰色	1.5	2014/5/28	1:58:01	2014/6/30	18:10:05	
5	4		中型车	白色	2	2014/5/29	0:38:00	2015/5/29	13:25:04	
6	5		大型车	白色	2.5	2014/5/30	6:11:02	2014/5/30	11:03:03	
7	6		小型车	深蓝色	1.5	2014/5/31	7:49:02	2014/5/31	9:56:03	
8	7		大型车	黑色	2.5	2014/6/1	10:28:03	2014/6/1	16:55:05	

图 4-70　要计算日期的素材

步骤 1：计算间隔天数。

直接使用 H 列的出场日期减去 F 列的进场日期，即可计算出车辆在停车场停了多少天。在 J2 单元格中输入公式：=H2-F2，确认输入后，向下拖动填充柄填充该列，结果如图 4-71 所示。

	A	B	C	D	E	F	G	H	I	J
1	序号	车牌号码	车型	车颜色	收费标准	进场日期	进场时间	出场日期	出厂时间	停车天数
2	1		小型车	深蓝色	1.5	2014/5/26	0:06:00	2014/5/26	14:27:04	0
3	2		小型车	银灰色	1.5	2014/5/27	0:01:00	2014/5/28	4:01:01	1
4	3		小型车	银灰色	1.5	2014/5/28	1:58:01	2014/6/30	18:10:05	33
5	4		中型车	白色	2	2014/5/29	0:38:00	2015/5/29	13:25:04	365
6	5		大型车	白色	2.5	2014/5/30	6:11:02	2014/5/30	11:03:03	0
7	6		小型车	深蓝色	1.5	2014/5/31	7:49:02	2014/5/31	9:56:03	0
8	7		大型车	黑色	2.5	2014/6/1	10:28:03	2014/6/1	16:55:05	0

图 4-71　计算间隔天数的结果

步骤 2：计算间隔年数或月数。

利用 DATEDIF()函数，该函数语法格式为 DATEDIF(起始日期,结束日期,"y/m")，第三个参数如果是“y”，则表示计算的是间隔年数；如果是“m”，则表示计算的是间隔月数。在

图 4-72 中，我们可以在 K2 单元格输入=DATEDIF(F2,H2,"y")，在 L2 单元格输入=DATEDIF(F2,H2,"m")。确认输入后，分别向下拖动填充柄填充这两列，最后的计算结果如图 4-72 所示。

	A	B	C	D	E	F	G	H	I	J	K	L
1	序号	车牌号码	车型	车颜色	收费标准	进场日期	进场时间	出场日期	出厂时间	停车天数	停车月数	停车年数
2	1		小型车	深蓝色	1.5	2014/5/26	0:06:00	2014/5/26	14:27:04	0	0	0
3	2		小型车	银灰色	1.5	2014/5/27	0:01:00	2014/5/28	4:01:01	1	0	0
4	3		小型车	银灰色	1.5	2014/5/28	1:58:01	2014/6/30	18:10:05	33	0	1
5	4		中型车	白色	2	2014/5/29	0:38:00	2015/5/29	13:25:04	365	1	12
6	5		大型车	白色	2.5	2014/5/30	6:11:02	2014/5/30	11:03:03	0	0	0
7	6		小型车	深蓝色	1.5	2014/5/31	7:49:02	2014/5/31	9:56:03	0	0	0
8	7		大型车	黑色	2.5	2014/6/1	10:28:03	2014/6/1	16:55:05	0	0	0

图 4-72 计算间隔年数和月数的结果

步骤 3：计算间隔时间。

直接使用 I 列的出场日期减去 G 列的进场时间，即可求出车辆在停车场停了多长时间（间隔时间）。在 M2 单元格中输入公式：=I2−G2，确认输入后，向下拖动填充柄填充该列，结果如图 4-73 所示。

F	G	H	I	J	K	L	M
进场日期	进场时间	出场日期	出厂时间	停车天数	停车月数	停车年数	停车时间
2014/5/26	0:06:00	2014/5/26	14:27:04	0	0	0	14:21:04
2014/5/27	0:01:00	2014/5/28	4:01:01	1	0	0	4:00:01
2014/5/28	1:58:01	2014/6/30	18:10:05	33	0	1	16:12:04
2014/5/29	0:38:00	2015/5/29	13:25:04	365	1	12	12:47:04
2014/5/30	6:11:02	2014/5/30	11:03:03	0	0	0	4:52:01
2014/5/31	7:49:02	2014/5/31	9:56:03	0	0	0	2:07:01
2014/6/1	10:28:03	2014/6/1	16:55:05	0	0	0	6:27:02

图 4-73 计算间隔时间的结果

这样计算出来的间隔时间是用时、分、秒来表示的，如果想要计算间隔时间是多少秒，需要对 M 列的结果进行进一步计算。这就要用到提取日期值的相关操作，如 3 个函数：HOUR()、MINUTE()、SECOND()。在 N2 单元格输入公式：=HOUR(M2)*3600+MINUTE(M2)*60+SECOND(M2)，确认输入后，向下拖动填充柄填充该列，结果如图 4-74 所示。

F	G	H	I	J	K	L	M	N
进场日期	进场时间	出场日期	出厂时间	停车天数	停车月数	停车年数	停车时间	停车时间（秒）
2014/5/26	0:06:00	2014/5/26	14:27:04	0	0	0	14:21:04	51664
2014/5/27	0:01:00	2014/5/28	4:01:01	1	0	0	4:00:01	14401
2014/5/28	1:58:01	2014/6/30	18:10:05	33	0	1	16:12:04	58324
2014/5/29	0:38:00	2015/5/29	13:25:04	365	1	12	12:47:04	46024
2014/5/30	6:11:02	2014/5/30	11:03:03	0	0	0	4:52:01	17521
2014/5/31	7:49:02	2014/5/31	9:56:03	0	0	0	2:07:01	7621
2014/6/1	10:28:03	2014/6/1	16:55:05	0	0	0	6:27:02	23222

图 4-74 计算间隔时间是多少秒的结果

细心的读者应该注意到了一个问题：如果进、出场日期是同一天，则这样计算间隔时间没问题，但是如果进、出场日期不是同一天（例如图 4-74 中标灰的两行），则直接这样计算是错的。那么，这个问题该如何解决呢？请有兴趣的读者利用素材自行练习。

【本章小结】

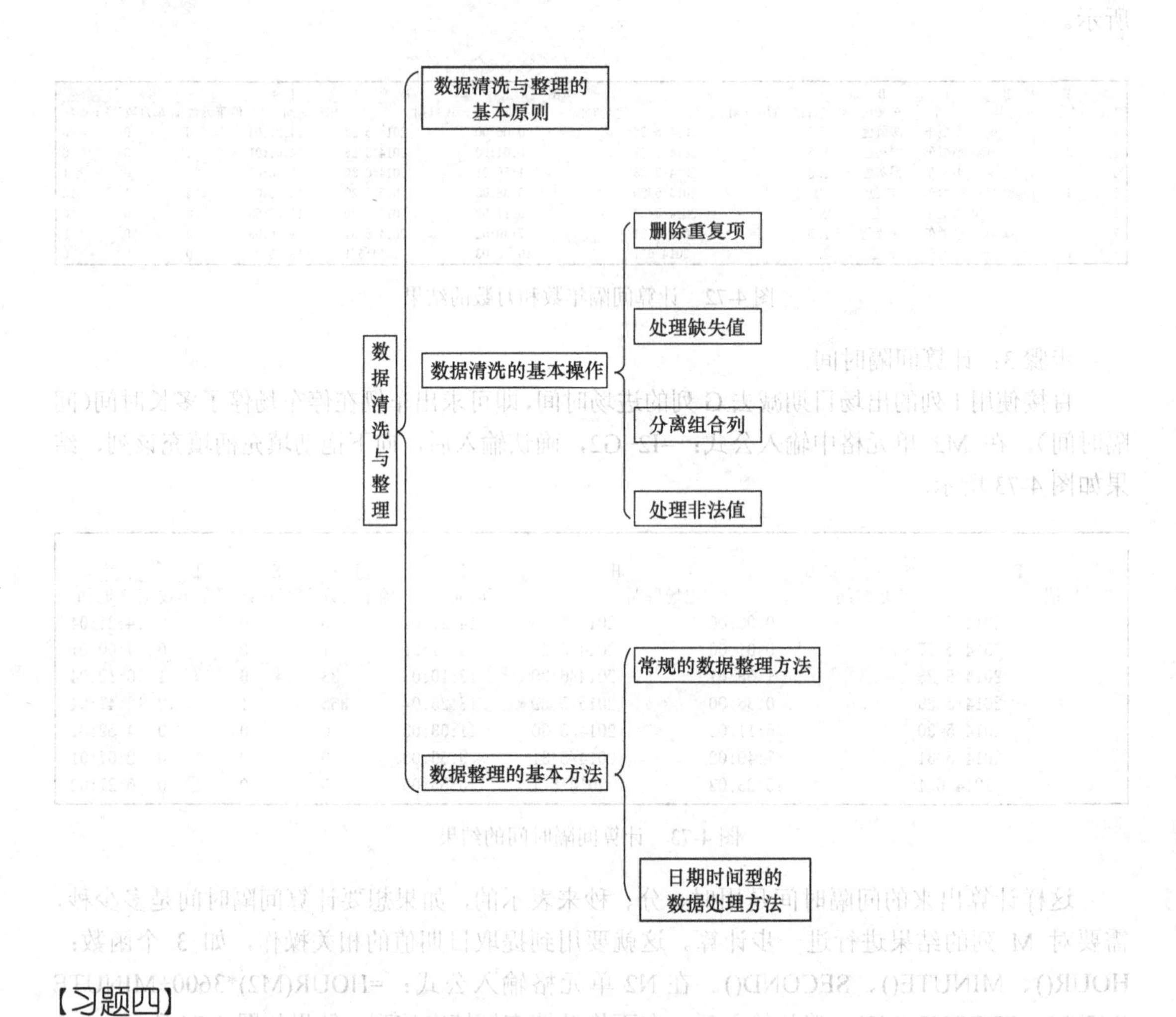

【习题四】

1．为什么要进行数据清洗及整理的操作？
2．数据清洗包含哪些方面？
3．数据整理包含哪些方面？
4．删除重复项时应注意哪些特殊数据？
5．填充缺失值时，应该按哪个组合键确认填充？
6．分离组合列有哪几种方式？
7．非法值该如何处理？
8．数据离散化可以按哪些标准划分区间？
9．什么情况下进行自定义分组操作？
10．数据值的匹配用什么函数进行，该函数的参数分别是什么？
11．提取日期值的常用方法是什么？

12．转换日期格式的简单方法是什么？

13．计算间隔年数的方法是什么？

【技能实训】

1．将第 3 章实训中采集到的招聘数据进行数据清洗与整理，并简单说明数据处理规则。

2．将第 3 章实训中采集到的京东商城上的手机相关数据进行清洗与整理，并简单说明数据处理规则。

学习心得

第5章 数据可视化

【学习目标】

- 了解常用统计量的介绍及实现方法。
- 掌握数据说明表的制作。
- 掌握图表类型的选择。
- 掌握常用图表的绘制及美化方法。

【引导案例】

线上吉他销售数据

小白有一份清洗好的线上吉他销售数据，如图 5-1 所示。该数据共 1176 条记录，14 个字段。现在，他要把这份数据展示给领导或者客户看，使用什么形式最好呢？他想了两个办法：制作数据说明表；制作数据统计图。本章通过引导案例逐步让读者掌握如何把数据更简单直观地展示出来。

	A	B	C	D	E	F	G	H	I	J	K	L	
1	店铺类型	价格	品牌	商品毛重（kg）	圆角缺角	颜色	背侧板材质	面板材质	规格	评分	服务态度	物流速度	配送
2	专营店	109.00	圣马可（ST.MARK'S	5	圆角	原色	沙比利	白松木	41寸	9.64	9.76	9.8	由崇星乐器专
3	专营店	109.00	其他	3.5	圆角	原色	其他	其他	41寸	9.5	9.47	9.53	由 京东 发货,
4	专营店	118.00	智扣（ZHIKOU）	1	圆角	其他	其他	其他	其他	9.63	9.56	9.59	由阿斯卡利乐
5	专营店	125.00	星臣（STARSUN）	2	缺角	原色	云杉木	沙比利	41寸	9.76	9.72	9.81	由 京东 发货,
6	专营店	125.00	星臣（STARSUN）	2	缺角	原色	云杉木	沙比利	41寸	9.76	9.73	9.8	由一趣乐器专
7	专营店	129.00	epiphone	5	缺角	黑色	其他	其他	其他	9.58	9.45	9.27	由汇千乐器专
8	专营店	129.00	epiphone	5	缺角	其他	其他	其他	其他	9.58	9.45	9.27	由汇千乐器专
9	专营店	138.00	totoro	4	圆角	原色	沙比利	红松木	34寸	9.57	9.46	9.38	由成全乐器专
10	专营店	139.00	其他	1.5	圆角	原色	其他	其他	23寸	9.76	9.75	9.65	由毕维斯乐器
11	专营店	142.00	其他	4.1	缺角	其他	沙比利	其他	40寸	9.6	9.61	9.59	由君诚吉他专
12	专营店	142.00	芬达（Fender）	5	圆角	原色	其他	其他	41寸	9.59	9.67	9.66	由吉吉乐器专
13	专营店	148.00	其他	3	圆角	原色	椴木	椴木	36寸	9.6	9.59	9.66	由华诺乐器专
14	专营店	148.00	雅马哈（YAMAHA）	4	缺角	其他	其他	其他	40寸	9.58	9.45	9.27	由汇千乐器专
15	专营店	148.00	其他	4.1	圆角	原色	其他	其他	41寸	9.6	9.61	9.59	由君诚吉他专
16	专营店	150.00	其他	5	圆角	原色	沙比利	其他	41寸	9.58	9.45	9.27	由汇千乐器专
17	专营店	150.00	其他	1	圆角	原色	其他	其他	34寸	9.84	9.8	9.85	由果果乐器专
18	专卖店	159.00	星臣（STARSUN）	2.2	缺角	原色	其他	其他	41寸	9.64	9.56	9.49	由星臣小鹰专
19	专卖店	159.00	雅马哈（YAMAHA）	3.86	圆角	原色	其他	其他	41寸	9.58	9.58	9.49	由雅马哈五线
20	专营店	168.00	其他	1.7	圆角	原色	其他	其他	23寸	9.7	9.57	9.61	由贝趣玩具专

图 5-1　线上吉他销售数据

【思考】

1. 什么是数据可视化？
2. 数据可视化有哪些方法？
3. 不同类型的数据应该选择何种图表进行展示最好？

海量数据存储在表格里，如何展示它们各自的统计特征，如何展示数据之间的相关关系？这就要用到数据可视化的方法。在本章中我们将为大家详细介绍如何利用 Excel 软件绘制图表，展示数据的统计特征及彼此间的相关关系。

5.1 常用统计量介绍及实现方法

利用图表展示数据，虽然可以使我们对数据分布的形态和特征有大致的了解，但要全面把握数据分布的特征，还需要找到反映数据分布特征的各个特征值。另外，在数据说明表中也需要备注一些常用的特征值。所以，在本节中我们先来学习一下这些特征值的计算方法、特点、应用场合及实现方法。

数据分布的特征可以从 3 个方面进行测度和描述：一是分布的集中趋势，反映各数据向其中心值靠拢或聚集的程度，常用的特征值有平均数、中位数和众数；二是分布的离散程度，反映各数据远离其中心值的趋势，常用的特征值有极差、方差和标准差；三是分布形态，反映数据分布的峰态和偏态，常用的特征值有峰态系数和偏态系数。这 3 个方面分别反映数据分布特征的不同侧面。在统计学中，这些特征值也可被称为“统计量”。

5.1.1 集中趋势

所谓集中趋势，是指一组数据向某一中心值靠拢的程度，它反映一组数据中心点的位置所在。常用的统计量有平均数、中位数和众数，选用哪个统计量来反映数据的集中趋势，要根据数据的类型和特点来决定。

1. 平均数

所谓平均数是指一组数据相加后除以数据的个数得到的结果。在统计学中，它是非常常用的统计量，是集中趋势的主要测度值，它主要适用于数值型数据。根据数据是否被分组，平均数有不同的计算方法。

① 简单平均数：根据未经分组数据计算的平均数称为简单平均数。设一组样本数据为 $x_1,x_2,\cdots,x_n$，样本量（样本数据的个数）为 n，则简单平均数用 $\bar{X}$ 表示，计算公式为：

$$\bar{X}=\frac{\sum_{i=1}^{n}X_i}{n}$$

例如，部分员工的月薪为 7800 元、6230 元、4500 元、4326 元、5456 元、5320 元、6730 元、8320 元、7435 元，则这组数据的简单平均数为：

$$\bar{X}=\frac{7800+6230+4500+4326+5456+5320+6730+8320+7435}{9}=6245.2\text{（元）}$$

② 加权平均数：根据分组数据计算的平均数称为加权平均数。设原始数据被分成 K 组，各组的变量值分别用 $M_1,M_2,\cdots,M_n$ 表示，各组变量值出现的频数分别用 $f_1,f_2,\cdots f_n$ 表示，则加权平均数的计算公式为 $\bar{X}=\frac{\sum_{i=1}^{n}M_i f_i}{n}$，该式中 $n=\sum f_i$，即样本量。

例如，某计算机公司销量的频数分布表如图 5-2 所示，计算计算机销量的加权平均数，销量平均数计算表如图 5-3 所示。

	A	B	C
1	按销量分组（台）	频数（天）	频率（%）
2	140-150	4	3.33
3	150-160	9	7.5
4	160-170	16	13.33
5	170-180	27	22.5
6	180-190	20	16.67
7	190-200	17	14.17
8	200-210	10	8.33
9	210-220	8	6.67
10	220-230	4	3.33
11	230-240	5	4.17
12	合计	120	100

图 5-2　某计算机公司销量的频数分布表

	A	B	C	D
1	按销量分组（台）	组中值M_i	频数f_i	M_if_i
2	140-150	145	4	580
3	150-160	155	9	1395
4	160-170	165	16	2640
5	170-180	175	27	4725
6	180-190	185	20	3700
7	190-200	195	17	3315
8	200-210	205	10	2050
9	210-220	215	8	1720
10	220-230	225	4	900
11	230-240	235	5	1175
12	合计	—	120	22200

图 5-3　销量平均数计算表

根据公式计算得：

$$\overline{X}=\frac{\sum_{i=1}^{n}M_if_i}{n}=\frac{22\ 200}{120}=185\text{（台）}$$

根据上述公式计算加权平均数时，用各组的变量值代表各组的实际数据，使用这一代表值时假定各组数据在组内是均匀分布的。如果实际数据与这一假定相吻合，得到的计算结果是比较准确的，否则误差会较大。

平均数在统计学中具有重要地位，它是进行统计分析和统计推断的基础。从统计思想上看，平均数是一组数据的重心所在，是数据误差相互抵消后的必然结果。

在 Excel 中，可使用如下函数实现简单平均数的计算：Average(数据区域)。示例：计算数据区域 A1:A20 的简单平均数，函数表示为 Average(A1:A20)。

但是在 Excel 中，没有现成的函数可以实现加权平均数的计算，我们需要按照公式自行加权计算。

平均数的特点如下。

- 极易受极端值的影响，即如果一组数据中有极小值，则平均数会被拉低；反之，如果有极大值，则平均数会被拉高。
- 对一组数据来说，平均数是唯一的。

2．中位数

为了不受极端值影响，我们可以采用中位数来表示数据的集中趋势。所谓中位数，就是将数据按从小到大的顺序排列后，处在数列中间位置的数值。

当一组数据的个数 N 为奇数时，中位数为最中间的那个数值。

例如：1、2、5、9、11 的中位数为 5。

当一组数据的个数 N 为偶数时，中位数为最中间的两个数值的均值。

例如：1、2、5、7、9、14 的中位数为(5+7)/2=6。

在 Excel 中，可用如下函数实现中位数的计算：Median（数据区域）。示例：计算数据区域 A1:A20 的中位数，函数表示为 Median(A1:A20)。

中位数的特点如下。

- 计算简单，只要观测数据可排序，就能计算出中位数。
- 不受极端值的影响。
- 对一组数据来说，中位数是唯一的。

3. 众数

所谓众数，是指一组数据中出现次数最多的数值。当数据量较大，且其中个别数值出现次数较多时，选用众数代表这组数据的平均水平比较合适。

需要注意的是，众数不具有唯一性：如果一组数据中没有重复值出现，则该组数据无众数；如果一组数据中有一个值出现次数最多，则该组数据有一个众数；如果一组数据中有多个值出现次数一样且均是最多，则该组数据有多个众数。

例如：

对于10 5 9 12 6 8，该组数据无众数；

对于6 5 9 8 5 5，该组数据有一个众数，为5；

对于25 28 28 36 42 42，该组数据有多个众数，为28、42。

另外，表示类别的数据（分类数据，也称为定性数据）也是可以有众数的，即哪个类别的出现次数最多，哪个类别就是众数。图5-4所示是北京地区的二手房所在城区数据，这是表示类别的定性变量，其中“丰台”的出现次数最多，则这组数据的众数为“丰台”。

城区	频数
丰台	147
海淀	145
朝阳	141
东城	137
西城	136
石景山	97

图5-4 北京地区的二手房所在城区数据

在Excel中，计算众数的函数为Mode(数据区域)，计算众数的出现次数的函数为 Countif(数据区域, 众数)。示例：计算数据区域A1:A20的众数，函数表示为Mode(A1:A20)。如果众数为“8”，则该众数的出现次数为Countif(A1:A20, 8)。

注意：在Excel的计算中，如果一组数据中没有重复值，即没有众数，则Mode ()函数的返回值为“N/A”。

众数的特点如下。

- 不受极端值的影响。
- 有的数据无众数或有多个众数。

平均数、中位数、众数的比较如下。

- 平均数、中位数、众数都是反映一组数据集中趋势的统计量。平均数反映的是一组数据的平均情况，中位数反映的是一组数据的中等情况，众数反映的是一组数据的多数情况。
- 平均数与一组数据中每个数值的大小都有关，而中位数只与这组数据中间位置的数值有关，众数只与这组数据中出现次数最多的数值有关。
- 当一组数据中没有极端数据时，选用平均数代表这组数据的平均水平比较合适。
- 当一组数据中出现个别极端数据时，选用中位数代表这组数据的平均水平比较合适。
- 当一组数据中个别数据出现次数较多时，选用众数代表这组数据的平均水平比较合适。

所以我们要根据实际需要来选择合适的统计量。

平均数、中位数及众数的其他特点总结如表5-1所示。

表5-1 平均数、中位数及众数的其他特点总结

比较项	平均数	中位数	众数
数据	使用全部数据计算	排序后的中间位置数据	出现频率最多的数据
唯一性	是	是	否
受极端值影响	是	否	否

5.1.2 离散程度

数据的离散程度是数据分布的一个重要特征，它反映的是各变量值远离其中心值的程度，用于描述一组数据的分散情况。数据的离散程度越大，集中趋势的测度值对该组数据的代表性就越差；离散程度越小，其代表性就越好。根据数据类型的不同，描述数据离散程度采用的测度值主要有异众比率、极差、四分位差、方差和标准差。其中，标准差是信息量最大、使用最广泛的指标之一。

1. 异众比率

异众比率是指非众数组的频数占总频数的比例，用 V_r 表示。其计算公式：$V_r=\dfrac{\sum f_i-f_m}{\sum f_i}=1-\dfrac{f_m}{\sum f_i}$。该式中，$\sum f_i$ 为变量值的总频数，f_m 为众数组的频数。

异众比率主要用于衡量众数对一组数据的代表程度。异众比率越大，说明非众数组的频数占总频数的比重越大，则众数的代表性就越差；异众比率越小，说明非众数组的频数占总频数的比重越小，众数的代表性就越好。异众比率适合测度分类数据的离散程度，当然，对于数值型数据也可以计算异众比率。

例如，顾客购买饮料类型的频数分布表如图 5-5 所示，其中，众数为“碳酸饮料”，出现了 15 次，则根据公式计算得到异众比率：

$$V_r=1-\frac{15}{50}\approx 0.7=70\%$$

这说明在这 50 个顾客中，购买其他类型饮料的人数占 70%，异众比率较大，因此，用“碳酸饮料”来代表顾客购买饮料类型的情况不合理。

	A	B
1	饮料类型	频数
2	果汁	6
3	矿泉水	10
4	绿茶	11
5	其他	8
6	碳酸饮料	15
7	总计	50

图 5-5 顾客购买饮料类型的频数分布表

2. 极差

极差是一组数据的最大值与最小值之差，也称为“全距”，用 R 表示，其计算公式为 $R=\max(x_i)-\min(x_i)$。该式中，$\max(x_i)$和 $\min(x_i)$分别表示一组数据的最大值和最小值。

极差是简单的描述数据离散程度的测度值，计算简单、易于理解，但它容易受极端值的影响。由于极差只利用了一组数据两端的信息，不能反映中间数据的离散状况，因此不能准确地描述出数据的离散程度。例如，在一组数据 2、5、5、5、5、5、6、7、6、5、100 中，极差为 98（100−2=98），这似乎意味着这组数据比较离散，但事实并非如此。

3. 四分位差

另一个常见的关于分布中取值范围的测度值是四分位差。极差是最大值与最小值之差，而四分位差则是第三、第四分位数与第一、第四分位数之差。

在这里，我们首先需要知道的是什么是第一、第四分位数和第三、第四分位数。四分位数也称为四分位点，第一、第四分位数和第三、第四分位数是将一组数据从小到大排序后，处于 25%和 75%位置上的值，而处于 50%位置上的值就是我们前面讲到的中位数。四分位数是通过这 3 个点将全部数据分为 4 个部分，其中每部分包含 25%的数据。通常所说的四分位数就是指处在 25%位置上的数（第一、第四分位数）和处在 75%位置上的数（第三、第四分位数）。四分位差示意图如图 5-6 所示。

四分位差的特点如下。

- 反映中间50%的数据的离散程度，值越小说明中间数据的离散程度越小，中间数据越集中。
- 不受极端值的影响。

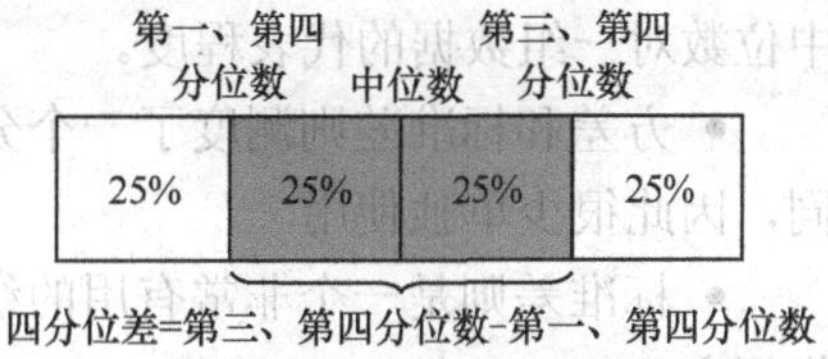

第一、第四分位数　中位数　第三、第四分位数

25%	25%	25%	25%

四分位差=第三、第四分位数-第一、第四分位数

图5-6　四分位差示意图

4．方差

方差是指先求每一个变量值与平均数之间的差，再求差的平方和后的平均数。如果直接计算各变量值与平均数的差，有可能因为差值有正有负，导致正负抵消，体现不出差距的大小，所以计算完差值后要先求平方和再进行平均。计算总体数据的方差公式：$\sigma^2=\frac{\sum_{i=1}^{n}(x_i-\mu)^2}{N}$。其中，$x_i$表示某个变量值，$\mu$表示总体平均数，$N$表示数据总量。

实际工作中，总体方差难以得到时，应用样本方差代替总体方差。经校正后，样本方差的计算公式：$S^2=\frac{\sum_{i=1}^{n}(x_i-\bar{x})^2}{n-1}$。其中，$x_i$表示某个变量值，$\bar{x}$表示样本平均数，$n$表示样本量。

在Excel中，计算方差的函数如下。

总体方差：VARP(数据区域)。

样本方差：VAR(数据区域)。

方差是一个描述分布中取值的离散程度的统计平均数。鉴于方差的数学运算性质，我们一般不使用方差本身来描述分布情况。一般来说，方差更多的是作为计算其他统计量（或方差分析）的一个值，而不是单独使用的统计量。但经过简单运算，方差能转化为标准差，标准差则是统计学最受欢迎的“工具”之一。

5．标准差

标准差是方差的算术平方根。标准差也能反映一个数据集的离散程度。简单来说，标准差是一组数据平均值的离散程度的度量。一个较大的标准差，表示大部分数值和其平均值之间差异较大；一个较小的标准差，表示这些数值较接近平均值。标准差的计算公式如下。

总体标准差：$\sigma=\sqrt{\frac{1}{N}\sum_{i=1}^{N}(x_i-\mu)^2}$。其中，$x_i$表示某个变量值，$\mu$表示总体平均数，$N$表示数据总量。

样本标准差：$S=\sqrt{\frac{1}{n-1}\sum_{i=1}^{n}(x_i-\bar{x})^2}$。其中，$x_i$表示某个变量值，$\bar{x}$表示样本平均数，$n$表示样本量。

在Excel中，计算标准差的函数如下。

总体标准差：STDEVP(数据区域)。

样本标准差：STDEV(数据区域)。

极差、四分位差、方差、标准差的比较如下。

- 从某种意义上讲，极差测度了一个分布的总离散程度（从最小值到最大值），人们可以通过极差了解一个分布的概况。

• 四分位差反映了中间50%的数据的离散程度，不受极端值影响。在一定程度上说明了中位数对一组数据的代表程度。

• 方差和标准差则测度了一个分布的平均离散程度。由于方差和原始数据取值的单位不同，因此很少单独使用。

• 标准差则是一个非常有用的统计量，其含义明确、易于解释，是最为常用的离散程度指标之一。

5.1.3 分布形态

集中趋势和离散程度是数据分布的两个重要特征，但要全面了解数据分布的特点，还需要知道数据分布的形态是否对称、偏斜的程度及分布的扁平程度等。偏态和峰态就是对分布形态的测度。偏态是指数据分布的不对称性，测度数据分布不对称性的统计量称为偏态系数，记为 *SK*。如果一组数据的分布是对称的，则偏态系数等于 0；如果偏态系数明显不等于 0，表明分布是非对称的。若偏态系数大于 1 或小于−1，则视为严重偏态分布；若偏态系数为 0.5～1 或−0.5～−1，则视为中等偏态分布；偏态系数越接近 0，偏斜程度就越低。其中负值表示左偏分布（在分布的左侧有长尾），正值则表示右偏分布（在分布的右侧有长尾），0 则表示对称分布。偏态分布形态如图 5-7 所示。

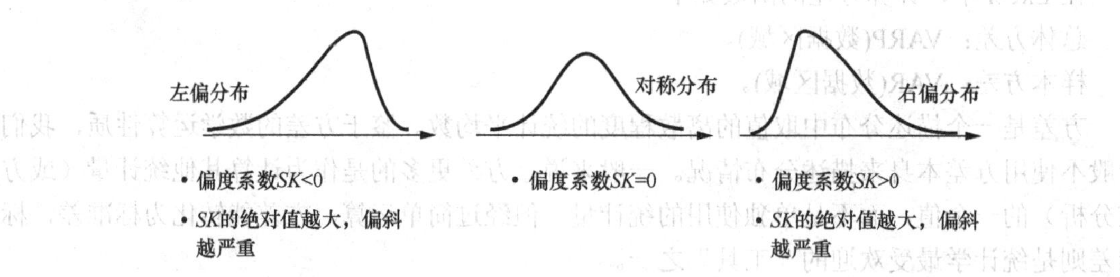

图 5-7 偏态分布形态

在 Excel 中，计算偏态系数的函数如下。

偏态系数：Skew(数据区域)。

峰态是指数据分布峰值的高低，测度峰态的统计量是峰态系数，记为 *K*。峰态通常是与标准正态分布相比较而言的。标准正态分布的峰态系数为 0；当 $K>0$ 时为尖峰分布，数据的分布相对集中；当 $K<0$ 时为扁平分布，数据的分布相对分散。峰态分布形态如图 5-8 所示。

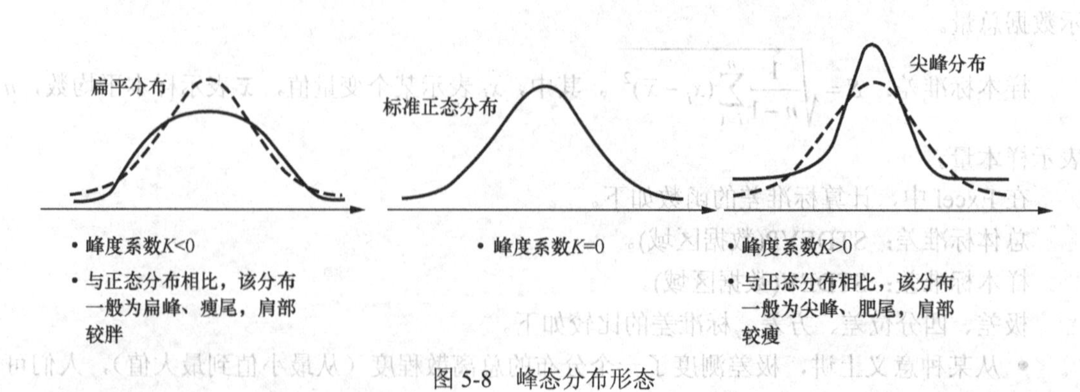

图 5-8 峰态分布形态

在 Excel 中，计算峰态系数的函数如下。

峰态系数：Kurt(数据区域)。

5.2 数据说明表

在 5.1 节中，我们介绍了一些常用的统计量，通过这些统计量，我们应该对数据的基本情况有了一些了解。但怎样将数据的这些统计信息更直观地展示给我们的客户或读者看呢？尤其是在读者不了解专业统计知识的情况下，可能就更为困难。在本节中，我们来学习一下数据可视化的第一种方法——数据说明表。

5.2.1 数据说明表的制作要点

所谓“文不如表，表不如图”，数据分析报告的阅读者肯定不希望看到长篇大论，或者直接阅读一个数据量动辄数以万计的数据文件。为此，我们可以制作一个结构简单的表格，清晰明了地展示数据的基本情况。

首先，在数据说明表的最前面，需要有一些简要的情况介绍，说明数据的来源、获取的时间、共有多少个记录和多少个字段等。例如，在为本章的引导案例图 5-1 所示的线上吉他销售数据制作数据说明表之前，我们可以添加一些简要说明。

- 数据来源：该数据来自某电商网站的商品信息页面。
- 获取时间：2019 年 10 月 20 日。
- 记录：共有 1162 条记录。
- 字段：共有 14 个字段，可分为商品信息、物流信息、店铺信息 3 类。

接下来就是数据说明表的制作了，制作数据说明表时要注意以下几个要点。

1．变量类型

在所有字段中，选择能够代表我们最关心的核心业务问题的字段作为因变量，而其他有可能影响因变量大小的字段作为自变量。如果自变量数量较多，还可将自变量分为若干个子类别。

2．字段类型

一般情况下，数据可分为定量数据、定性数据、文本型数据 3 种类型。其中，定量数据就是通过数值度量的数据，可以进行加减乘除运算，有数学含义，如身高、体重、分数、价格等。定性数据，也可称为分类数据，一般是用文字或符号来描述事物的信息，对事物按照某种特征进行分类，例如：性别（男、女），城区（东城区、西城区、朝阳区……），年级（一年级、二年级、三年级……），政治面貌（党员、团员、群众……）。除定性数据和定量数据外，还有一种类型的数据，虽然它也是用文字表示事物的信息，但是无法将其归为定性数据这一类别，因为这种类型字段的类别过多，基本都是自成一类，每一类的文字描述也极多，我们称这样的数据为文本型数据。

3．取值范围

在正确区分数据类型之后，还要区分每个数据的取值区间。如果是定量数据，即为最小值～最大值；如果是定性数据，则需写明共有几种取值情况（统计学中称为“水平”），并列举出每个水平的具体值（水平大于 10 个的可用“等”表示）；如果是文本型数据，则什么都不需要写。还需注意，定量数据最好把单位和中位数也写出来。

4．衍生变量

如果某字段不包含在原始数据中，而是经过原始数据计算或变换得到的，则称其为“衍生变量”，这样的字段需交代清楚是从哪个字段如何衍生而来的。

5．特殊情况

如果在清洗数据时对某字段做了特殊处理，需交代清楚。例如，评价量中有的值是“100+”，表示“评价量是100多个”的意思，为了把该列数据作为定量数据处理，需要将所有的“+”都删除，并在备注中说明。另外，如果某字段为定性数据，且只有2个水平，则最好在备注中写明频次多的那个水平的占比，即可省去在“数据可视化”这一步骤中专门再画一个饼图来说明该情况。

明确这些要点后，即可开始绘制表格。一般情况下，数据说明表由变量类型、变量名、详细说明、取值范围、备注这5个部分组成，具体结构如图5-9所示。

变量类型	变量名	详细说明	取值范围	备注

图5-9　数据说明表的具体结构

综上所述，数据说明表并不是一张简单的表格。它以字段为单位，罗列出所有数据的基本特征及属性，读者通过这样的表格可以快速掌握数据的基本情况，为下一步的描述、分析及建模奠定坚实的基础。

5.2.2　案例展示

下面，我们利用本章的引导案例，来看一下如何填充数据说明表的内容。

1．变量类型

由图5-1可知，在14个字段中，我们最关心的业务核心问题就是吉他价格的影响因素，所以，选用“价格”字段作为因变量，而其他有可能影响价格的字段作为自变量。由于自变量有13个，我们将其分为3个子类别：店铺属性、物流属性、商品属性。

2．详细说明

详细说明中要写清楚数据类型。还要根据不同的类型，写出不同的内容：如果是定量变量，则需说明单位是什么；如果是定性变量，则需说明共有几种取值；如果是文本型数据，则只需要标注“文本型”即可，不用附加其他信息。例如：“价格”是定量变量，在详细说明中要标注为“定量变量，单位：元”；“店铺类型”是定性变量，在详细说明中要标注为“定性变量，共4个水平”。

3．取值范围

定量变量的取值范围就是最小值～最大值，例如：“价格”的取值范围是109～11 999。如果是定性变量，则需列举出每个水平的值（水平大于10个的可用“等”表示），例如：“店铺类型”的取值范围是“旗舰店、专卖店、专营店、普通店”。

4．备注

备注中需要说明一些简单的统计量，这里主要针对的是定量变量。对于没有极端值的字段而言，写平均数即可；对于确定有极端值的字段，写中位数。例如，价格有极端值，备注中需写“中位数为 899”。另外，如果某字段是衍生字段，则也需在备注中说明，本引导案例中没有。如果某字段是定性变量，且只有两个类别，则可以在备注中注明多频次类别的占比，例如，“圆角缺角”备注中需写“缺角款略高于圆角款，占 56.4%”。

本引导案例完整的数据说明表如图 5-10 所示。

变量类型		变量名	详细说明	取值范围	备注
因变量		价格	定量变量，单位：元	109～11 999	中位数为899
自变量	商品属性	标题	文本型		字符长度较大，可用词云图处理，展现出吉他在售卖时的标题常用词汇
		品牌	定性变量，共20个水平	雅马哈、智扣、芬达、星臣等	由于品牌较多，故提取了19个知名品牌，其余品牌均归类为“其他”
		商品毛重	定量变量，单位：kg	0.8～13	中位数为4.5
		圆角缺角	定性变量，共2个水平	圆角、缺角	缺角款略高于圆角款，占56.4%
		颜色	定性变量，共11个水平	原色、黑色、白色、黄色、绿色等	
		背侧板材质	定性变量，共10个水平	赤杨木、椴木、沙比利、花梨木等	
		面板材质	定性变量，共11个水平	赤杨木、椴木、沙比利、花梨木等	
		规格	定性变量，共13个水平	21寸、23寸、26寸、30寸等	
		评分	定量变量，单位：分	9.47～9.91	满分为10，中位数为9.65
	店铺属性	店铺类型	定性变量，共4个水平	旗舰店、专卖店、专营店、普通店	
		服务态度	定量变量，单位：分	9.17～9.88	满分为10，中位数为9.61
	物流属性	物流速度	定量变量，单位：分	9.16～9.91	满分为10，中位数为9.66
		配送方式	文本型		字符长度较大，可用词云图处理，展现出较为常用的配送方式

图 5-10　本引导案例完整的数据说明表

5.3　数据可视化方法

数据可视化是关于数据视觉表现形式的科学技术。这种数据视觉表现形式被定义为一种以某种概要形式抽取出来的信息，包括相应信息单位的各种属性和变量。

它是处于不断演变中的技术，其边界在不断地扩大，数据可视化是指较为高级的技术，允许利用图形、图像处理、计算机视觉和用户界面，通过表达、建模，以及立体、平面、动画等形式，对数据加以可视化。

数据可视化的工具有很多：报表类，如 JReport、Excel、FineReport、ActiveReports 等；BI 分析工具，如 Style Intelligence、BO、BIEE、ETHINK、Yonghong Z-Suite 等；BDP 商业数据平台-个人版、大数据魔镜、数据观、FineBI 商业智能软件等。本章主要以 Excel 2016 为技术工具，有兴趣的读者可以利用在线绘图平台自行研究，如 BDP 平台、百度图说、微词云等。

根据作图时所依据的变量个数不同，可视化方法可分为：单变量数据可视化、双变量数据可视化、多变量数据可视化。

饼图&圆环图

柱形图&条形图的绘制

5.3.1 单变量数据可视化

由于变量可分为定性变量和定量变量，因此我们分两种情况来说明如何对单变量进行数据可视化。

1. 单个定性变量

对于单个定性变量，一般绘制的是柱形图、条形图、饼图、圆环图，反映的是定性变量的各个水平的频数分布或占比，如引导案例中的“店铺类型”“颜色”“圆角缺角”“背侧板材质”等。下面以“店铺类型”为例，绘制不同的图表。

我们首先需要汇总得出每一个水平的计数值，再利用汇总结果生成图表，具体步骤如下。

步骤 1：为了避免缺失值对汇总结果的影响，首先要进行筛选，将“空白”项隐藏。具体操作方法为选择数据集中的任意单元格，单击“数据”→“筛选”，再单击“店铺类型”字段的筛选按钮，打开筛选列表，如图 5-11 所示，可以看到没有“空白”项，直接进行数据汇总的操作即可。

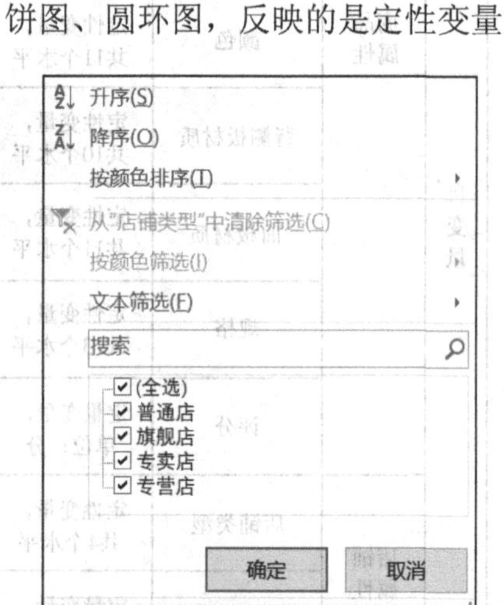

图 5-11 “店铺类型”字段筛选列表

步骤 2：为方便起见，将字段“店铺类型”复制到 Sheet2 工作表下进行操作，如图 5-12 所示。

步骤 3：选中 A 列的任意一个单元格，单击“插入”→“数据透视表”，打开“创建数据透视表”对话框。其中，“请选择要分析的数据”可默认得出正确的数据范围为 Sheet2!$A$1:$A$1177。然后，在“选择放置数据透视表的位置”中选择“现有工作表”，任选一个空白单元格，如 D1，如图 5-13 所示。这就意味着，即将创建的数据透视表会以 D1 为起始单元格，向右侧和下方展开显示。最后单击“确定”按钮。

步骤 4：工作表右侧会出现“数据透视表字段”设置框，将字段列表中的“店铺类型”拖曳到下方的“行”，使其成为行标签，再将字段列表中的“店铺类型”拖曳到下方的“值”，使其成为“计数项”。如图 5-14 所示，在 D1:E6 区域内会出现需要的汇总结果。

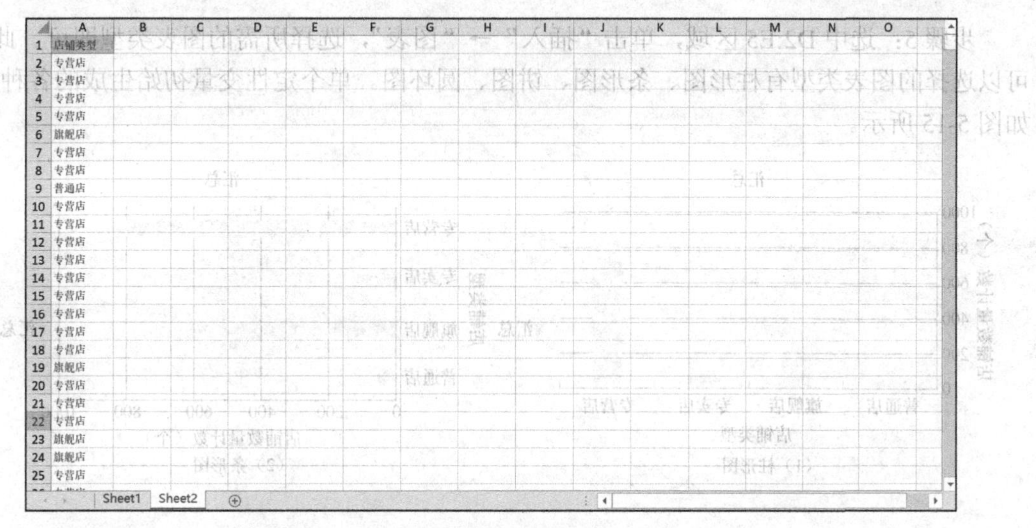

图 5-12　将“店铺类型”复制到 Sheet2 工作表

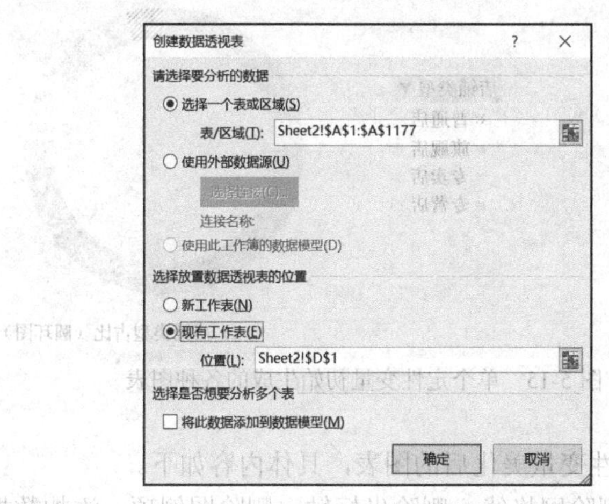

图 5-13　创建数据透视表

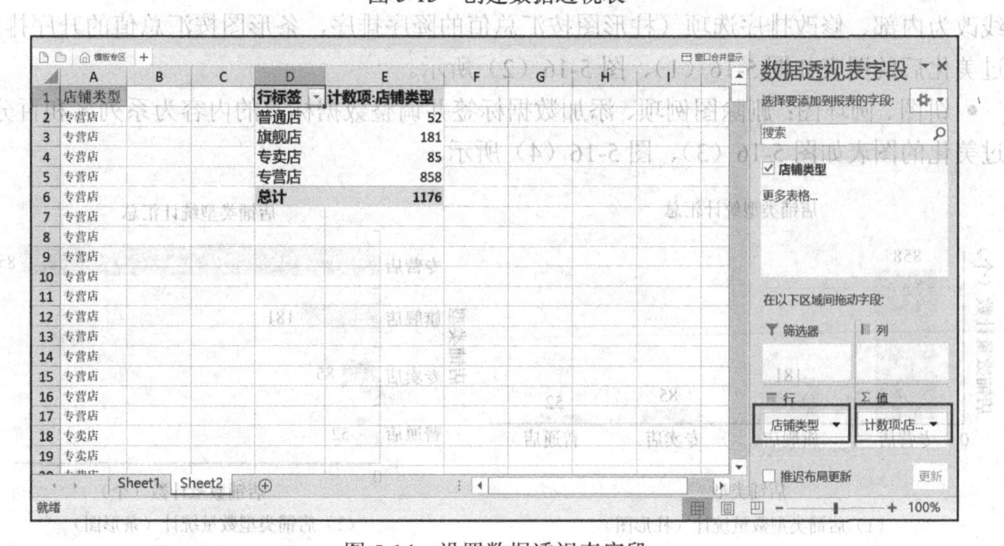

图 5-14　设置数据透视表字段

步骤 5：选中 D2:E5 区域，单击“插入”→“图表”，选择所需的图表类型即可。此处，可以选择的图表类型有柱形图、条形图、饼图、圆环图。单个定性变量初始生成的各种图表如图 5-15 所示。

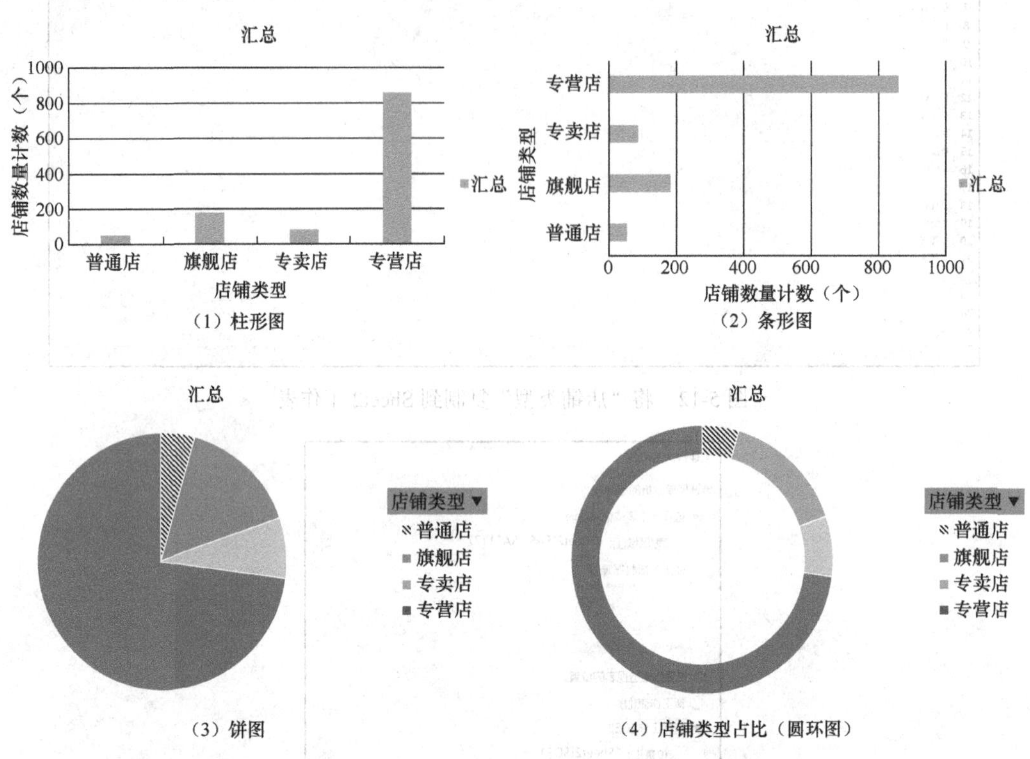

图 5-15　单个定性变量初始生成的各种图表

【图表美化】

图 5-15 所示为单个定性变量美化后的图表，具体内容如下。

• 柱形图、条形图：删除网格线、删除坐标轴、删除图例项、添加数据标签、将外部刻度线改为内部、修改排序选项（柱形图按汇总值的降序排序，条形图按汇总值的升序排序）。经过美化后的图表如图 5-16（1）、图 5-16（2）所示。

• 饼图、圆环图：删除图例项、添加数据标签并调整数据标签的内容为系列名和百分比。经过美化的图表如图 5-16（3）、图 5-16（4）所示。

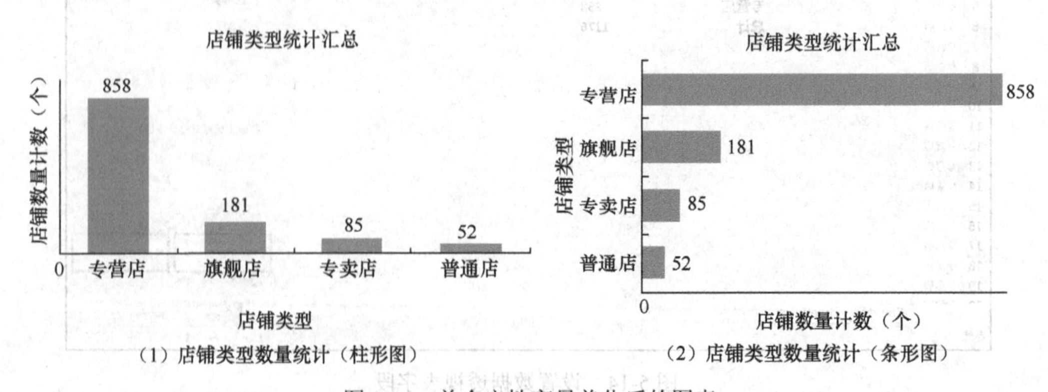

图 5-16　单个定性变量美化后的图表

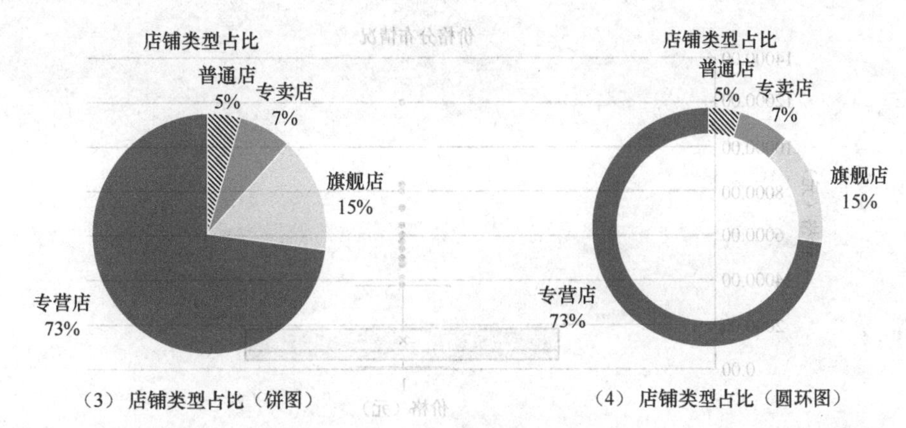

（3）店铺类型占比（饼图）　（4）店铺类型占比（圆环图）

图 5-16　单个定性变量美化后的图表（续）

【图表解读】

由图 5-16 可知：专营店的占比比较大，这与样本数据中获取的专营店商品数量较多有关，并不能说明销售吉他的店铺是专营店多于其他类型的店铺，只是在我们获取的样本数据中，专营店数量较多而已。

直方图

2．单个定量变量

对于单个定量变量，一般绘制的是直方图、箱线图，反映的是数据的分布情况，包括对称性、是否有异常值等，如引导案例中的“价格”“商品毛重”“评分”“服务态度”“物流速度”等。下面以“价格”为例，绘制不同的图表。

步骤 1：为方便起见，将字段“价格”复制到 Sheet3 工作表下进行操作。

步骤 2：选中“价格”字段的第一个单元格，按 Ctrl+Shift+↓组合键，即可选中所有的“价格”数据。

步骤 3：单击“插入”→“图表”，选择所需的图表类型即可。此处，可以选择的图表类型有直方图、箱线图。单个定量变量初始生成的各种图表如图 5-17 所示。

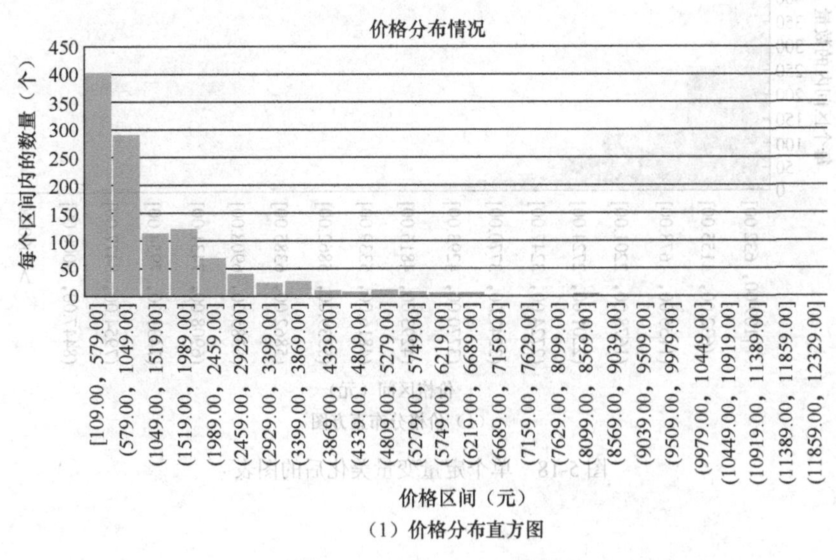

（1）价格分布直方图

图 5-17　单个定量变量初始生成的各种图表

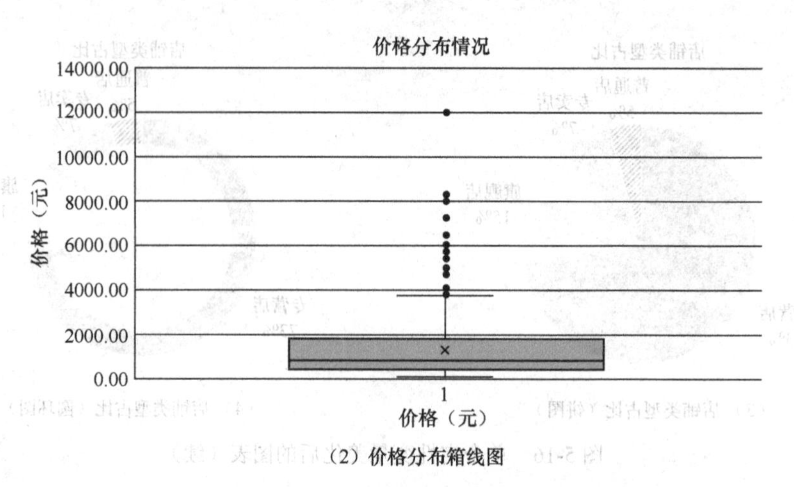

（2）价格分布箱线图

图 5-17　单个定量变量初始生成的各种图表（续）

【图表美化】

图 5-17 所示为单个定量变量美化后的图表，具体内容如下。

- 直方图：删除网格线、修改溢出箱，修改箱数。经过美化后的图表如图 5-18（1）所示。
- 箱线图：由于吉他价格比较集中，因此直接利用原数据生成的图表会集中靠近 x 轴，这样的箱线图是扁平状的，极度不美观，同时也不利于查看数据的分布情况，如图 5-17（2）所示。这时，需要对原始数据进行对数处理（利用 ln()函数），图形会在坐标系中间部位显示，较为美观，也比较容易看出数据的分布情况，如图 5-18（2）所示。

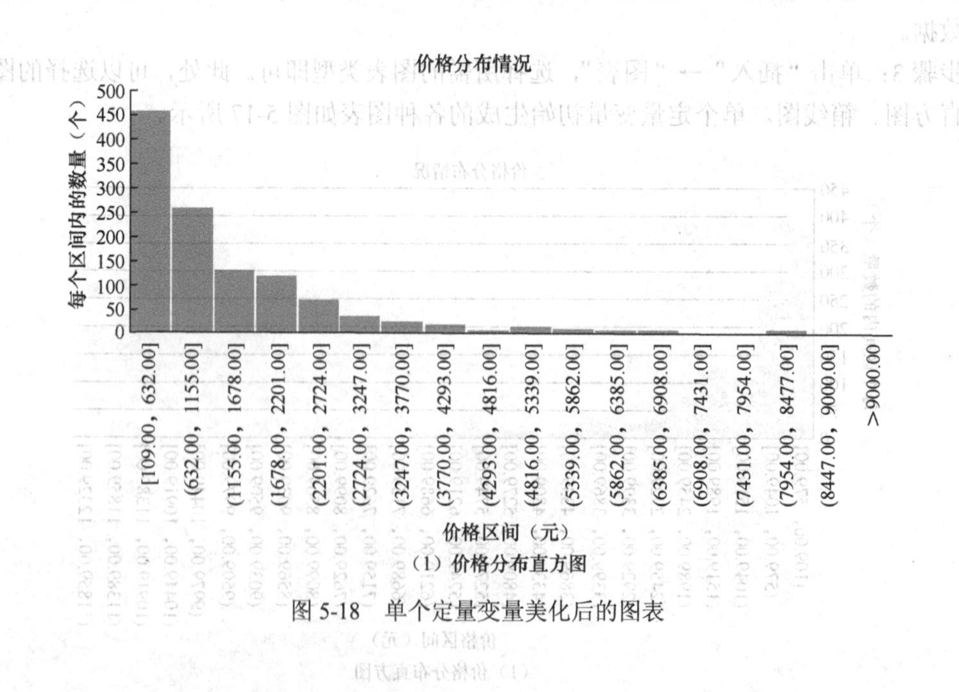

（1）价格分布直方图

图 5-18　单个定量变量美化后的图表

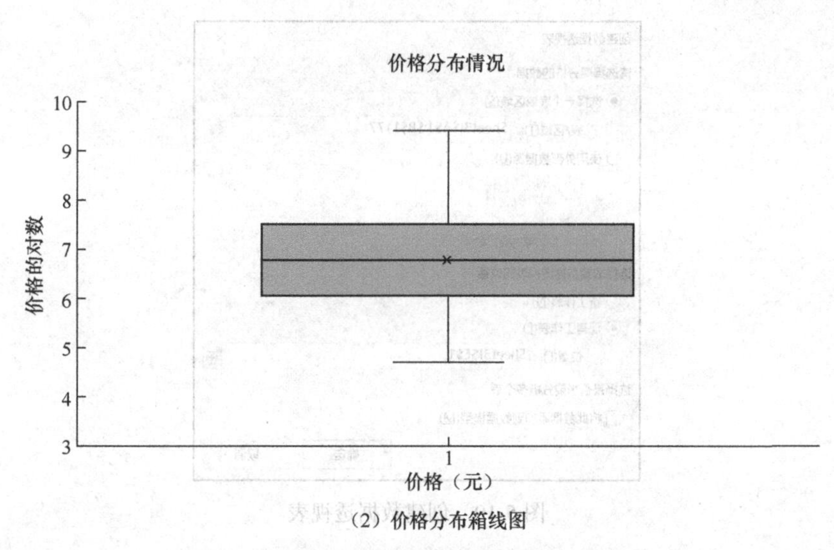

（2）价格分布箱线图

图 5-18 单个定量变量美化后的图表（续）

【图表解读】

- 由直方图可得，价格整体呈现右偏分布，即价格大多集中在 2500 元以内，高价吉他也有，但不是主流产品。
- 由箱线图可得，价格存在较大极差，即有较大的异常值出现。平均价格基本处于 1000～2000 元内。

5.3.2 双变量数据可视化

双变量数据可视化的可能情况有：两个定性变量、两个定量变量、一个定性变量和一个定量变量、一个时间变量和一个定量变量。因此，我们分 4 种情况来说明。

堆积柱形图

1．两个定性变量

对于两个定性变量，一般绘制的是堆积柱形图，反映的是交叉频数的分布情况，如引例中的“店铺类型”和 “圆角缺角”，操作步骤如下。

步骤 1：将这两列数据复制至新的工作表中。

步骤 2：任选任意一个单元格，单击“插入”→“数据透视表”，打开“创建数据透视表”对话框，“请选择要分析的数据”即可默认得出正确的数据范围为 Sheet3!$A$1:$B$1177。然后在“选择放置数据透视表的位置”中选择“现有工作表”，任选一个空白单元格，如 E1，如图 5-19 所示。这就意味着，即将创建的数据透视表会以 E1 为起始单元格，向右侧和下方展开显示。最后单击“确定”按钮。

步骤 3：工作表右侧会出现“数据透视表字段”设置框，将字段列表中的“店铺类型”拖动到下方的“行”，使其成为行标签，将字段列表中的“圆角缺角”拖动到下方的“列”，使其成为“计数项”。再次将字段列表中的“圆角缺角”拖动到下方的“值”，使其成为“计数项”，如图 5-20 所示，在 E1:H7 区域内会出现需要的汇总结果。

步骤 4：选择 E3:G6 区域，单击“插入”→“图表”，选择所需的图表类型即可。可以选择的图表类型有：堆积柱形图。图 5-21 所示为两个定性变量生成的堆积柱形图。

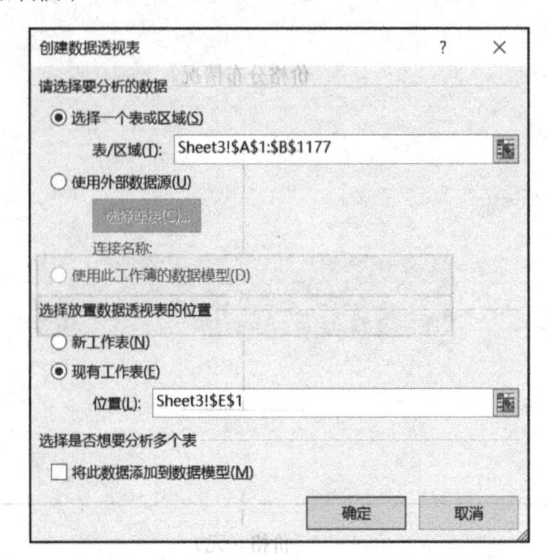

图 5-19　创建数据透视表

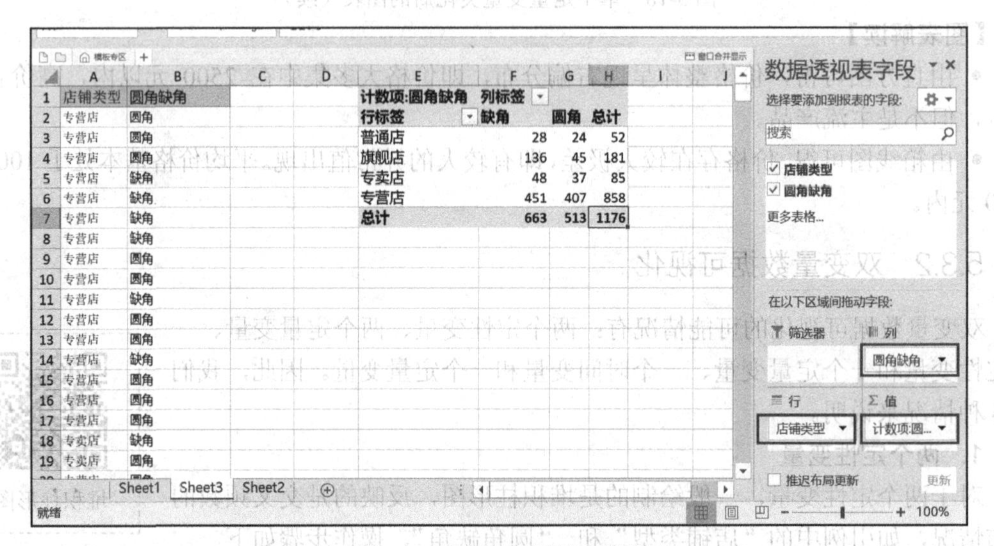

图 5-20　设置数据透视表字段

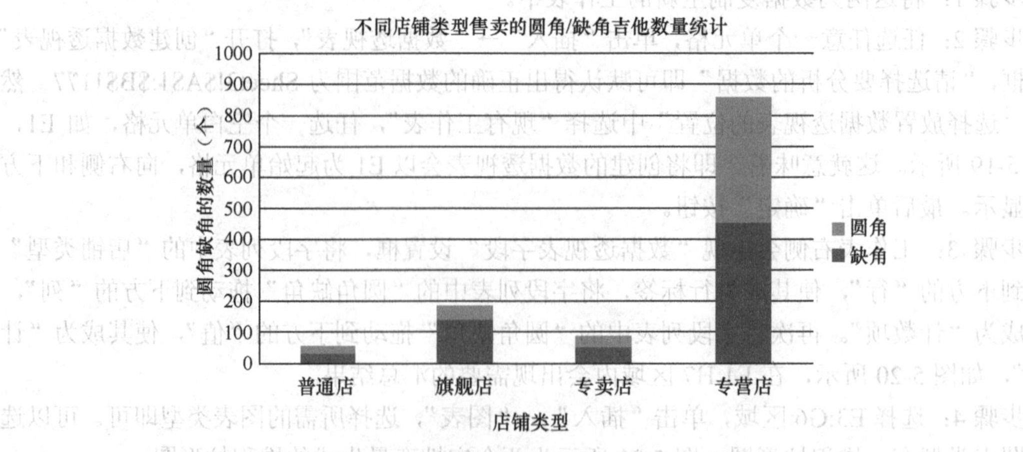

图 5-21　两个定性变量生成的堆积柱形图

【图表美化】

图 5-21 的美化内容包括删除网格线、调整纵坐标最大值为 900 后删除纵坐标、添加图表标题、添加数据标签、修改排序选项。美化后的图表如图 5-22 所示。

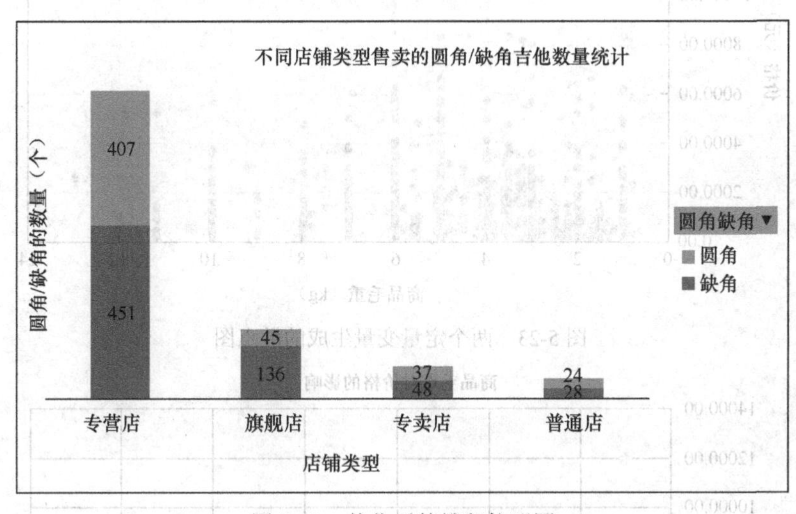

图 5-22　美化后的堆积柱形图

【图表解读】

由图 5-22 可知：专营店、专卖店、普通店所售卖的圆角、缺角吉他数量基本各占一半，具体到每种店铺类型来说，缺角吉他的销量会稍多一些，但是旗舰店售卖的缺角吉他明显比圆角吉他多，已经达到了圆角吉他的 3 倍，足见吉他爱好者有明显的追求个性的心理需求。

散点图

2．两个定量变量

对于两个定量变量，一般绘制的是散点图，反映的是两个定量变量的相关关系（正相关关系、负相关关系），如引例中的“价格”和“商品毛重”，操作步骤如下。

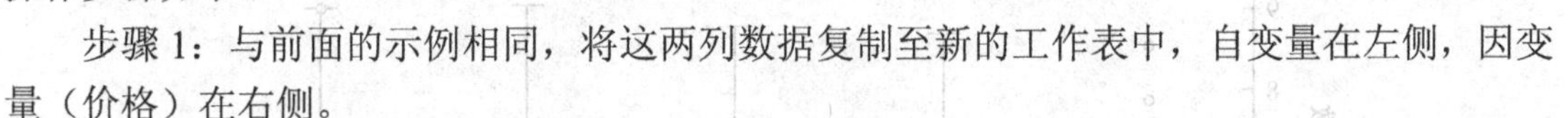

步骤 1：与前面的示例相同，将这两列数据复制至新的工作表中，自变量在左侧，因变量（价格）在右侧。

步骤 2：单击“插入”→“图表”，选择所需的图表类型即可。此处，可以选择的图表类型有：散点图。生成的图表如图 5-23 所示。

【图表美化】

图 5-23 的美化内容包括删除网格线、调整坐标轴。美化后的散点图如图 5-24 所示。

【图表解读】

由图 5-24 可知，商品毛重与价格之间并没有明显的相关趋势，为了进一步验证这一结果，我们可以利用 correl()函数计算相关系数，结果是 0.064，小于 0.09，故可认为二者没有相关关系，即商品毛重这一商品属性并不能影响吉他的价格。

类似于无法从散点图中确定两个定量数据的相关关系的情况，我们可以将其中的自变量离散化，然后通过绘制箱线图来展示变量之间的关系。商品毛重离散化处理后的箱线图如图 5-25 所示。

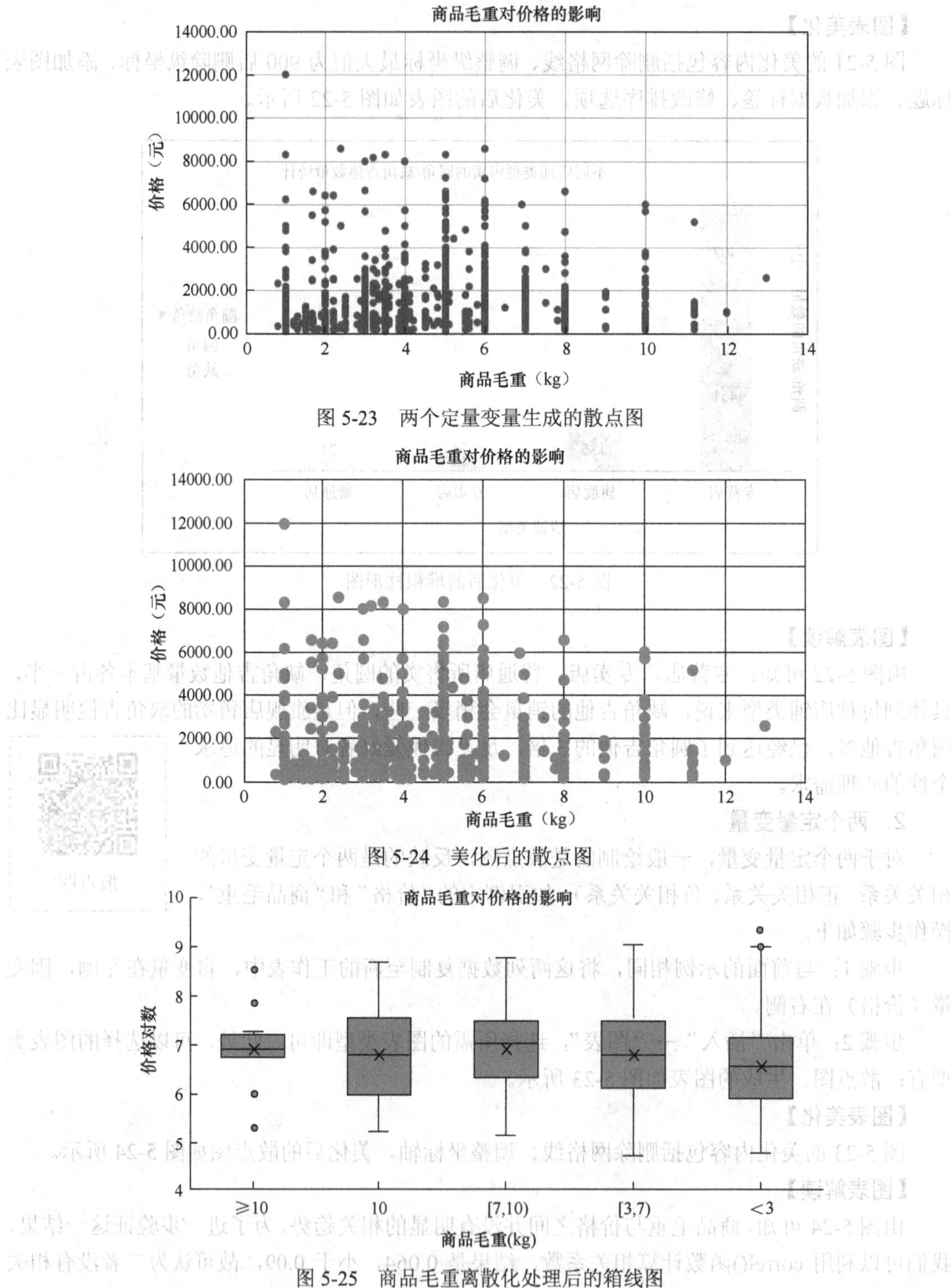

图 5-23　两个定量变量生成的散点图

图 5-24　美化后的散点图

图 5-25　商品毛重离散化处理后的箱线图

由图 5-25 可以看出：[7,10)kg 内的吉他价格相对较高，因为这是主流经典款式的商品毛重区间；小于 3kg 的吉他价格相对最低，因为这个重量的吉他要么是适用于青少年的练习吉他，要么是材质较差的普通吉他。

由于引导案例中没有合适的数据可以生成具有明显相关趋势的散点图，因此下面再来展示一个案例，以便读者学习散点图的解读方法。图 5-26 所示为女宝宝身高、体重对照表。

选中 B1:C13 区域，生成散点图，美化后的散点图如图 5-27 所示。

	A	B	C
1	年龄	身高（cm）	体重（kg）
2	1月	55.5	4.64
3	2月	58.4	5.49
4	3月	60.9	6.23
5	4月	62.9	6.69
6	5月	64.5	7.19
7	6月	66.7	7.62
8	8月	69.1	8.14
9	10月	71.4	8.57
10	12月	74.1	9.04
11	18月	79.4	10.08
12	24月	89.3	12.28
13	3岁	92.8	13.10

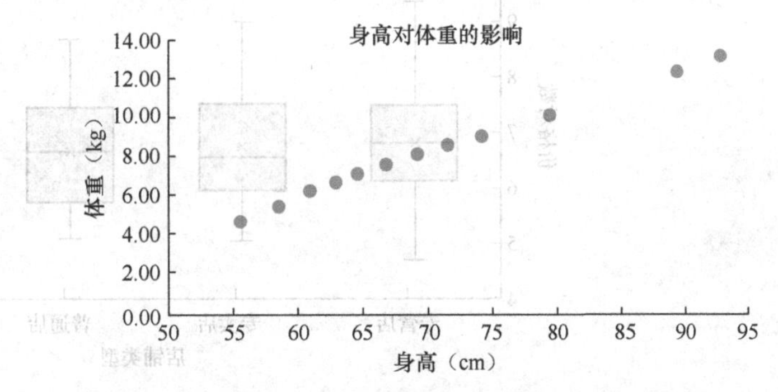

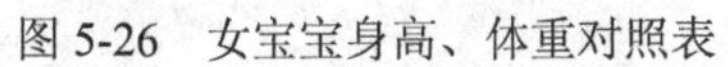
图 5-26　女宝宝身高、体重对照表　　图 5-27　美化后的散点图

【图表解读】

由图 5-27 可知：女宝宝的体重受身高的影响非常明显，呈现出正相关趋势，即随着宝宝身高的增长，体重是在不断增长的。

3. 一个定性变量和一个定量变量

对于一个定性变量和一个定量变量，一般绘制的是分组箱线图，用于对比不同组别在某一定量或变量上的平均水平、波动水平等的差异，如引例中的“价格”和“店铺类型”，操作步骤如下。

箱线图

步骤 1：将两列数据复制至新的工作表中，自变量（店铺类型）在左侧，因变量（价格）在右侧。

步骤 2：单击“插入”菜单→“图表”，选择所需的图表类型即可。这里可以选择的图表类型有：箱线图。图 5-28 所示为一个定性变量和一个定量变量生成的分组箱线图。

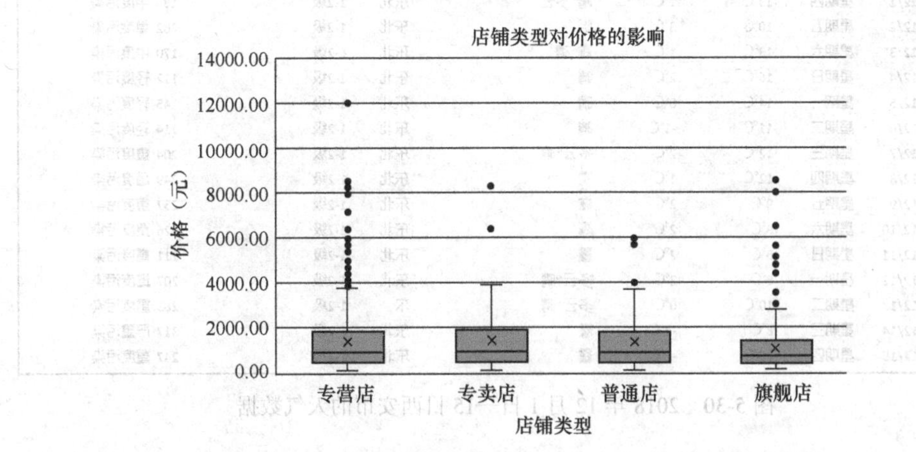

图 5-28　一个定性变量和一个定量变量生成的分组箱线图

【图表美化】

如图 5-28 所示，箱体集中靠近 x 轴，与图 5-17（2）的处理办法相同，即对原始的价格数据进行对数处理（利用 ln()函数），在生成的新图表中，删除网格线、纵坐标，美化后的分

组箱线图如图 5-29 所示。

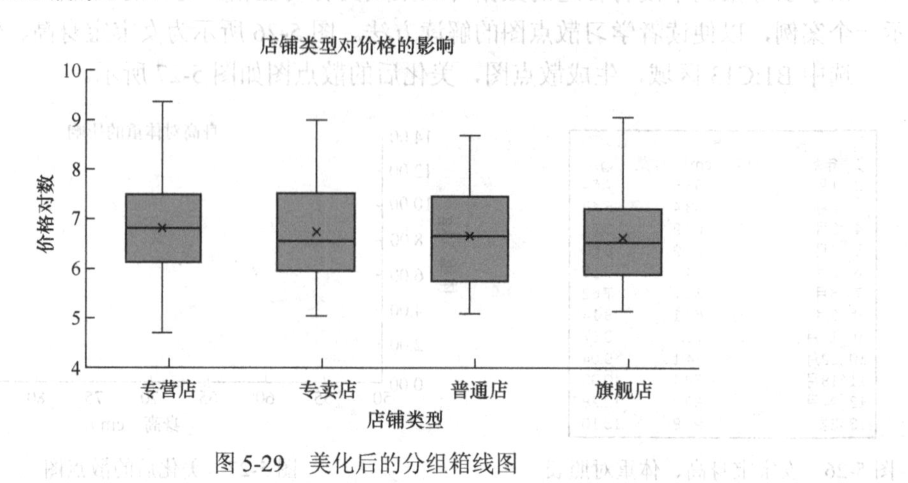

图 5-29　美化后的分组箱线图

【图表解读】

如图 5-29 所示，普通店售卖的吉他价格普遍偏高，旗舰店、专卖店的吉他均价大致相同，但专营店的价格跨度会大一些。这是因为不同级别的销售商拿到的商品折扣不同，相比之下，旗舰店和专卖店由于是厂家的直系销售或指定授权销售，价格优惠力度相对较大，而普通店一般为私人经营的店铺，采用常规的进货渠道，所以价格相对偏高。

4．一个时间变量和一个定量变量

对于一个受时间影响的定量变量而言，使用时间变量和该定量变量绘图，一般绘制的是折线图，反映该定量变量随时间的变化趋势。图 5-30 所示是 2018 年 12 月 1 日—15 日西安市的天气数据。

	A	B	C	D	E	F	G	H	I
1	时间	星期	最高气温	最低气温	天气	风向	风力	空气质量指数	空气污染程度
2	2018/12/1	星期四	13℃	1℃	晴~多云	东北	1-2级	185	中度污染
3	2018/12/2	星期五	10℃	3℃	阴	东北	1-2级	262	重度污染
4	2018/12/3	星期六	13℃	1℃	霾~晴	东北	1-2级	170	中度污染
5	2018/12/4	星期日	16℃	2℃	晴	东北	1-2级	112	轻度污染
6	2018/12/5	星期一	14℃	0℃	晴	东北	1-2级	145	轻度污染
7	2018/12/6	星期二	11℃	-1℃	晴	东北	1-2级	114	轻度污染
8	2018/12/7	星期三	12℃	2℃	多云~晴	东北	1-2级	204	重度污染
9	2018/12/8	星期四	12℃	1℃	晴	东北	1-2级	249	重度污染
10	2018/12/9	星期五	9℃	2℃	霾	东北	1-2级	257	重度污染
11	2018/12/10	星期六	9℃	2℃	霾	东北	1-2级	226	重度污染
12	2018/12/11	星期日	8℃	2℃	霾	东北	1-2级	211	重度污染
13	2018/12/12	星期一	8℃	2℃	多云~晴	东北	1-2级	207	重度污染
14	2018/12/13	星期二	10℃	0℃	多云~晴	东	1-2级	285	重度污染
15	2018/12/14	星期三	8℃	-2℃	霾	东北	1-2级	317	严重污染
16	2018/12/15	星期四	10℃	-1℃	霾	东北	1-2级	247	重度污染

图 5-30　2018 年 12 月 1 日—15 日西安市的天气数据

下面以“空气质量指数”为例，绘制折线图。

步骤 1：选中“时间”和“空气质量指数”两个字段的第 1～31 行，即 12 月（31 天）的空气质量指数。

步骤 2：单击“插入”→“图表”，选择所需的图表类型即可。这里可以选择的图表类型

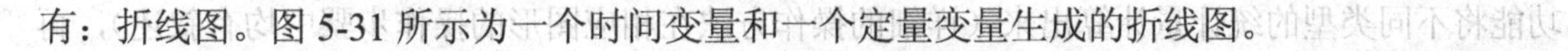
有：折线图。图 5-31 所示为一个时间变量和一个定量变量生成的折线图。

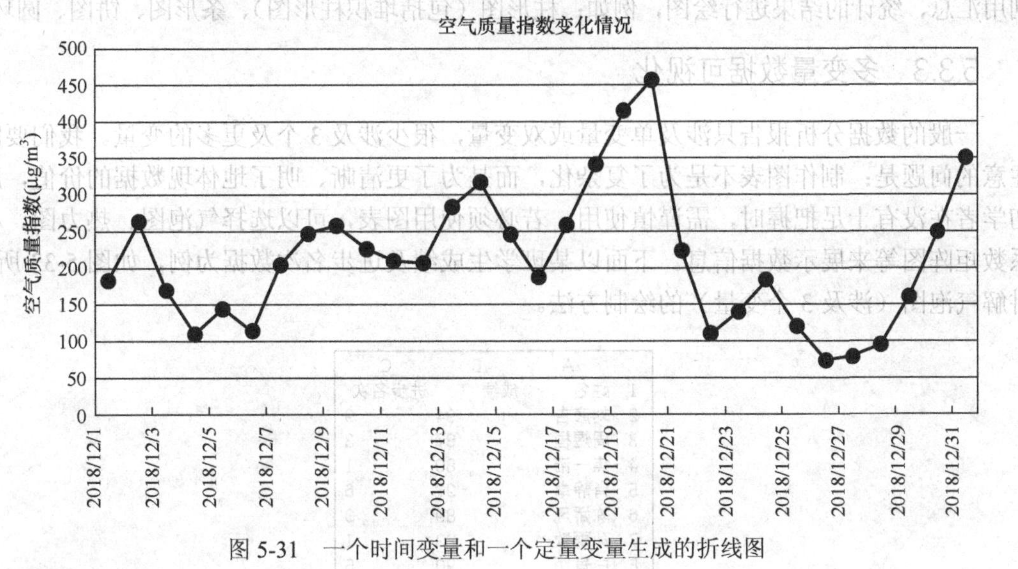

图 5-31　一个时间变量和一个定量变量生成的折线图

【图表美化】

图 5-31 的美化内容包括：删除网格线、删除坐标轴、添加数据标签、拉宽图表区、将外部刻度线改为内部。美化后的折线图如图 5-32 所示。

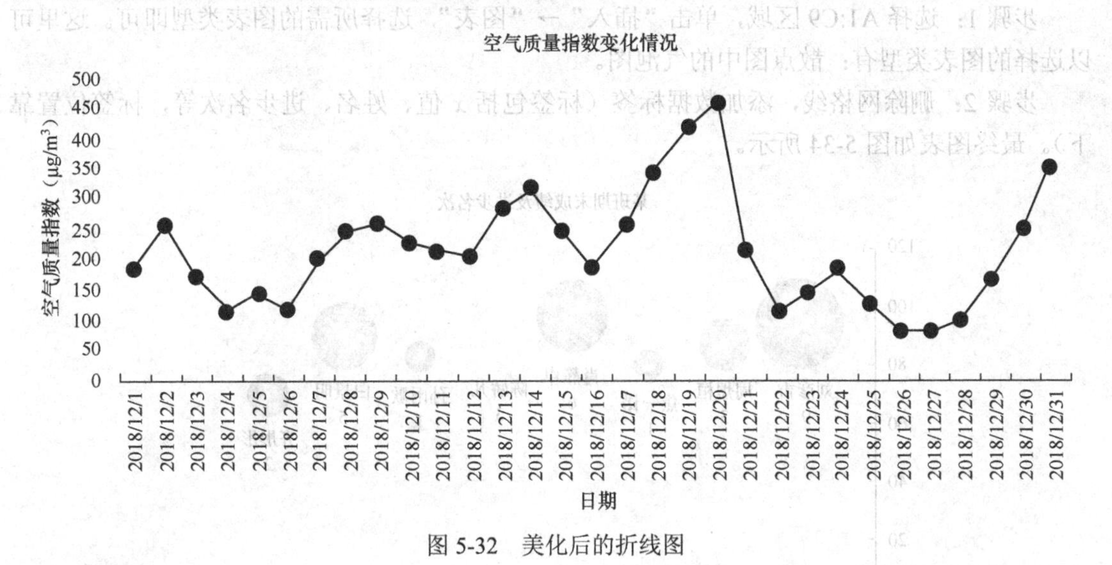

图 5-32　美化后的折线图

【图表解读】

由图 5-32 可知：2018 年 12 月的空气质量指数普遍偏高，尤其是 20 日更是达到了“巅峰”，据交警大队发布的文件显示，当天空气污染最严重。

前面介绍了单变量和双变量的图表绘制方法，需要再次提醒大家的要点如下。

① 如果绘制图表的数据是不需要汇总、统计的原始数据，则直接选择相应的图表类型进行绘制即可，例如：直方图、箱线图、折线图、散点图。

② 如果绘制图表的数据是需要经过汇总、统计的数据，则需要首先利用“数据透视表”

功能将不同类型的统计量计算出来（详细的操作方法在相应图形的操作步骤中均有叙述），再利用汇总、统计的结果进行绘图，例如：柱形图（包括堆积柱形图）、条形图、饼图、圆环图。

5.3.3 多变量数据可视化

一般的数据分析报告只涉及单变量或双变量，很少涉及 3 个及更多的变量。我们要时刻注意的问题是：制作图表不是为了复杂化，而是为了更清晰、明了地体现数据的价值，所以初学者在没有十足把握时，需谨慎使用。若必须使用图表，可以选择气泡图、热力图、相关系数矩阵图等来展示数据信息。下面以某班学生成绩及进步名次数据为例，如图 5-33 所示，讲解气泡图（涉及 3 个变量）的绘制方法。

	A	B	C
1	姓名	成绩	进步名次
2	刘彦吉	94	9
3	周煜桓	87	3
4	焦一诺	80	1
5	肖静卓	97	6
6	陈娇凡	89	3
7	孙雨歌	83	1
8	白景明	90	5
9	齐彤彤	70	2

图 5-33 某班学生成绩及进步名次数据

步骤 1：选择 A1:C9 区域，单击“插入”→“图表”，选择所需的图表类型即可。这里可以选择的图表类型有：散点图中的气泡图。

步骤 2：删除网格线，添加数据标签（标签包括 x 值、姓名、进步名次等，标签位置靠下）。最终图表如图 5-34 所示。

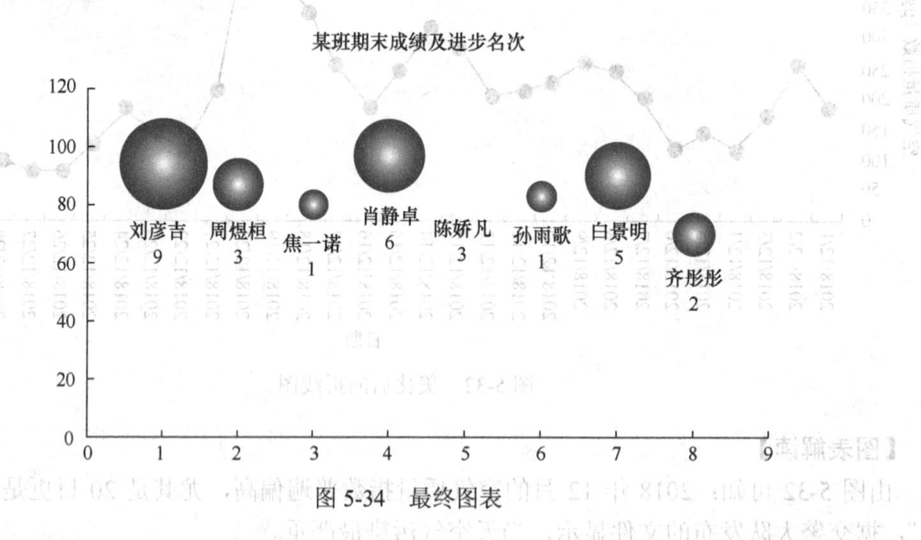

图 5-34 最终图表

【图表解读】

如图 5-34 所示，x 值代表不同的学生，y 值代表学生成绩，气泡的大小代表进步名次，由图 5-34 显示的信息可知，刘彦吉的进步名次是最大的，肖静卓的成绩是最高的，齐彤彤的成绩最低，焦一诺和孙雨歌的进步名次最低。

最后，以火锅店基本信息为例，如图 5-35 所示，利用“经度”“纬度”“评论数”3 个字段，讲解热力图的绘制方法。

	A	B	C	D	E	F	G	H	I	J
1	商家名	星级	评论数	人均消费	口味评分	环境评分	服务评分	地址	经度	纬度
2	川子菌汤火锅(大马庄园店)	5	49	69	9	9.1	8.8	石家庄谈固东街与槐安	114.5773	38.02509
3	海底捞火锅(海悦天地店)	5	314	110	9.1	9.1	9.2	石家庄裕华西路与中华	114.4811	38.04116
4	海底捞火锅(东胜广场店)	5	466	93	9.2	9.2	9.3	石家庄中山东路与翟营	114.5624	38.04879
5	四季捞	5	1255	92	8.9	9.2	9	石家庄育才街槐北路口	114.5221	38.04896
6	海底捞火锅(勒泰中心店)	5	1319	99	9.2	9.2	9.3	石家庄中山东路39号勒	114.5129	38.05001
7	高兴一锅 潮汕鲜牛肉火锅	4.5	34	79	8.7	8.6	8.7	石家庄兴凯路203号(中	114.483	38.05733
8	川子菌汤火锅(红旗大街店)	4.5	42	51	8.3	8.6	8.6	石家庄红旗大街汇丰路	114.4674	38.00156
9	斗戏霸道功夫火锅	4.5	82	90	8.9	9.1	9	石家庄四中路与休门街	114.5129	38.04454
10	大吉利潮汕牛肉火锅	4.5	120	82	8.9	8.7	9	石家庄广安大街与谈北	114.5286	38.05657
11	京州国际酒店蓉华食府特色火锅餐厅	4.5	137	21	8.6	8.9	8.6	石家庄裕华东路与谈固	114.5676	38.04275
12	香草香草云南原生态火锅(雅清店)	4.5	369	97	8.6	8.7	8.6	石家庄槐安东路与雅清	114.5731	38.02744
13	好吖好鸭时尚干锅鸭头(怀特店)	4.5	390	50	8.6	8.6	8.5	石家庄槐安东路与育才	114.5333	38.02831
14	黄牛党潮汕牛肉火锅店(新百广场店)	4.5	407	99	9	8.5	8.6	石家庄中山西路139号新	114.4843	38.04998
15	黄记煌三汁焖锅(北国益庄店)	4.5	469	59	8.4	8.7	8.4	石家庄胜利北街289号(	114.5238	38.09176
16	真熙家韩式年糕火锅(石家庄万达广场店)	4.5	573	57	8.6	9.1	9	石家庄建华南大街136号	114.5541	38.0323
17	黄记煌三汁焖锅(益友百货店)	4.5	601	79	8.4	8.6	8.5	石家庄裕华西路128号益	114.4577	38.04046
18	黄牛党潮汕牛肉火锅店(万达店)	4.5	712	83	8.8	8.3	8.5	石家庄建华南大街132-	114.5518	38.03117
19	新辣道鱼火锅(乐汇城店)	4.5	768	69	8.7	8.7	8.4	石家庄中山东路11号乐	114.504	38.05006
20	呲咪呲咪欢乐火锅主题餐厅(红旗大街店)	4.5	828	62	8.8	8.9	8.7	石家庄槐安路与红旗大	114.4894	38.03375
21	皇中百岁鱼(万象天成店)	4.5	950	48	8.4	8.8	8.3	石家庄裕华西路15号万	114.4869	38.04207
22	呲咪呲咪欢乐火锅主题餐厅(西二环店)	4.5	1304	53	8.5	8.5	8.3	石家庄西二环北路与中	114.4441	38.04906
23	华捞汇涮园(联盟路店)	4	12	53	7.9	7.8	7.9	石家庄联盟路与农机街	114.5053	38.08449
24	蜀山印象成都原味老火锅	4	14	41	7.7	7.7	8	石家庄广安大街10-副1	114.5285	38.05464
25	竹尖儿	4	15	73	8.1	8	8.2	石家庄平安大街东马路	114.5065	38.04442
26	大胖涮锅(华北门业店)	4	16	42	7.6	7.7	7.7	石家庄恒山西路华北门	114.5661	38.15896

图 5-35 火锅店基本信息

热力图绘制步骤如下。

步骤 1：单击“插入”→“三维地图”，进入三维地图设置窗口。

步骤 2：在该窗口，石家庄的位置上有一些“热点”，这是因为数据中的经纬度均在石家庄范围内，如图 5-36 所示。

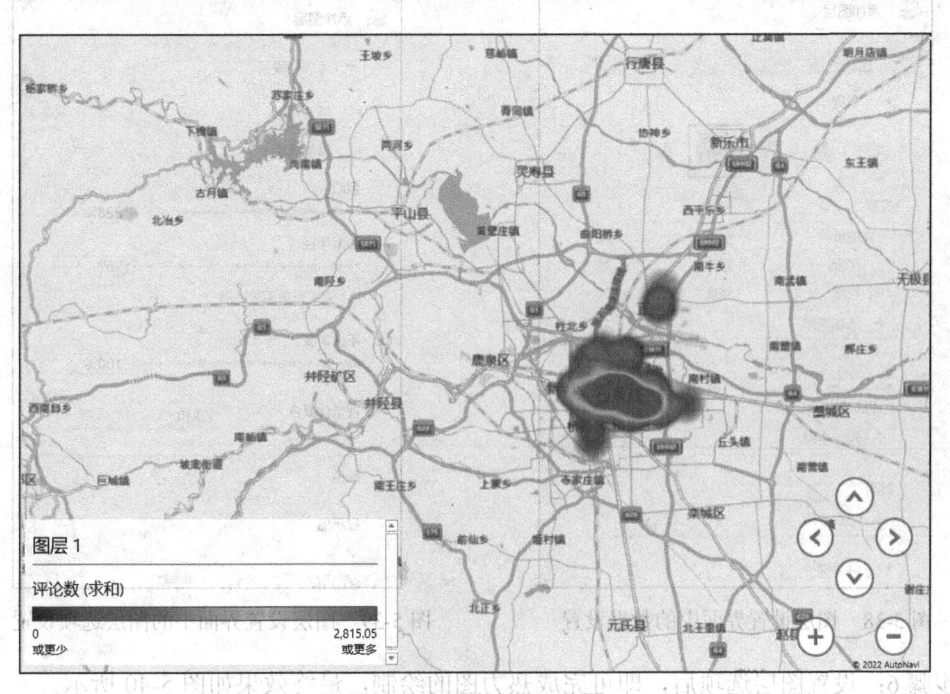

图 5-36 经纬度显示范围

步骤 3：单击图 5-36 中右下角的“+”，可以将地图放大至石家庄地区。单击“∧”，可以调整地图的平铺角度，使地图“站起来”。最终效果如图 5-37 所示。

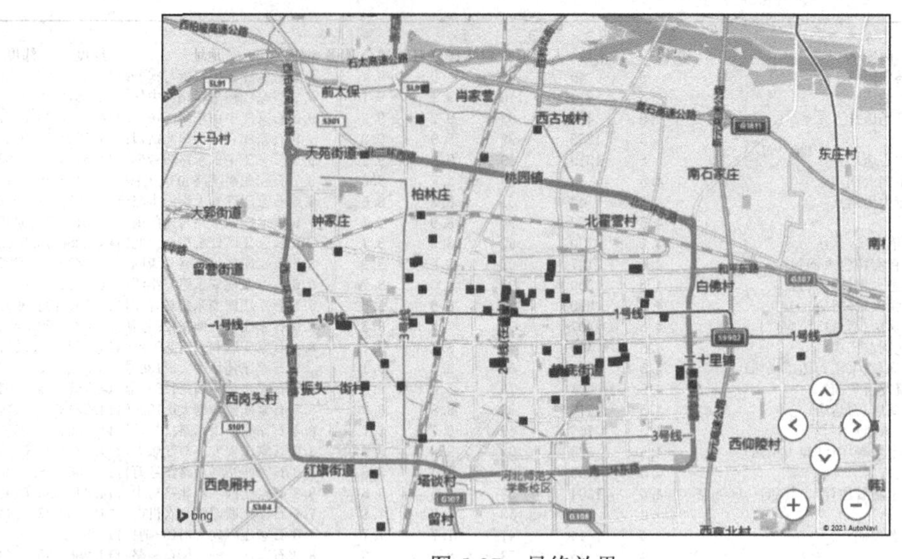

图 5-37　最终效果

步骤 4：单击三维地图设置窗口右侧的图层设置界面，在“数据”中选择热力图，在“值”中选择“评论数”，如图 5-38 所示。

步骤 5：单击图层设置界面下方的“图层选项”，进行外观调整，如调整“色阶”“影响半径”等，如图 5-39 所示。

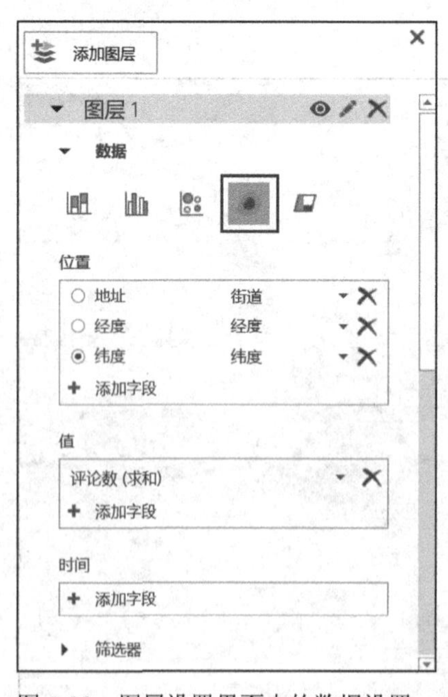

图 5-38　图层设置界面中的数据设置

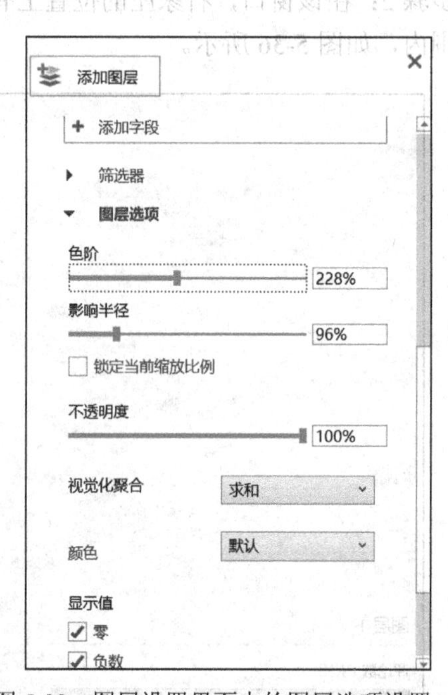

图 5-39　图层设置界面中的图层选项设置

步骤 6：设置图层选项后，即可完成热力图的绘制，最终效果如图 5-40 所示。

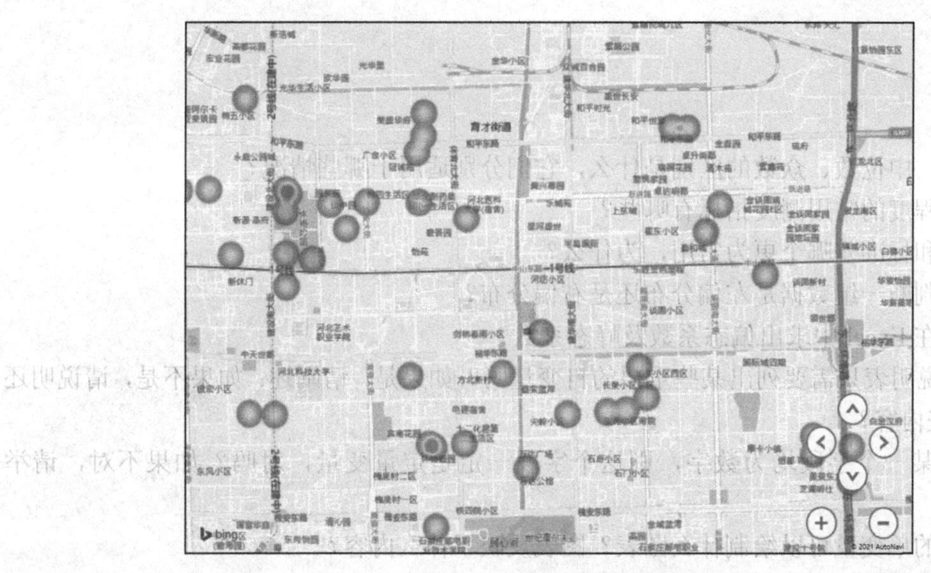

图 5-40 热力图最终效果

【本章小结】

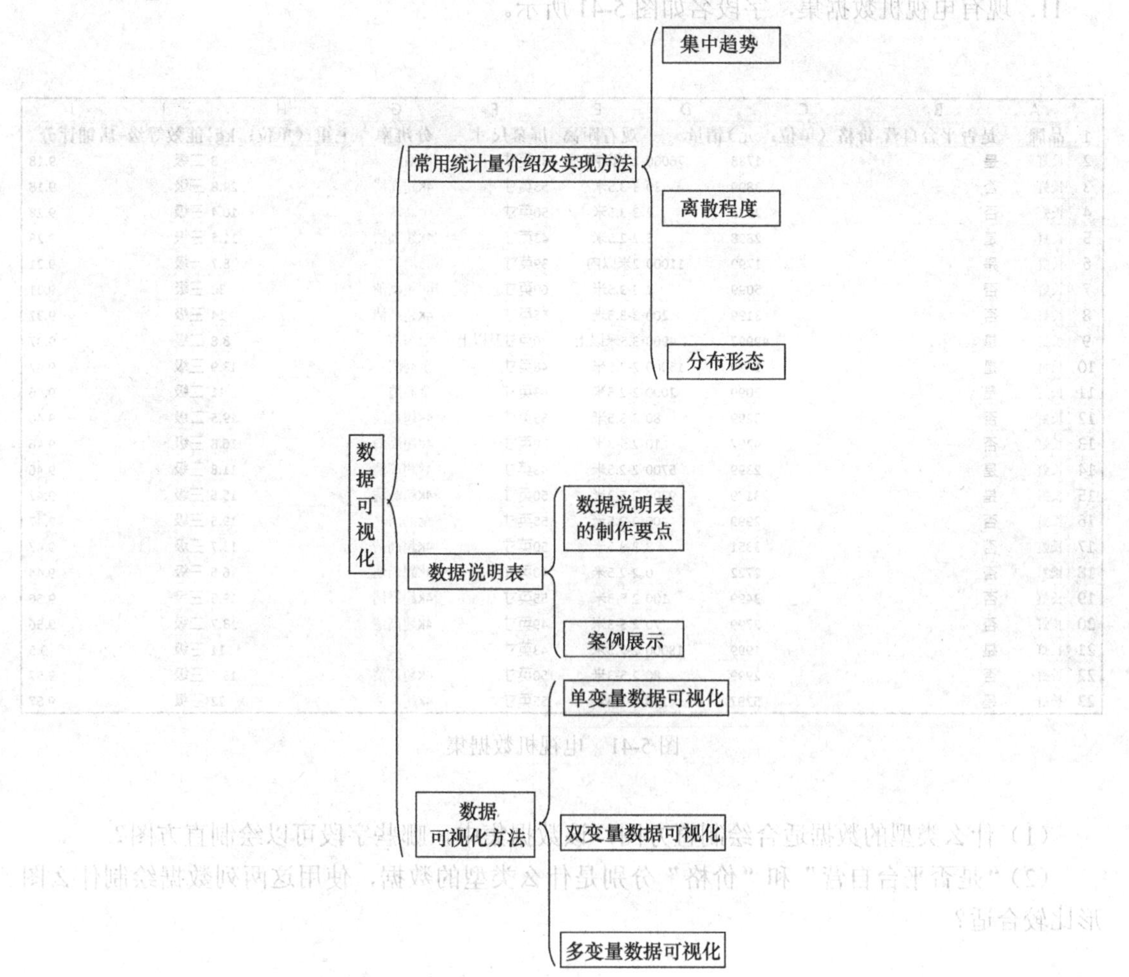

【习题五】

1. 均值、中位数、众数的区别是什么，它们分别适用于哪些情况？

2. 离散程度的常用测度指标有哪些？

3. 方差和标准差哪个更为常用，为什么？

4. 如何判断一组数据是左偏分布还是右偏分布？

5. 如何在 Excel 中求出偏态系数及峰态系数？

6. 数据说明表只需要列出某些重要的自变量吗？如果是，请阐述；如果不是，请说明还需要列出哪些内容？

7. 如果某一个字段均为数字，则这个字段一定是定量变量，对吗？如果不对，请举例说明。

8. 不同的单变量可以绘制什么图表？图表反映了什么内容？

9. 不同的双变量可以绘制什么图表？图表反映了什么内容？

10. 列举 3 个你知道的在线绘图网站，写出网站名称和网址。

11. 现有电视机数据集，字段名如图 5-41 所示。

	A	B	C	D	E	F	G	H	I	J
1	品牌	是否平台自营	价格（单位：元）	销量	观看距离	屏幕尺寸	分辨率	毛重（单位：kg）	能效等级	店铺评分
2	长虹	是	1788	76000	2米以内	39英寸	高清	8	二级	9.18
3	长虹	否	3899	30	3-3.5米	55英寸	4K超高清	24.8	三级	9.18
4	长虹	否	2932	2	3-3.5米	50英寸	全高清	10.4	三级	9.28
5	长虹	是	2898	5	2-2.5米	43英寸	4K超高清	11.5	三级	9.28
6	长虹	是	1799	11000	2米以内	39英寸	高清	8.7	一级	9.21
7	长虹	否	5099	2	3-3.5米	60英寸	4K超高清	30	三级	9.31
8	长虹	否	3199	200	3-3.5米	55英寸	4K超高清	14	三级	9.37
9	长虹	是	49997	4900	3.5米以上	70英寸及以上	全高清	8.8	二级	9.37
10	长虹	是	2399	15000	2-2.5米	48英寸	全高清	13.9	三级	9.42
11	长虹	是	2099	2000	2-2.5米	43英寸	全高清	11	二级	9.46
12	长虹	否	3299	80	3-3.5米	55英寸	4K超高清	19.5	二级	9.46
13	长虹	否	4297	10	2.5-3米	50英寸	4K超高清	16.8	三级	9.46
14	长虹	是	2399	5700	2-2.5米	43英寸	4K超高清	11.8	三级	9.46
15	长虹	是	3179	9200	2.5-3米	50英寸	4K超高清	15.5	三级	9.47
16	长虹	否	2999	400	3-3.5米	55英寸	全高清	19.5	三级	9.47
17	长虹	否	3351	3	3-3.5米	50英寸	4K超高清	13.7	三级	9.47
18	长虹	否	2722	0	2-2.5米	40英寸	4K超高清	6.5	三级	9.44
19	长虹	否	3499	100	2.5-3米	55英寸	4K超高清	19.5	三级	9.56
20	长虹	否	2799	70	2.5-3米	49英寸	4K超高清	13.7	二级	9.56
21	长虹	是	1999	18000	2-2.5米	43英寸	全高清	11	三级	9.5
22	长虹	否	2999	80	2.5-3米	50英寸	4K超高清	13.7	三级	9.57
23	长虹	是	5297	100	3-3.5米	55英寸	4K超高清	22	三级	9.57

图 5-41　电视机数据集

（1）什么类型的数据适合绘制直方图，该数据集中，哪些字段可以绘制直方图？

（2）“是否平台自营”和“价格”分别是什么类型的数据，使用这两列数据绘制什么图形比较合适？

【技能实训】

1．对第4章中已经清洗与整理好的招聘数据进行可视化。
2．对第4章中已经清洗与整理好的手机相关数据进行可视化。

学习心得

第6章 数据分析报告的撰写

【学习目标】

- 了解数据分析报告的定义。
- 掌握数据分析报告的写作原则及分类。
- 掌握数据分析报告的结构。
- 掌握撰写数据分析报告的注意事项。

【引导案例】

如何撰写数据分析报告

小白通过数据说明表和数据统计图将线上吉他销售数据完美地展示给了领导，本以为会得到领导的肯定，结果领导说："图表是很好看，可是我并不清楚背景，也看不到结论，光有图表能说明什么问题呢？"小白这才恍然大悟，他应该把数据分析过程做成报告给领导审阅，也就是常说的"数据分析报告"。

【思考】

如何撰写数据分析报告？

作为一名数据分析师，只会对数据进行分析是远远不够的，因为所有的分析最终都是为了解决业务问题，而大部分情况下展示对象并非分析专业人士，直接展示图表并不可行，需要恰当地把分析结果和建议使用易于理解和接受的方式进行传达，才能实现数据分析的最大价值。下面一起来看看数据分析报告到底应该怎样撰写！

数据分析报告概述

6.1 数据分析报告概述

决策者可以通过数据分析报告来认识和了解事物，掌握相关信息。数据分析报告不仅可以对事物数据进行全方位的科学分析，还可以评估其环境和发展情况，从而为决策者提供科学、严谨的依据，以帮助决策者降低项目投资的风险。

6.1.1 数据分析报告的定义

数据分析报告是研究报告中的一种，是根据数据分析原理和方法，运用数据来反映、研究和分析某个事物的现状、问题、原因、本质和规律，并得出结论，提出解决办法的一种分析应用文。

数据分析报告是项目可行性判断的重要依据。数据分析可以帮助决策者认清现状或者看清未来，是认清位置领域、拓展认知边界的一种方法。

数据分析报告实质上是一种沟通与交流的形式，以数据为基础，发现问题，说明事实，得出结论。数据分析报告的主要目的在于将分析结果、可行性建议以及其他具有价值的信息传递给决策者，帮助决策者对结果做出正确的理解与判断，并以此为依据做出有针对性、操作性、战略性的决策。

6.1.2 数据分析报告的写作原则

一份完整的数据分析报告，应当围绕目标确定数据分析的范围，遵循一定的前提和原则，系统地反映事物存在的问题及造成问题的原因，帮助决策者找出解决问题的方法。数据分析报告的写作一般遵循以下 4 个原则，如图 6-1 所示。

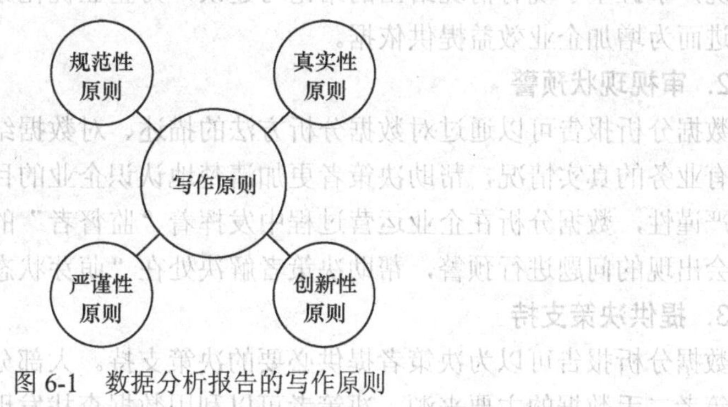

图 6-1 数据分析报告的写作原则

1．规范性原则

数据分析报告中所使用的术语一定要规范，标准要统一，前后要一致，同时还要与行业中的专业术语保持一致。

2．真实性原则

数据分析报告一定要保证数据和分析结果的真实性，在各项数据分析中，重点选取有真实性、合法性的指标，构建与其相关的数据模型，科学专业地对其进行分析，即使分析结果中有对决策者不利的影响因素，也要尊重事实。

3．严谨性原则

数据分析报告的写作过程一定要谨慎，首先要保证基础数据的唯一性、真实性和完整性，其次分析过程必须科学、合理、全面，最后分析结果要实事求是、内容严谨可靠。

4．创新性原则

当今社会，“创新”是一个非常热门的词，技术、行业、商业模式日新月异，时时都有大量的创新方法或者研究模型从实践中被摸索、总结出来。数据分析报告要引入这些创新的想法，既可以使用实际结果去验证结论的对错，也可以帮助普及新的科研成果，使更多的人收益，发挥更大的价值。

6.1.3 数据分析报告的作用

在讨论数据分析报告的作用之前，需要考虑它的受众对象。对于个人而言，数据分析报告的作用是能让人更好地生活，比如记录自己的健康数据等。对于企业而言，数据分析报告的作用主要体现在以下 3 个方面，如图 6-2 所示。

图 6-2 数据分析报告对企业的作用

1. 呈现分析结果

数据分析报告可以清晰地展示出分析结果，使得决策者迅速理解、分析、研究企业的基本情况，掌握基于现有情况给出的结论与建议，为企业优化原有业务流程、合理分配企业资源，进而为增加企业效益提供依据。

2. 审视现状预警

数据分析报告可以通过对数据分析方法的描述、对数据结果的处理与分析等几方面，展示现有业务的真实情况，帮助决策者更加清楚地认识企业的目前状态。因为数据分析的科学性与严谨性，数据分析在企业运营过程中发挥着“监督者”的作用，能够对业务运营过程中可能会出现的问题进行预警，帮助决策者解决处在“萌芽状态”的问题，防患于未然。

3. 提供决策支持

数据分析报告可以为决策者提供必要的决策支持。大部分数据分析报告都具有时效性，是决策者二手数据的主要来源。决策者可以利用数据查找发现人们思维上的盲点，在数据价值的基础上发现新的业务机会和创造新的商业模式，将数据价值直接转化为“金钱模式”或离金钱更近的过程。例如腾讯、阿里巴巴等企业在其拥有广泛用户数据的基础上，分别成立了腾讯征信、芝麻信用等新的业务关联企业，而这些征信企业进一步衍生出相关“刷脸”业务，将其扩展到租车、租房等领域。

6.1.4 数据分析报告的分类

由于数据分析报告要解决的问题、针对的受众、业务场景、展现形式不同，因此存在不同形式的报告类型。

1. 按照要解决的问题分类

① 问题发掘型。基于数据呈现的结果，重点分析目前所产生的问题和预测未来会产生的问题。

② 事实展示型。报告以叙述说明为主，重点在于数据分析结果的展示，不进行关于问题的预测。

③ 混合型。将事实展示与问题发掘相结合，既对客观事实呈现分析结果，也对问题进行深入探讨与预测。

2. 按照针对的受众分类

① 对内汇报型。一般用于企业内部对领导的汇报。

② 对内项目型。是指与其他团队合作完成的报告。

③ 对外分享型。这种报告篇幅不宜过长，重点突出结论。

④ 对外提交型。注意这种报告需要提供较多的信息，但是要注意数据的安全性，需要隐藏敏感数据。

⑤ 对外展示型。这是一种简短的、能够快速向潜在客户展示能力的报告，可以控制传播范围，同样需要注意数据的安全性。

⑥ 对外发布型。主要针对 C 端的用户，与数据相关的内容较少，结论较多，要特别注重数据的安全性。

3. 按照业务场景分类

① 经营分析型。对企业经营状况进行分析，建立在大量的数据事实基础上，帮助企业管理层更好地把握企业运营的实际情况，辅助管理层做出正确的管理决策。

② 销售分析型。主要用于衡量和评估经理等人员所制定的计划销售目标与实际销售情况之间的关系，也用于分析各个因素对销售绩效的不同影响，如品牌、价格、售后服务、销售策略等。主要包括营运资金周转期分析、销售收入结构分析、销售收入对比分析、成本费用分析、利润分析、净资产收益率分析等。

③ 运营分析型。企业通过因素分析、对比分析、趋势分析等方法，定期开展运营情况分析，发现存在的问题，及时查明原因并加以改进。

④ 媒体分析型。媒体是广告最终与消费者接触的渠道，广告因消费者的媒体接触而产生效果。媒体既是广告作业的一部分，也是营销的延伸。媒体分析主要包括媒体选择、宣传方式、主要诉求等。

⑤ 市场分析型。市场分析是对市场供需变化的各种因素及其动态、趋势的分析。市场分析采用适当的方法，探索、研究、分析市场变化规律，了解消费者对产品品种、规格、质量、性能、价格的意见和要求，了解市场对某种产品的需求量和该产品的销售趋势，了解产品的市场占有率和竞争单位的市场占有率情况，了解社会商品购买力和社会商品可供量的变化，并从中判断商品供需平衡的情况（平衡、供大于需或需大于供），为企业生产经营决策提供帮助。

⑥ 学术分析型。学术分析针对系统和专门的学问进行分析，如高等教育和科学研究，或是对存在物及其规律进行分析。

⑦ 产品分析型。产品分析型报告按照分析对象的性质划分，专指对产品的产量、品种、质量 3 个方面进行分析后形成的文字资料。

4. 按照展现形式分类

① 电子文档型。电子文档是经常使用的一种形式，通常以 Word 文件形式展现。

② PPT 型。PPT 也是常用的一种形式，表示演示文稿。

③ 可视化图表型。可视化图表以交互或者非交互的形式进行展现，比如一些仪表盘。

④ 媒体型（H5 页面，视频等）。媒体型不是特别常用，成本较高。

5. 其他类型

专题分析型报告是对社会经济现象的某一方面或某一个问题进行专门研究的数据分析报告，它的主要作用是为决策者制定某项策略、解决某个问题提供参考和依据。专题分析报告有单一性和深入性两个特点。

6.2 数据分析报告的结构

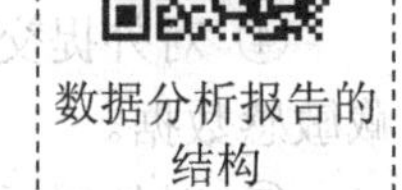
数据分析报告的结构

数据分析报告有一定的结构，但是这种结构会根据公司业务、需求的变化进行调整。但是，经典的结构还是“总—分—总”结构，即发现问题、分析问题、解决问题，它主要包括开篇、正文和结尾3个部分。

开篇包括标题和背景介绍，正文一般包括数据获取说明、现状描述分析和建模分析，结尾主要包括结论与建议、附录。下面将对以上3个部分进行介绍。

6.2.1 标题

任何文章都需要标题，数据分析报告也一样。好的标题不仅可以表现数据分析的主题，而且能够引起读者的阅读兴趣。数据分析报告的标题应精简干练，根据版面的要求长度应不超过两行。

1. 常见标题类型

常用的标题类型有以下4种。

① 解释型标题。解释型标题可用来解释数据分析报告的基本观点，如“销售业务是公司发展的基础”“不可忽视潜在客户的价值”等。

② 概括型标题。概括型标题可叙述报告反映的事实，概括分析报告的主要内容，如“2018年我国离婚率增长15.3%”“2017年吉林省居民消费价格指数涨幅回落”等。

③ 交代型标题。交代型标题可交代分析的主题，不阐明分析师的观点，如“2015年我国主要城市旅游接待情况分析”“2016年高校招生对比分析”等。

④ 提问型标题。提问型标题以提问的方式来点明数据分析报告中的问题，从而引发读者的阅读兴趣，这种类型的标题可以使读者做好阅读前的思考准备，如“公司客户流失的原因何在？”“结婚率出现历史新低是如何造成的？”等。

2. 拟定标题时需注意的方面

在拟定标题时需要注意以下3个方面。

① 研究问题要聚焦。数据分析报告讲究实用性，要为决策者提供服务，因此标题的语言一定要简单明了。当我们确定要分析的行业或者领域之后，需要进一步聚焦这个行业或者领域中的某个话题。例如，不能把“旅游”行业直接作为研究问题，因为这是一个很宽泛的话题，除非我们要写一个旅游行业的研究报告。如何进一步聚焦呢？可以先了解一下旅游行业都包含哪些因素，有住宿、交通、餐饮、目的地等。我们应该先选定因素，例如站在目的地的角度去思考问题，目的地是什么，什么时候人少又便宜？再结合数据与建模来分析。一个好的题目可以是“想在游客稀少的时候去三亚，有这些小方法”。

② 表达明确。除了要聚焦研究的问题，数据分析报告还需要有一个好标题，能够使决策者通过标题大概了解报告研究的内容。例如“数据分析岗位招聘情况及薪资影响因素分析”“世界这么大，想去哪儿看看——在线旅游产品销售分析”“听见好时光——网易云音乐歌单

受欢迎程度分析”等，这些题目能够准确表达报告所研究的内容。

③ 内容简洁。要使用较少的文字概括较多的内容，标题应有高度概括性，使用的文字应有鲜明的指向性，使决策者第一时间能准确掌握报告的内容。

除以上3个方面外，我们在制作标题时还应该讲究标题的艺术性，即对分析对象展开合理的联想，运用恰当的修辞方法为标题增色，使标题“新鲜活泼”、独具特色。

【案例】

① 目前，中国经济展现大好形势，我国营销行业也进入了高速发展阶段，在诸多行业中的占比越来越大，各种销售岗位也深入社会生活的各个层面。随着行业的发展，应运而生的销售员越来越深受年轻人青睐，那么销售员的岗位需求到底是怎样的？各地区销售员薪资的主要影响因素是什么？如果对上述内容进行分析研究，我们可以总结出题目：“销售岗位招聘情况及薪资影响因素分析。”

② 消费金融是为消费者提供消费贷款的现代金融服务方式。无论从金融产品创新还是扩大内需角度看，消费金融都给人们的生活带来了很多便利，但随着消费金融行业的客户越来越多，也出现了许多客户违约的事件，我们应该如何在不影响客户体验的情况下，减小客户的违约风险呢？如需要研究上述内容，我们可总结出题目：“消费金融行业的用户违约风险分析。”

③ 近几年来，我国较多地区空气质量变差，雾霾也成了人们关注的热点之一，因为它影响着人们的生活。石家庄就是受雾霾影响程度最大的城市之一，最近几年石家庄的空气质量逐步下降，导致生活环境变差，人民的生活质量下降，到底是什么在影响着石家庄的空气质量呢？如需要对上述内容进行研究分析，我们可以总结出题目：“雾霾来了——石家庄空气质量指数分析。”

6.2.2 背景介绍

背景介绍属于数据分析报告中的开篇部分，有着非常重要的作用，因为背景介绍的作用是使读者明白研究的原因及意义。背景介绍的写作一定要深思熟虑，并且保证分析内容的正确性，它对最终报告是否能解决业务问题，能否为决策者提供有效依据起巨大作用。

背景介绍包括行业概述、发展趋势、现存问题以及研究目的等。在撰写背景介绍前，作者首先要阅读足够多的关于相关业务的资料，充分了解要分析的行业，包括行业的现状、存在的问题以及行业的发展趋势。其次背景介绍的内容必须具有逻辑性，具备层层递进的关系。最后，背景介绍要阐明作者所要研究的问题以及研究目的。

想要写好背景介绍首先需要有足够的知识积累，可以搜集大量的资料来了解行业及业务，最好有研究报告的支撑，运用里面的统计图表能够使研究的内容具有说服力。同时也需要好的文字功底，避免观点没有逻辑和赘述内容，段落之间需要有衔接，文字书写要规范。

【案例】

中国“背包客”是否入住青年旅舍的影响因素分析

当下青年人所向往的是一场说走就走的旅行，而旅行中重要的是“吃”“住”“行”，其中“住”尤为重要。青年旅舍可能是当下青年人出门在外的首选，包括食宿式房间、公共间、厨房、公共卫浴。青年旅舍能为经济条件有限的青年人提供友善、清洁、安全、隐私、舒适、环保的住宿服务，鼓励青年人热爱旅游、热爱自然、广交朋友，培养一种亲近自然的健康生活方式，能促进青年人的文化交流与融合。截至2011年，国际青年旅舍共有60多个成员方及20余个附属成员方，今天青年旅舍已成为当今世界上较大的住宿连锁组织，世界上有1000万青年旅游者选择青年旅舍。

青年旅舍的快速发展，离不开旅游业的发展。中国旅游研究院（文化和旅游部数据中心）数据显示：2018年国内旅游市场持续发展，入境旅游市场稳步进入缓慢回升通道。2018年全年，国内旅游人数为55.39亿人次，比上年同期增长10.8%。经测算，全年全国旅游业对GDP的综合贡献为9.94万亿元，占GDP总量的11.04%。仅2019上半年，国内旅游人数已达30.8亿人次，国内旅游收入2.78万亿元。中国旅游业总产出将占国内生产总值的8.64%，旅游消费将占总消费的6.79%，中国将成为旅游强国。因此青年旅舍也成为值得旅客关注的住宿方式。

目前全球已有近6000家青年旅舍，每年接待住客3300万人次，年营业收入12亿~14亿美元，服务员约3万人，义工不计其数。随着形势的不断发展，目前国际青年旅舍也正在不断调整其经营理念与经营方针，以适应青年学生消费观念的转变，青年旅舍的硬件方面开始向更加舒适的标准提升。但随着劳动力成本的提高、新一代青年志愿者的减少，青年旅舍的经营成本越来越高，再加上酒店行业的激烈竞争，部分青年旅舍为了生存，不得不违背青年旅舍联盟章程中的有关规定，想办法增加经营利润。但从总体上看，他们并未从根本上改变青年旅舍的性质和宗旨。青年旅舍针对的目标，是以生态旅游、自助旅游的大学生为主体，倡导“知行合一”，帮助青少年以较低的价格解决旅行中的住宿问题，所以青年旅舍显示出了强大的生命力。

随着素质教育的提出，青年旅舍也为青少年实现“读万卷书，行万里路”创造了有利的社会环境，以寓教于游为特点之一的青年旅舍将会得到蓬勃的发展。因此，国内选择入住青年旅舍的“背包客”的数量可能会越来越多。但是国内青年旅舍的价格会在一定的程度上影响背包客是否会选择入住，这时青年旅舍必须制定完善的计划，采取有效的措施来增加旅馆的客源。

青年旅舍在中国青年人和旅游界中成为知名品牌，越来越多的人选择入住青年旅舍。那么什么样的青年旅舍较受青年人的欢迎呢？本案例爬取了相关数据，数据标签主要包含是否入住青年旅舍、青年旅舍的价格以及是否提前预约等。从青年旅舍的各项数据出发，通过对这些因素的分析，希望能为青年旅舍建立一个评价体系来探索、分析背包客入住青年旅舍的影响因素，并能够借此体系建立一个评价标准来帮助背包客更好地选择自己喜欢的青年旅舍。

【案例】

口红价格影响因素分析

美是时代的潮流，更是一种时尚。越来越多的人开始追求个人时尚、追求美，从而带动化妆品市场规模的持续扩大。中商情报网讯：据国家统计局最新数据显示，2018年1~12月全国化妆品零售额达2619亿元，同比增加9.6%。整体来看，在11月由于“双十一”大促销影响，化妆品零售额最高，达到280亿元。从增长速度来看，3月化妆品零售额增长最快，同比增长22.7%。数据显示，在快速发展的彩妆市场中，口红是2018年线上彩妆的第一大品类，更是消费者在线上购买彩妆的第一选择，且呈现出销售量逐渐增多的趋势。与此同时，根据大数据的统计，超过300万女性用户1年内购买5支以上口红，且年龄分布相当广。“90后”作为口红消费的主力军，占比62%，50岁以上的消费者也贡献了2%的份额。“95后”中有44.8%的女性每天涂抹口红，47.3%的女性随身携带口红，超过20%的女性拥有5支以上口红。

现代女性为了在逛街、职场、聚会等场合提升自己的气质，必备“神器”便是口红。随着国内消费水平的提高、人们审美能力的提升，口红市场能够蓬勃发展的原因有以下几个。

① 经济因素是实现需求的重要因素，没有一定的购买能力不能形成需求。经济因素主要取决于居民收入状况、储蓄与信贷等因素。随着人们消费水平的提高，现代女性对时尚的态度也逐渐有所改变，她们追求心理上的满足，而高档口红则深受高收入职业女性喜爱。

② 市场营销在很大程度上受到政治和法律环境因素的影响。由于中国近年来贸易顺差不断增大，政府正在努力平衡中国的贸易出口额，实施多项促进进口的政策，包括下调多种产品的进口关税，并简化进口相关程序等。这也拓宽了口红市场，增加了口红品牌之间的竞争促进作用。

③ 口红拥有不同的色号，可以满足各种妆容需求。同样身为彩妆，粉底液不需要购买多瓶，因为人的肤质和肤色限制较大，不适合经常更换。但相比之下，口红的选择相对较多，女性对各种颜色都充满了好奇，因此会不停地进行尝试。

④ 口红是较容易上手的彩妆。对于没有太多化妆经验的人来说，眉毛、眼妆都需要较长时间的摸索练习，但口红完全是即买即用的存在。不同品牌还经常会推出不同系列、质地、颜色的口红和一些限量款，口红漂亮的外观同样吸引女性。还有些女性对于奢侈品比较向往，比如香奈儿的一支口红大约价格为人民币300多元，但是香奈儿的一个包均价2万起，那么想拥有一个小奢侈品的简单方式就是购买口红。

品牌、颜色、功效、产地以及是否进口这些因素都是影响口红价格的原因吗？哪些因素与口红价格密切相关？基于以上问题，本文将从口红市场各项基本数据出发，对口红价格的影响因素进行分析。

6.2.3 正文

正文是数据分析报告的核心部分，需要系统、全面地表达分析过程和结果。正文一般包含3个部分：数据获取说明、现状描述分析和建模分析。

1. 数据获取说明

俗话说“巧妇难为无米之炊”，数据分析报告中的数据是基础，通常获取数据的方式有3种：利用产品自有数据、调查问卷及外部（如互联网）数据导入。分析报告中要交代清楚数据的来源以及数据的基本情况，可以通过我们前面介绍过的数据说明表来展示。

【案例】

本案例清洗后共获得 753 条数据，数据采集时间为 2018 年 1 月。数据共包括 6 个变量，因变量——是否入住，5 个自变量——价格、房间类型、是否 24 小时接待客人、车位情况以及预约住宿情况。数据说明如表 6-1 所示。

表 6-1　数据说明

变量类型	变量名	详细说明	取值范围	备注
因变量	是否入住	定性变量，共 2 个水平	↑	未选择入住青年旅舍占比 70.25%
自变量	价格	定量变量，单位：元	25～198 元	平均值：126 元
	房间类型	定性变量，共 5 个水平	单人间、双人间、四人间、六人间、其他	其他房间包括主题房、八人间以及十人间
	是否 24 小时接待客人	定性变量，共 2 个水平	是/否	24 小时接待占比 79.15%
	车位情况	定性变量，共 3 个水平	收费车位、免费车位、无车位	无车位占比 76.89%
	预约住宿情况	定量变量，单位：时	[0,48]	需要 [0,24] 预约的背包客较多

2. 现状描述分析

数据分析报告是通过展开论题，对论点进行分析论证，从而表达报告撰写者的见解和研究成果的核心，然后描述分析部分需要围绕因变量和自变量，用统计图表初步进行数据可视化，再利用统计指标对数据进行描述，最后解读描述结果。在进行描述分析时，一是要注意统计图表选择的准确性，不同数据类型需要使用不同的统计图表展示，具体方法已经在前文有所介绍；二是需要注意统计图形的规范性以及整体排版；三是注意不能单纯地展示分析结果，如果缺乏解读，再美观的统计图表也是没有意义的，所以需要学会图表的解读，学会“讲故事”。

【案例】

在旅游业快速发展的今天，青年旅舍非常受大众的欢迎。但是有的青年旅舍门庭若市，有的青年旅舍却门可罗雀。哪些因素影响背包客选择入住青年旅舍呢？在对影响是否入住青年旅舍的多种因素进行探究之前，首先对各变量进行描述性分析，通过可视化手段探究变量之间的关系，以初步判断是否入住青年旅舍的影响因素。

（1）因变量：是否入住

一段随心的旅行中，背包客是否会选择入住青年旅舍，这是这次研究的目的。本案例统计分析出结果，目前选择入住青年旅舍占比 29.75%，未选择入住青年旅舍占比 70.25%。青年旅舍汇聚的是来自世界各地、有着不同想法的年轻人，他们或许国籍不同，语言不通，但是不会有太多隔阂。在青年旅舍可以结交喜欢的朋友，听到不同的故事，畅聊自己的旅途，所以入住青年旅舍是很好的选择。

（2）自变量：价格

图 6-3 是价格与是否入住分布箱线图。由图 6-3 可以看出，无人入住的青年旅舍价格较高，有人入住的青年旅舍价格较低。其原因可能是价格高的旅舍环境好，其硬件设施和卫生条件都比价格低的旅舍好，但是背包客不能接受其价格，所以选择价格较低的旅舍入住。

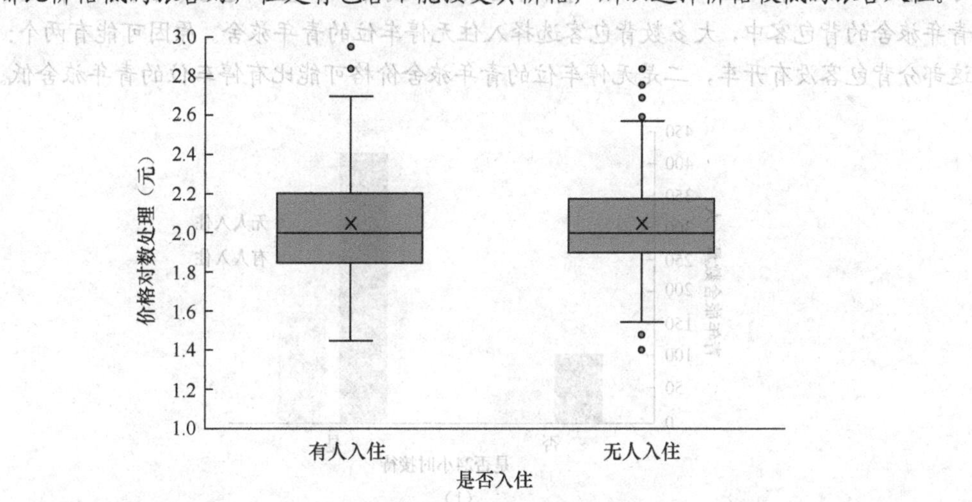

图 6-3 价格与是否入住分布箱线图

（3）自变量：房间类型

图 6-4 是房间类型与是否入住柱形图，从图 6-4 中可以看出，有人入住的青年旅舍中，背包客更倾向于选择其他类型的房间，其次是双人间。是否选择入住青年旅舍差距比较大，选择不同类型的房间入住的背包客的差距也比较大。可以发现选择入住六人间的背包客要比四人间多，出现这种情况的可能原因是大学生一个宿舍 6 人集体出游住宿。在形式多样化的社会，多样化的房间也受到了年轻人的欢迎。

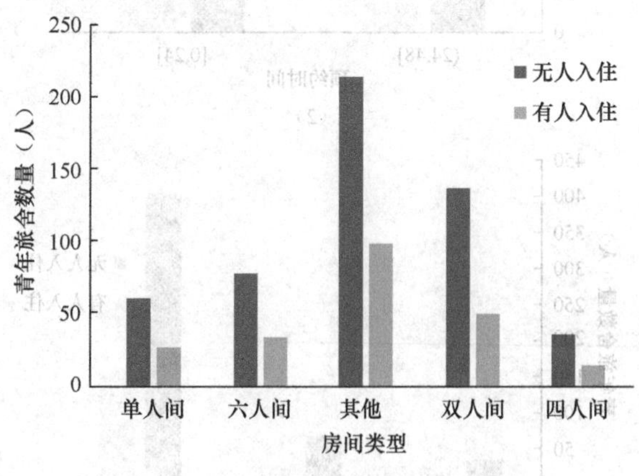

图 6-4 房间类型与是否入住柱形图

（4）自变量：是否 24 小时接待客人、车位情况、预约住宿情况

从图 6-5（1）可以看出，大多数青年旅舍都是 24 小时接待客人的，在背包客入住旅舍

时大多数会选择24小时接待客人的青年旅舍。出现这种原因可能是现在自助游的盛行，背包客走走停停，青年旅舍根据背包客的需求设置了这种24小时接待客人的服务。从图6-5（2）可以看出，大多数青年旅舍需要[0,24]小时预约，在入住青年旅舍的背包客中，大多数背包客会选择[0,24]小时之内能够预约的青年旅舍。这种青年旅舍的老板可以更好地为背包客服务，同时也可以减少背包客的流失，让更多的背包客选择入住青年旅舍。从图6-5（3）可以看出，目前市场上只有小部分青年旅舍会提供停车位，甚至是免费停车位。在选择入住青年旅舍的背包客中，大多数背包客选择入住无停车位的青年旅舍。原因可能有两个：一是这部分背包客没有开车，二是无停车位的青年旅舍价格可能比有停车位的青年旅舍低。

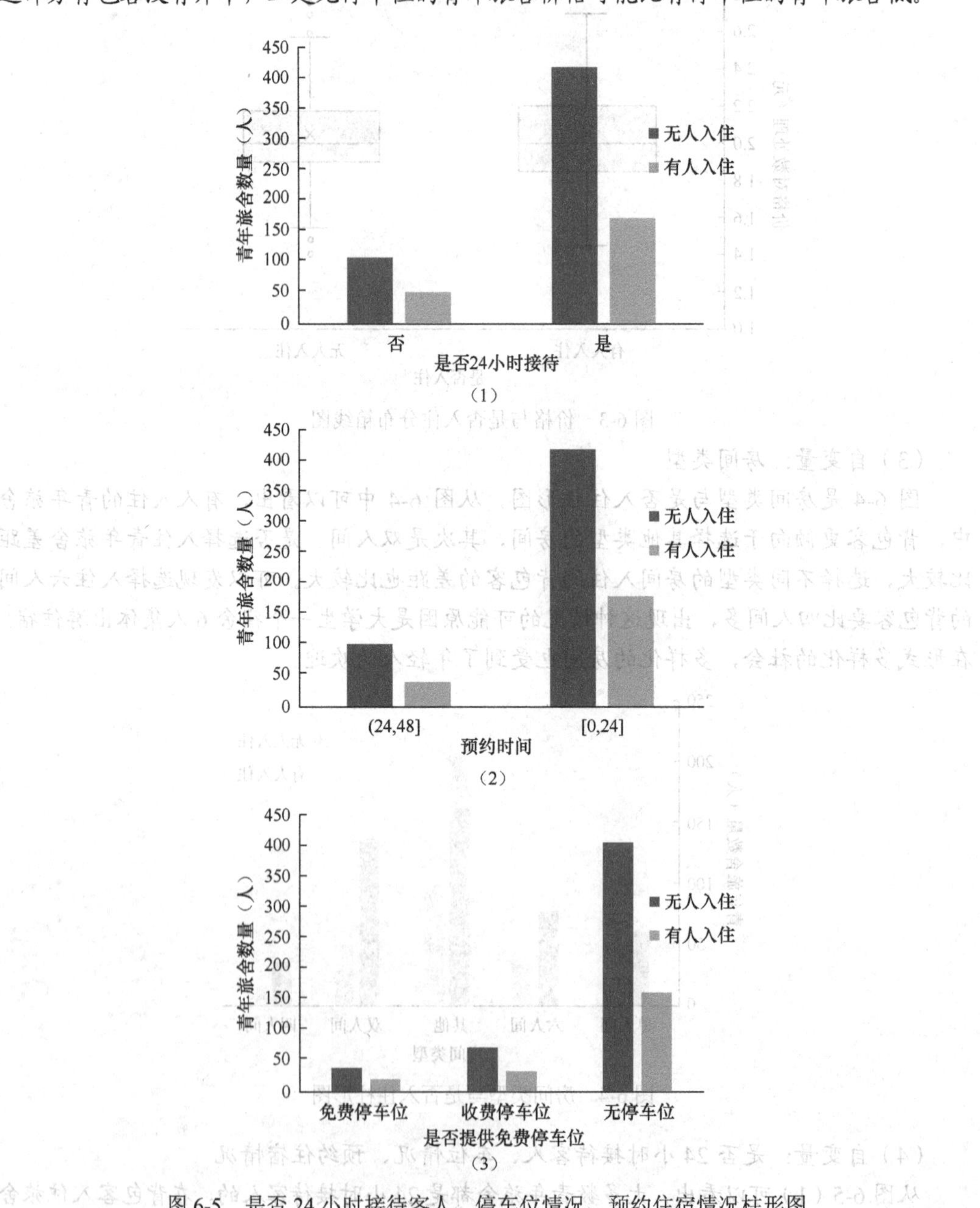

图6-5 是否24小时接待客人、停车位情况、预约住宿情况柱形图

3. 建模分析

撰写报告正文时，不仅要包含描述分析、展示统计图表和统计指标，还需要为数据建模。模型具有解读和预测两大作用，可以帮助决策者更清晰地认识问题和预测可能发生的问题。数据分析报告需要科学严谨的论证，才能确认观点的合理性和真实性，使人信服。正文是报告中最长的主题部分，包含所有数据分析的事实观点。所以在进行正文加工时特别需要注意各个部分之间的衔接和逻辑关系，同样还要注意图表的美化与报告的风格一致。

注：数据建模在本教材中不进行重点介绍，因为建模一般不用 Excel 来实现，而是用语言来实现，如 R 语言、Python 等。

6.2.4 结论与建议

报告的结尾是对整个报告的综合与总结，是得出结论、提出建议、解决矛盾的关键。好的结论与建议可以帮助读者加深认识、明确主旨、引发思考。

结论是以数据分析结果为依据得出的分析结果，它不是简单的重复，而是对数据分析报告中前面内容的总结与提炼，再结合其相关业务，经过综合分析、逻辑推理形成的总体论点。结论应该首尾呼应，措辞严谨、准确。

建议是根据数据分析结论对决策者或者业务等面临的问题而提出的改进方法，建议主要关注现有状况的改进以及是否继续保持优势。但是要注意一点，因为建议是根据数据分析结论而来的，所以具有一定的局限性，因此必须结合具体的相关业务才能得出切实可行的建议。

所有的结论与建议都不能脱离实际业务。

【案例】

本案例通过对是否入住青年旅舍进行统计分析，得到以下主要结论与建议。

（1）青年旅舍价格至关重要。无人入住的旅舍价格高，有人入住的旅舍价格低。价格高的旅舍可能环境好、服务好，硬件设施和卫生条件都比价格低的旅舍好。但是目前绝大多数背包客都是大学生或者刚毕业的青年人，没有能力支付昂贵的住宿费，在这种情况下，价格比较低、条件较好的青年旅舍是背包客的首选。因此，青年旅舍的老板可以多置办一些新的硬件设施，借助较好的条件、较低的价格来吸引背包客。

（2）房间类型对是否入住也有一定的影响。主题房风格多样，不同于其他一般的双人间或者单人间等。同时其他房间类型的设置，也能使来自全国各地的年轻人因为相同的爱好聚在一起。因此青年旅舍的老板可以减少单人间、双人间、四人间、六人间的房间，增加其他类型的房间（包括主题房、八人间以及十人间等）来吸引新一代的年轻人。

本案例仅通过青年旅舍的价格、房间类型、是否 24 小时接待客人、车位情况以及预约住宿情况对是否入住青年旅舍的影响因素进行了探究。然而，实际影响背包客是否入住青年旅舍的因素还有很多，例如青年旅舍的位置、周围的环境、是否有 24 小时的服务（热水、餐厅）等。在未来的研究中，可以考虑加入更多的其他因素来进一步深化当前的研究。住青年旅舍想吸引更多的背包客人，也可以将以上几个因素纳入规划范畴，有针对性地进行完善与提高。

6.2.5 附录

附录是数据分析报告的组成部分。附录包含正文涉及而未进行详细阐述的相关资料，也可以是正文中内容的延伸与深入，如报告中所涉及的专业名词解释、计算方法、重要的原始数据、地图等。与其他论文相同，附录需要有编号。

附录作为数据报告的补充部分，不要求必须有，可以根据情况而定。

6.3 撰写数据分析报告的注意事项

撰写数据分析报告的注意事项

了解数据分析报告的结构后，接下来学习如何才能写出一份好的数据分析报告，以及撰写报告有哪些事项需要注意，如图 6-6 所示。

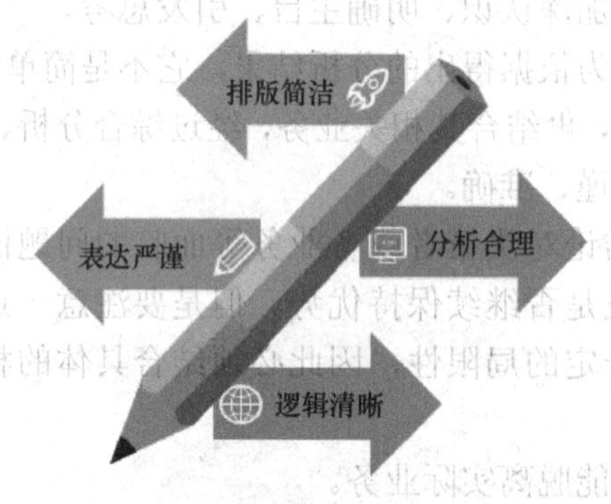

图 6-6 数据分析报告的注意事项

1. 逻辑清晰

一份合格的数据分析报告不仅需要明确、完整的结构，还要呈现清晰、简洁的分析结果。报告的逻辑分为两个层面：报告的结构和段落之间的衔接。数据分析报告的结构一般有固定的格式，前面也有详细的介绍，这里不再赘述。关于段落之间的衔接，建议使用一个段落集中来表达一个中心思想。其次，要学会梳理段内逻辑，常用的逻辑包括先分后总、先总后分、先总后分再总。常用的组织逻辑包括并列、递进、转折等。切忌段落之间只是罗列，缺少逻辑关系。

2. 表达严谨

严谨的表达是一份数据分析报告的基础要求，其中包括言语平实，避免强烈情感、华丽辞藻和夸张词汇；尊重规范，公式和图表要合乎规范，专业术语应该辅以简要解读；图文并茂，善用统计图、表格、流程图，同时配备内容明确的标题和适当的文字解读；科学引用，尊重他人劳动成果，给出文献列表或者采取脚注方式标明材料来源。

3. 分析合理

数据分析报告的价值主要在于为决策者提供所需要的信息，并且这些信息能够解决他们的问题。数据分析报告不仅要基于数据分析问题，还要结合公司的具体业务，这样才能得出可操作的建议，一切脱离业务的分析都是“纸上谈兵”。因此，分析结果需要与分析目的紧密结合，切忌远离目标的结论和不现实的建议。

4. 排版简洁

有了清晰的逻辑和严谨的表达还不够，一份好的数据分析报告还应该具备简洁的外观，包括排版和细节。段落的划分要长度适中，切忌过长或过短。

图表和文字穿插排版：图表要有标题和图号，图的标题在下方、表的标题在上方。太大的图表、方法原理的介绍和公式等都可以放在附录中。如果出现文字比较集中的段落，可以将字体加粗来突出中心思想。

数据分析报告是数据分析成果的整理和展示，就像是一个人的精神面貌。数据分析报告撰写的好坏往往决定了读者对你的第一印象甚至是唯一印象。现实中，每个值得研究的问题可能都有成千上万的人来研究，撰写数据分析报告是你征得读者信任的非常重要的手段，所以掌握数据分析报告撰写的方法是非常重要的。

6.4 数据分析报告撰写案例

下面一起看看小白最后完成的数据分析报告吧。

一把木吉他，一个她——线上吉他价格影响因素分析

摘要：随着国民生活水平的不断提高，越来越多的人开始追求自己的音乐梦想，乐器的需求量也自然随之攀升。吉他因其自身的时尚流行元素及文化魅力，以及相对容易学习和掌握的突出特点，已成功跻身世界三大乐器之一。因为木质、款式、颜色等的不同，吉他价格差别也很大，下至百余元，上至数万元，所以对于初学者来说，选购一款价格合适的吉他并不是一件容易的事。本报告通过线上吉他销售数据，从3个维度展开分析，研究影响吉他价格的因素。本报告的研究结论，可为初学吉他的买家提供购买建议，在选购时应重点考虑品牌、颜色、规格、木质、店铺类型这几个属性。

一、背景介绍

音乐承载了我们青春年华中满满的回忆。所有这些深入人心的乐曲，都由林林总总的乐器赋予其灵魂。随着国民经济的不断发展、生活水平的不断提高，人们的消费观念随之也发生了转变，有些人已不能满足于富余的物质享受，更加追求精神上的愉悦。在这样的契机下，流行音乐迅速发展，相关的乐器行业也同样迎来了“春天”。

2018年10月13日，在上海闭幕的“2018中国（上海）国际乐器展览会”发出消息称：中国的音乐教育现已呈现出爆发式增长的状态，“爱乐”已是越来越流行的生活风尚。据中国乐器协会介绍，2017年中国乐器市场规模达448亿元人民币，占据全球乐器市场的三成左右，成为仅次于美国的世界第二大乐器市场。据统计，2017年中国进口乐器达4.03亿美元，比2016年增长7.2%，进口乐器占中国乐器市场销售比例达6%左右。更为可观的是，随着众多国际知名乐器企业在中国投资设厂，其相关产品占中国乐器市场份额已攀升至21%。

随着吉他市场逐渐火热，除吉他本身以外，其常用配件也逐渐占据吉他市场的一些份额。调查显示，原声吉他和电吉他共占市场总份额的近70%。诸如琴弦、音箱、音色效果器等配件基本平分了剩余的三成市场份额。吉他一般分为3个档次：2000元以下是低档，这个档次的吉他在市场上比较普遍；其次为2000~5000元为中档，其市场销售量一般；5000元以上则为高档，其市场销售量不多，大部分用于定制和收藏。吉他原本是一种很贵的乐器，只是因为国内学习吉他这种乐器的人数很庞大，同时又受生活条件的限制，所以出现了很多价格便宜的吉他，以满足初学者或经济条件有限的人群的需求。

如何正确选择适合自己的吉他产品，成为吉他爱好者心中的疑惑。本报告利用某电商网站数据，分析线上吉他产品价格的影响因素。具体来说，报告将从3个维度进行研究：商品属性维度（如品牌、毛重、圆角缺角、颜色、背侧板材质、面板材质、规格、评分等）；店铺属性维度（如店铺类型和服务态度等）；物流属性维度（如配送方式和物流速度等）。通过分析，希望为吉他爱好者提供建议，以帮助合理制订自己的购买计划。

二、数据说明

该数据来源于某电商网站2019年10月20日的吉他销售页面，共1176条记录、14个字段。其中，规格即吉他的尺寸大小；评分即买家对吉他自身的评价；服务态度和物流速度均为买家的评价分数；配送方式即卖家从何处发货、哪里提供售后服务等信息。在这14个字段中，选择“价格”作为因变量，即本报告将围绕影响吉他价格的因素进行分析。其余字段为自变量，可分为3个不同维度：商品属性、店铺属性、物流属性。数据说明表如表6-2所示。

表6-2　　数据说明表

变量类型		变量名	详细说明	取值范围	备注
因变量		价格	定量变量，单位：元	109 ~ 11 999	中位数为899
自变量	商品属性	品牌	定性变量共20个水平	雅马哈、智扣、芬达、星臣等	由于品牌较多，故提取了19个知名品牌，其余品牌均归类为“其他”
		毛重	定量变量，单位：kg	0.8 ~ 13	中位数为4.5
		圆角缺角	定性变量，共2个水平	圆角、缺角	缺角款略高于圆角款，占56.4%
		颜色	定性变量，共11个水平	原色、黑色、白色、黄色、太阳色等	原色最多，占72%
		背侧板材质	定性变量，共10个水平	赤杨木、椴木、沙比利、花梨木等	白松木居多，占20%
		面板材质	定性变量，共11个水平	赤杨木、椴木、沙比利、花梨木等	沙比利居多，占22%
		规格	定性变量，共13个水平	21寸、23寸、26寸、30寸等	41寸最多
		评分	定量变量，单位：分	9.47 ~ 9.91	满分为10，中位数为9.65
	店铺属性	店铺类型	定性变量，共4个水平	旗舰店、专卖店、专营店、普通店	样本中专营店数量最多，占73%
		服务态度	定量变量，单位：分	9.17 ~ 9.88	满分为10，中位数为9.61
	物流属性	物流速度	定量变量，单位：分	9.16 ~ 9.91	满分为10，中位数为9.66
		配送方式	文本型		例如：由星臣小鹰专卖店负责发货，并提供售后服务

三、描述分析

本报告研究的是线上吉他的价格，相关的影响因素可归纳为三个维度：一是商品属性，包括品牌、毛重、圆角缺角、颜色、背侧板材质、面板材质、规格、评分8个变量；二是店铺属性，包括店铺类型和服务态度两个变量；三是物流属性，包括配送方式和物流速度两个变量。

（一）因变量

在样本数据中，价格直方图如图6-7所示，大多集中在100~3000元左右，整体呈现右偏分布。样本数据的平均值为1361元，中位数为899元，最小值为109元，是专卖店售卖的一款沙比利木质41寸民谣吉他；最大值为11 999元，是专营店售卖的智扣牌限量版民谣吉他。由上述统计量可以看出，在样本数据中存在某些较大的异常值，导致价格的均值被拉高。初步判断，这些异常值来自一些限量款吉他，由于木料、共鸣效果、扫弦时的手感等均比普通吉他好很多，所以价格也相对较高。

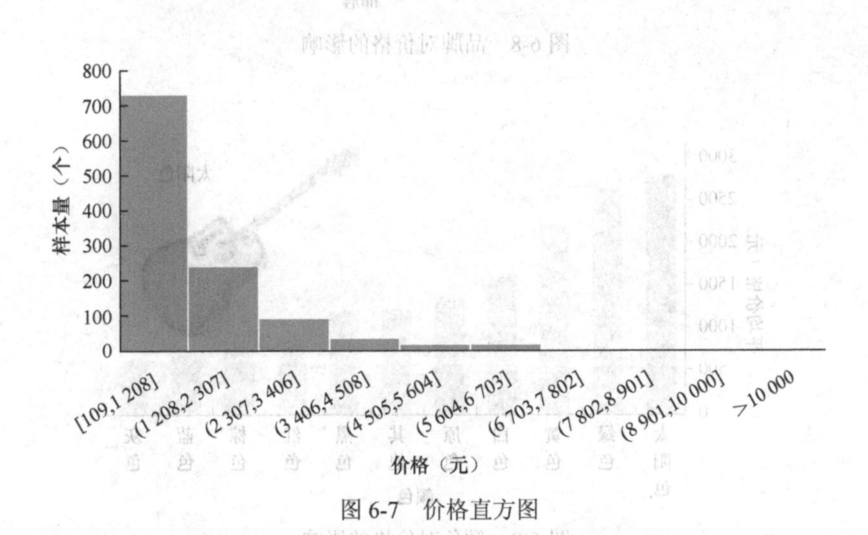

图6-7 价格直方图

（二）自变量

下面将自变量分为3类，分别描述其对价格的影响情况。

1. 商品属性

由图6-8可知，主流品牌之间的价格差异并不大，相比之下，Squier、马丁、艾薇儿、Epiphone这些品牌的价格略高，均价基本在2000元左右。这一现象也正好符合大众对品牌的认知——这4个品牌均为国际主流品牌，且年代久远、技术成熟、业界认可度极高。例如，美国品牌Epiphone是世界上最大的品弦乐器生产商之一，诞生于19世纪初期。芬达于1946年建立，率先推出商业化的实心电吉他，生产出第一把电贝斯以及难以计数的经典音箱。Squier品牌源于芬达，是20世纪70年代芬达公司针对一些喜爱芬达吉他的年轻初学者专门开发的品牌，Squier被广泛认为是一个具有丰富颜色和展示革新主义的吉他品牌。高端产品比比皆是，价格昂贵也在情理之中。

由图6-9可知，太阳色吉他的均价最高，这也正反映了一种现象：太阳色吉他近些年比较流行，一般都是中高端产品。而比较受大众欢迎的原木色和经典的黑色，价格都是比较适中的。

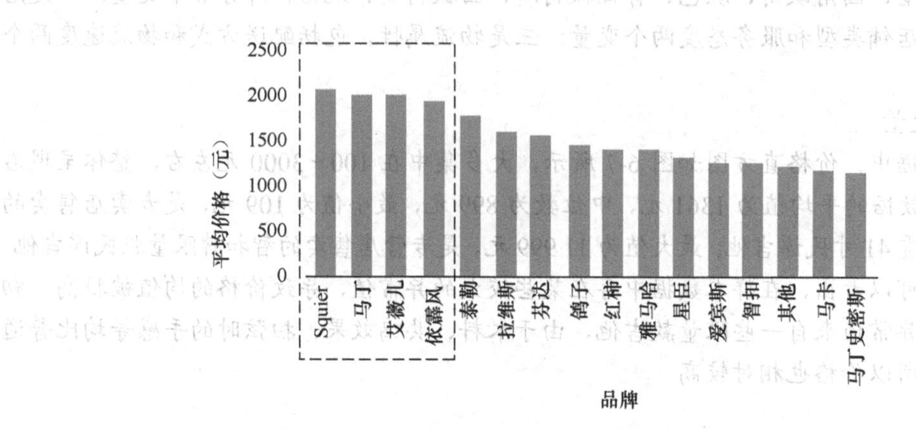

图 6-8　品牌对价格的影响

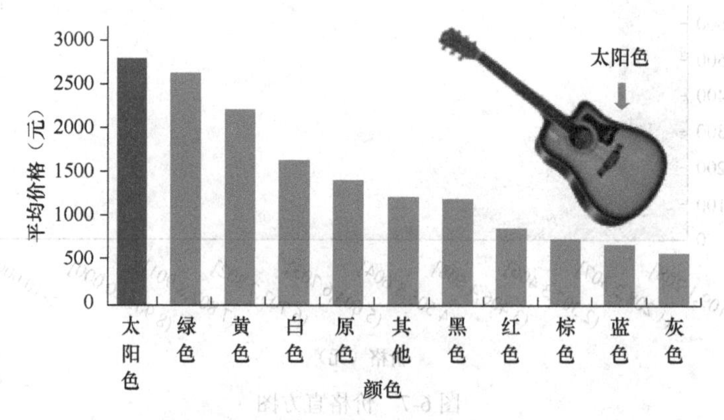

图 6-9　颜色对价格的影响

由图 6-10 可知，42 寸吉他价格偏高，这是因为 42 寸多为“珍宝”，无论音质、共鸣效果，还是扫弦时的效果，都更加完美，特别受“骨灰级”爱好者喜欢。而对于 38 寸的“练习琴”、39 寸的“标准古典吉他”、40/41 寸的“民谣吉他”，价格都是适中的。最便宜的 21 寸吉他一般为尤克里里，多为青少年学习使用。

想要探究毛重、评分、店铺类型、服务态度这 4 个定量变量对价格的影响，可以先进行相关系数计算，得出 4 个相关系数的绝对值均小于 0.1，故无法从散点图得出结论。在此，可以先对这 4 个自变量分别进行离散化处理，再利用箱线图进行展示。

由图 6-11、图 6-12、图 6-13 可知，毛重、圆角缺角、评分等对吉他的价格并没有太大影响（样本数据中，由于价格比较集中，箱线图趋于扁平，为了使图表的显示效果更好，故对价格进行对数处理，下同）。

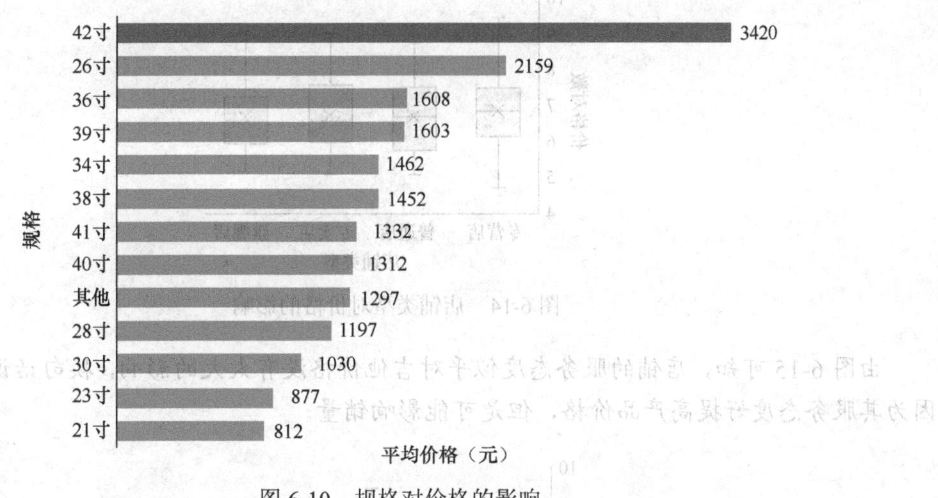

图 6-10　规格对价格的影响

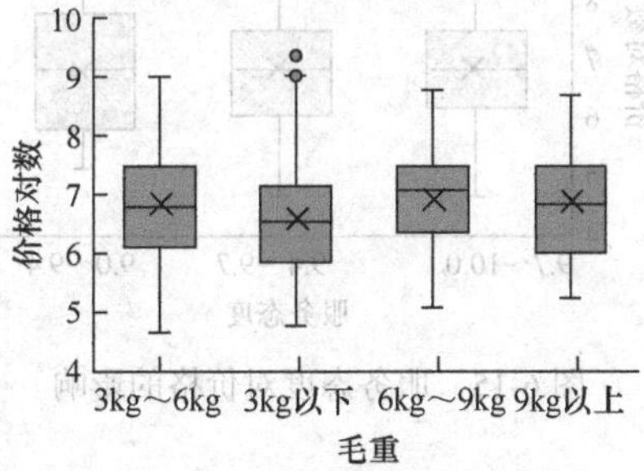

图 6-11　毛重对价格的影响

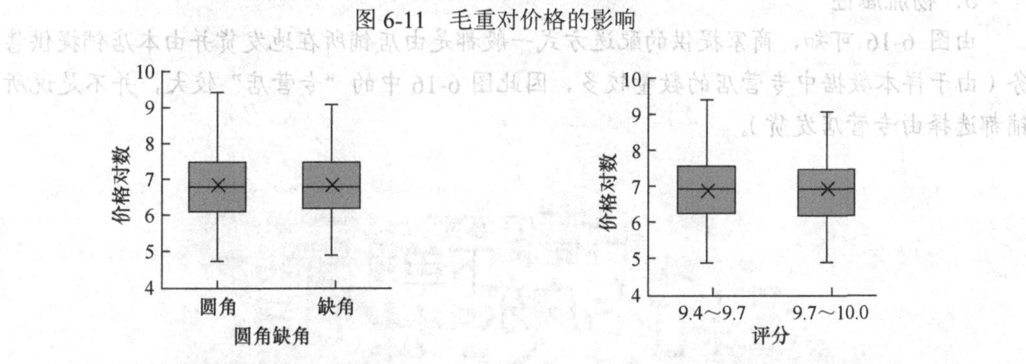

图 6-12　圆角缺角对价格的影响　　　　图 6-13　评分对价格的影响

2. 店铺属性

由图 6-14 可知，专营店和普通店的吉他价格较高，专卖店和旗舰店的价格相对较低，这也契合了几种门店的经营性质特点。旗舰店是商家以自有品牌入驻电商平台开设的店铺；专卖店是商家持品牌授权文件在电商平台开设的店铺；专营店是经营电商平台统一招商大类两个及以上品牌商品的店铺；普通店是私人经营的综合品类店铺，主营产品和配套产品都有销售。人们常说“专业的才是最好的”，这个放诸四海而皆准的真理，此处也发挥了作用——资金实力雄厚、销售品类相对专一的旗舰店和专卖店往往会以更低的价格惠及客户。

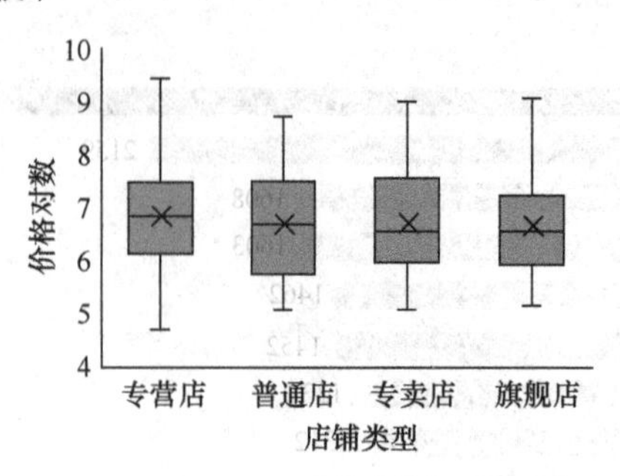

图 6-14　店铺类型对价格的影响

由图 6-15 可知，店铺的服务态度似乎对吉他价格没有太大的影响，换句话说，店铺不会因为其服务态度好提高产品价格，但是可能影响销量。

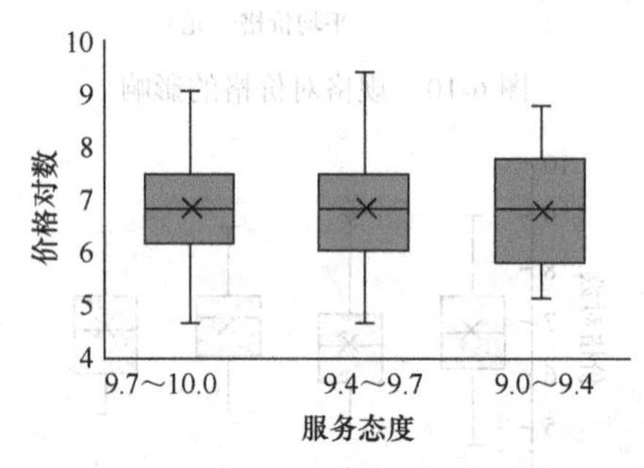

图 6-15　服务态度对价格的影响

3．物流属性

由图 6-16 可知，商家提供的配送方式一般都是由店铺所在地发货并由本店铺提供售后服务（由于样本数据中专营店的数量较多，因此图 6-16 中的“专营店”较大，并不是说所有店铺都选择由专营店发货）。

图 6-16　配送方式关键词

四、结论

本报告研究了线上吉他价格的影响因素，得到了如下结论：吉他的品牌、颜色、规格和店铺类型这些因素对价格有较大的影响；商品毛重、圆角缺角、评分、服务态度和配送方式对价格的影响不大。所以建议大家在购买吉他时尽量多关注品牌、颜色、规格和店铺类型这4个因素。

（1）品牌：Squier、马丁、艾薇儿、依霹风这几个品牌价格偏高，而被大家熟知的雅马哈价格适中。

（2）颜色：具有时尚风格的太阳色吉他价格较高，而传统的原木色及黑色吉他价格适中。

（3）规格：42寸“珍宝”吉他价格偏高，而40寸左右的常规款吉他价格适中，21寸左右的吉他多为尤克里里，价格最低。

（4）店铺类型：旗舰店及专卖店的吉他价格较低，而专营店及普通店价格较高。

综上所述，初学者可以根据自己喜欢的款式及需求来综合对比，最终挑选出适合自己的吉他。另外，由于样本量有限，个别种类吉他数量偏少，不足以成为代表项，后续我们会改进数据采集的方式、扩大样本量，使分析结果更具科学性。后续可以进行建模分析，定量刻画各个自变量对因变量的影响。

【本章小结】

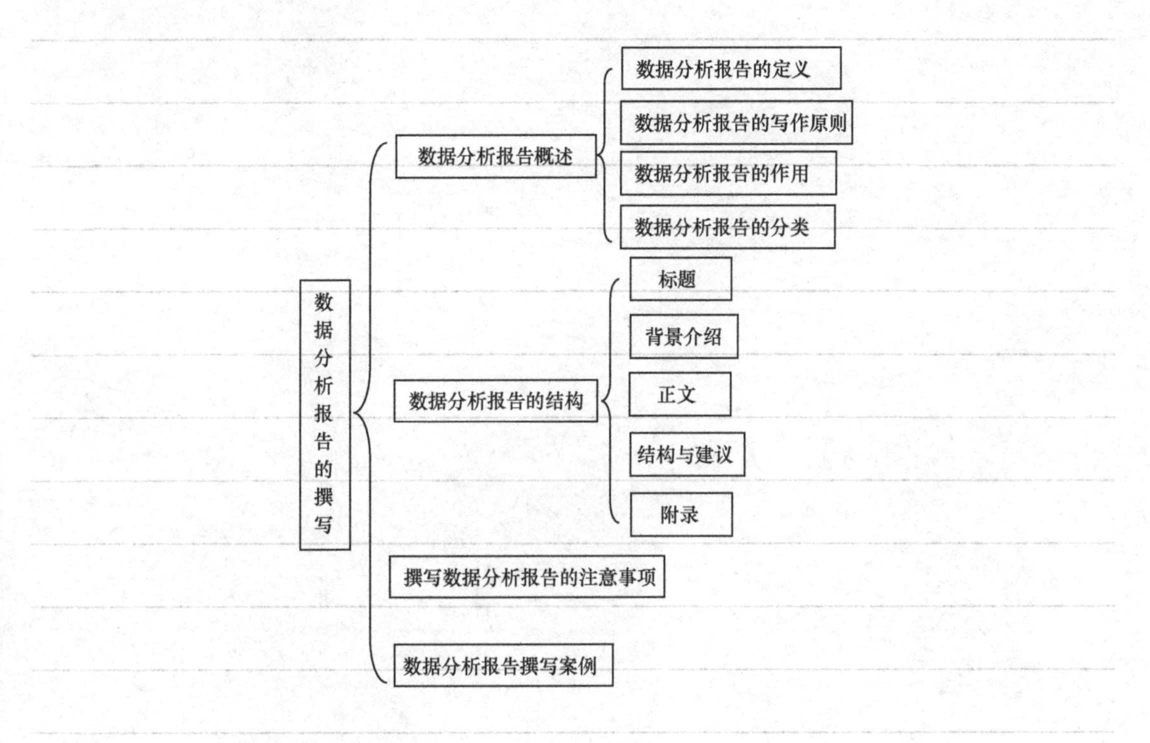

【习题六】

1．数据分析报告是什么？

2．数据分析报告的写作原则是什么？

3．数据分析报告的结构是什么？

4．撰写数据分析报告的注意事项有哪些？

【技能实训】

查阅文献后在网上下载 3 份以上熟悉领域数据分析报告，并进行仔细阅读，说明每份数据分析报告的特点。

学习心得

第7章 数据分析案例实践

【学习目标】

- 掌握数据分析流程。
- 掌握数据分析方法。
- 掌握如何撰写数据分析报告。

【思考】

1. 数据分析报告的结构是什么？
2. 小白要做的数据分析报告的主题应该是什么？

在前文中我们已经介绍了基于 Excel 的数据分析流程，如果现在要对某个主题进行分析并且完成数据分析报告，你还会不会“一头雾水”呢？下面让我们看看完整的两个案例吧。

7.1 基于马蜂窝旅游产品的游记分析

数据分析案例实践（一）

随着人们生活水平的提高、交通的便利，旅游出行逐渐成为人们的需求。随着互联网技术的发展，越来越多的 App、网站都可以共享旅行者的游记，方便更多人出行。小白想和女朋友来一次浪漫的旅行，并且在海边求婚，所以选择马尔代夫作为目的地。他在出发前打算分析一下马蜂窝网站的数据，作为出行参考。

7.1.1 马蜂窝数据的获取

在八爪鱼采集器的简易模板里面可以获取马蜂窝的游记数据，具体步骤如下。

步骤 1：进入八爪鱼采集器的主界面后，打开采集模板，即可看到目前有内置模板的所有网站，在“模板类型”里选择“本地生活”，这里选择“马蜂窝”，如图 7-1 所示。

步骤 2：根据采集需求选择一个要采集的类型，这里选择“马蜂窝游记采集爬虫”，并进入“采集字段预览”页面，如图 7-2 所示。

步骤 3：配置页面后保存并启动，开始采集数据，采集完毕之后单击“导出数据”按钮，以导出方式为“Excel 2007（XLSX）”为例，如图 7-3 所示，单击“确定”按钮后选择保存路径。

图 7-1　八爪鱼采集器“本地生活”采集模板

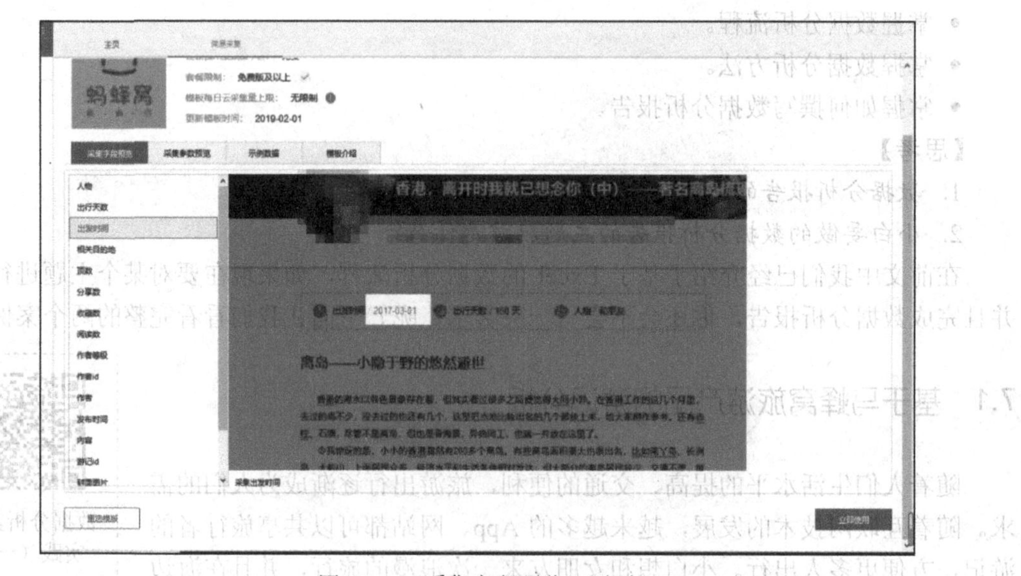

图 7-2　“采集字段预览”页面

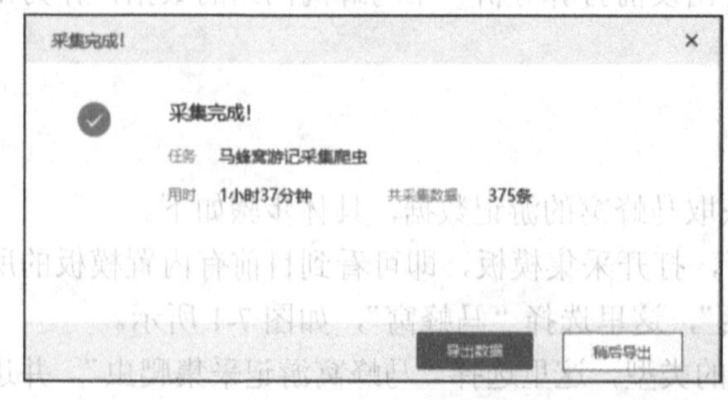

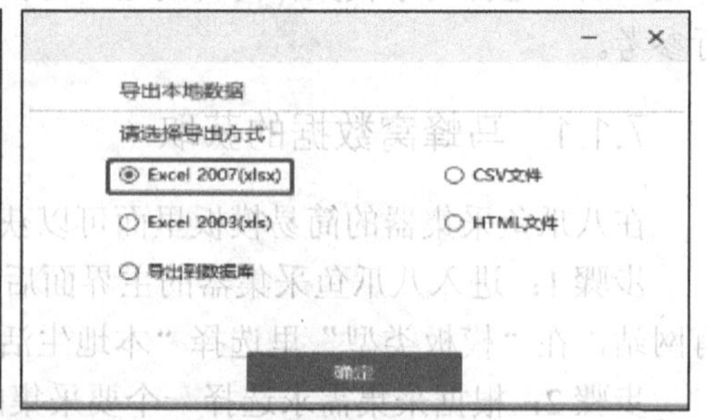

图 7-3　导出数据

步骤 4：打开保存到桌面的“马蜂窝游记采集爬虫”数据，马尔代夫景点游记数据如图 7-4 所示。

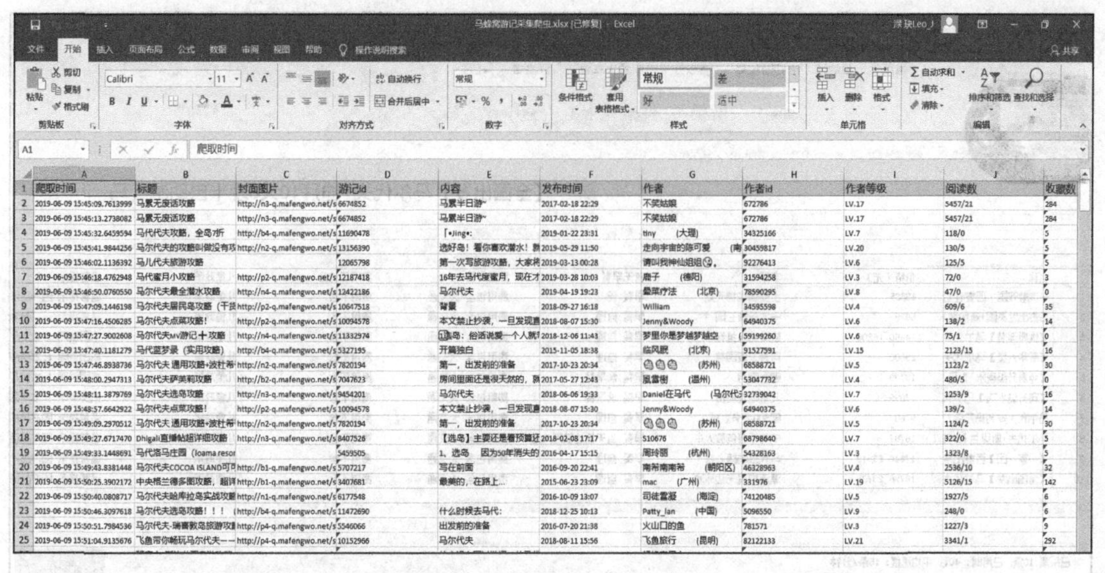

图 7-4　马尔代夫景点游记数据

经过以上的步骤，完成数据获取过程。

八爪鱼采集器自带的采集模板一般都比较简单，我们只能获取到很少的字段，而且还没有“价格”这个特别重要的因变量。对于想详细了解马尔代夫出国游的具体情况的小白来说，这肯定是远远不够的。所以小白还是要采用自定义任务模板来获取数据。

前文中已经给大家介绍过运用八爪鱼采集器的自定义任务模式获取数据的流程，这里不再重复，顺利获取数据的流程图如图 7-5 所示。

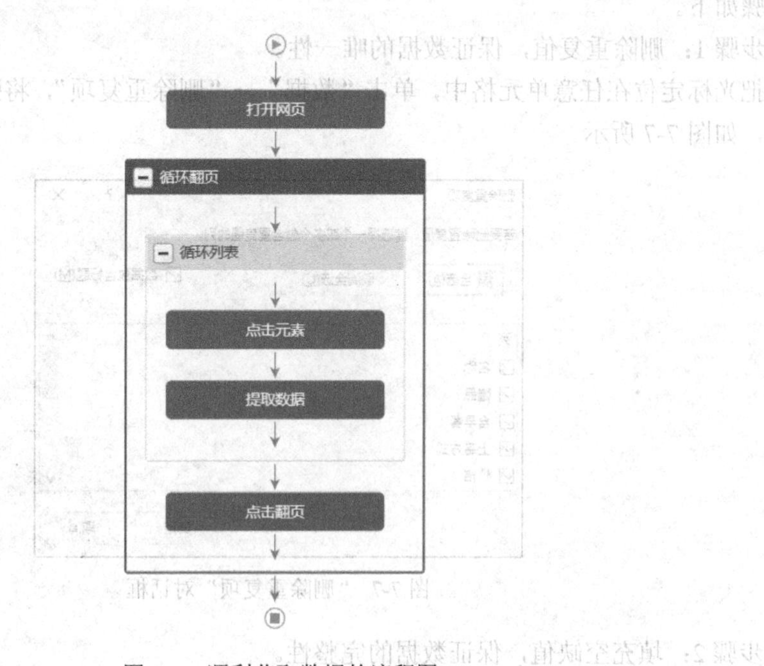

图 7-5　顺利获取数据的流程图

采取上述流程，我们可以顺利采集到关于马尔代夫旅游团数据，如图 7-6 所示。

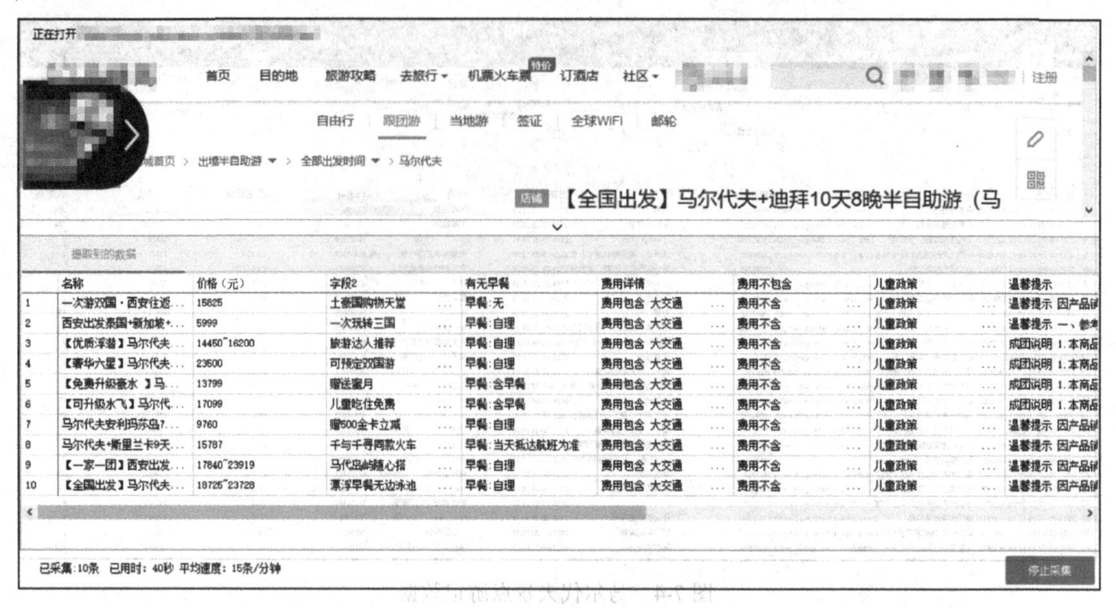

	名称	价格（元）	字段2	有无早餐	费用详情	费用不包含	儿童政策	温馨提示
1	一次游双国・西安往返...	15825	土豪国购物天堂 ...	早餐:无	费用包含 大交通 ...	费用不含 ...	儿童政策 ...	温馨提示 因产品
2	西安出发泰国+新加坡+...	5999	一次玩转三国 ...	早餐:自理	费用包含 大交通 ...	费用不含 ...	儿童政策 ...	温馨提示 一、参考
3	【优质浮潜】马尔代夫...	14450~16200	旅游达人推荐 ...	早餐:自理	费用包含 大交通 ...	费用不含 ...	儿童政策 ...	成团说明 1.本商品
4	【奢华六星】马尔代夫...	23500	可预定双国游 ...	早餐:自理	费用包含 大交通 ...	费用不含 ...	儿童政策 ...	成团说明 1.本商品
5	【免费升级套水 】马...	13799	赠送蜜月 ...	早餐:含早餐	费用包含 大交通 ...	费用不含 ...	儿童政策 ...	成团说明 1.本商品
6	【可升级水飞】马尔代...	17099	儿童吃住免费 ...	早餐:含早餐	费用包含 大交通 ...	费用不含 ...	儿童政策 ...	成团说明 1.本商品
7	马尔代夫安利玛莎岛7...	9760	赠500金卡立减 ...	早餐:自理	费用包含 大交通 ...	费用不含 ...	儿童政策 ...	温馨提示 因产品
8	马尔代夫+斯里兰卡9天...	15787	千与千寻同款火车 ...	早餐:当天抵达航班为准	费用包含 大交通 ...	费用不含 ...	儿童政策 ...	温馨提示 因产品
9	【一家一团】西安出发...	17840~23919	马代岛屿随心搭 ...	早餐:自理	费用包含 大交通 ...	费用不含 ...	儿童政策 ...	温馨提示 因产品
10	【全国出发】马尔代夫...	18725~23728	漂浮早餐无边泳池 ...	早餐:自理	费用包含 大交通 ...	费用不含 ...	儿童政策 ...	温馨提示 因产品

图 7-6　关于马尔代夫旅游团数据

大概经过一个小时的时间，我们获取到了 654 条数据，包含的具体字段如下：名称、价格、赠品、含早餐、上岛方式、评论数、店铺、住宿、行程、出发日期等。

7.1.2　马蜂窝数据的清洗与整理

获取数据后要进行清洗与整理，下面就按照前面讲授的清洗方法，将数据整理规范，具体步骤如下。

步骤 1：删除重复值，保证数据的唯一性。

把光标定位在任意单元格中，单击“数据”→“删除重复项”，将弹出“删除重复项”对话框，如图 7-7 所示。

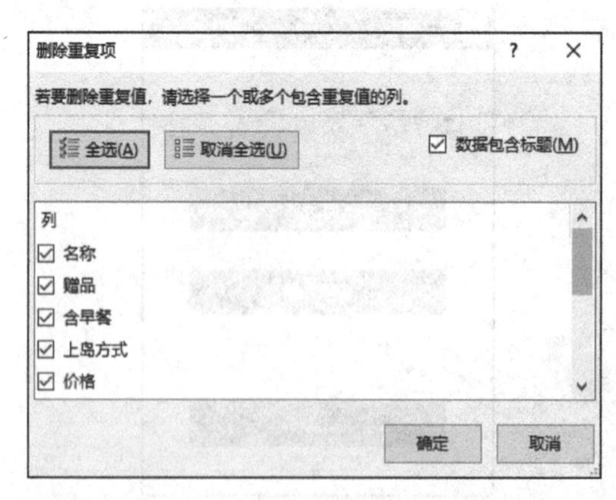

图 7-7　“删除重复项”对话框

步骤 2：填充空缺值，保证数据的完整性。

获取数据后发现字段“赠品”“含早餐”中有缺失值，依据事实，将缺失值填充为“无”，如图 7-8 所示。单击“筛选”→“空白”，填充为“无”。

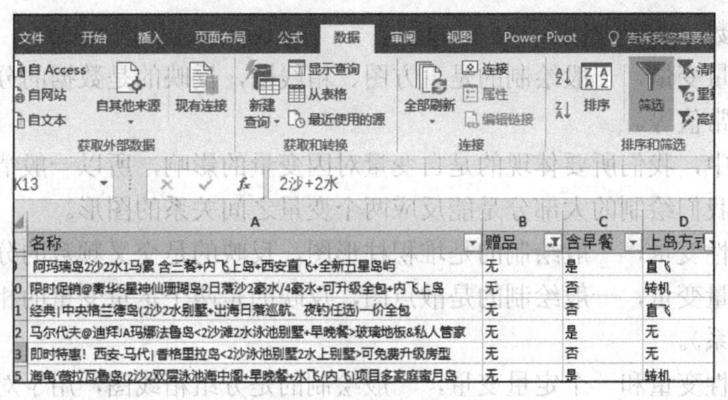

图 7-8　填充缺失值

步骤 3：根据出发日期判断是否为节假日。

利用函数 WORKDAY(开始日期,间隔天数,节假日)，判断出发日期是否为节假日，从而衍生出新的一列，如图 7-9 所示。

价格(元)	行程(天)	评分	评论数	店铺	住宿	出发日期	旅游是否在节假日内
12366	7	5	23	国旅	2沙+2水	2017/12/3	否
17169	7	5	50	国旅	2沙+2水	2018/3/4	是
12000	7	5	25	国旅	2沙+2水	2017/12/1	否
18356	7	5	21	国旅	2沙+2水	2017/12/3	否
14825	7	5	21	国旅	2沙+2水	2017/12/3	否
11580	7	5	28	国旅	2沙+2水	2017/12/3	否
15966	7	5	25	国旅	2沙+2水	2017/12/3	否
15222	7	5	28	国旅	2沙+2水	2018/1/14	否
17250	6	5	25	四季行	2沙+2水	2017/11/30	否
18999	7	5	27	四季行	2沙+2水	2017/12/3	否
18580	6	5	21	四季行	2沙+2水	2017/12/14	否

图 7-9　衍生新的一列

清洗与整理后的数据如图 7-10 所示。

	A	B	C	D	E	F	G	H	I	J	K	L
1	名称	赠品	含早餐	上岛方式	价格(元)	行程(天)	评分	评论数	店铺	旅游是否在节假日内	住宿	出发日期
2	西安直飞 曼德英仕岛2沙2水+1马累 早晚餐+水飞上岛 赠送水下相机	有	是	直飞	12366	7	5	23	国旅	否	2沙+2水	2019/12/3
3	阿雅达岛2沙2水+1马累 早晚餐+内飞快艇上岛+西安直飞+送浮潜三宝	有	是	直飞	17169	7	5	50	国旅	是	2沙+2水	2019/3/4
4	西安起止 库拉玛提岛2沙2水+含早中晚餐+快艇上岛+蜜月送花床布置	有	是	游艇	12000	7	5	25	国旅	否	2沙+2水	2019/12/1
5	港丽岛2沙2水+1马累 含早晚餐+水飞上岛+西安直飞+送浮潜三宝	有	是	直飞	18356	7	5	21	国旅	否	2沙+2水	2018/12/3
6	波杜希蒂岛2泳池沙2泳池水+早晚餐+快艇上岛+直飞往返+赠送水下相机	有	是	直飞	14825	7	5	21	国旅	否	2沙+2水	2019/12/3
7	康杜玛岛 2沙2水1马累 早餐+快艇上岛+西安直飞+赠送水下相机	有	是	直飞	11580	7	5	28	国旅	否	2沙+2水	2019/12/3
8	薇拉瓦鲁AV岛3沙1水+1晚马累 含早晚餐 水飞上岛 赠送浮潜三宝	有	是	转机	15966	7	5	25	国旅	否	2沙+2水	2018/12/3
9	阿玛瑞岛2沙2水1马累 含三餐+内飞上岛+西安直飞+全新五星岛屿	无	是	直飞	15222	7	5	28	国旅	否	2沙+2水	2019/1/14
10	限时促销@奢华6星神仙珊瑚岛2日落沙2豪水/4豪水+可升级全包+内飞上岛	无	否	转机	17250	6	5	25	四季行	否	2沙+2水	2018/11/30
11	经典|中央格兰德岛(2沙2水别墅+出海日落巡航、夜钓任选)一价全包	无	否	直飞	18999	7	5	27	四季行	否	2沙+2水	2019/12/3
12	马尔代夫@迪拜JA玛娜法鲁岛<2沙滩2水泳池别墅+早晚餐>玻璃地板&私人管家	无	是	无	18580	6	5	21	四季行	否	2沙+2水	2018/12/14
13	即时特惠！西安-马代|香格里拉岛<2沙泳池别墅2水上别墅>可免费升级房型	无	否	无	15999	7	5	24	四季行	否	2沙+2水	2018/12/3
14	即时特惠|全新5星Dhigali迪加莉岛<2沙屋2水上屋+早晚餐+内飞接送>	有	是	转机	12599	7	5	21	四季行	是	2沙+2水	2019/1/2
15	海龟薇拉瓦鲁岛(2沙2双层泳池海中阁+早晚餐+水飞/内飞)项目多家庭蜜月岛	无	是	转机	15999	7	5	23	四季行	否	2沙+2水	2018/12/17

图 7-10　清洗与整理后的数据

7.1.3　马蜂窝数据的可视化

出去旅游，小白最关心的肯定是价格，所以价格要作为我们研究的因变量，而其他字段是能对价格产生影响的因素，就是我们研究的自变量。

在对数据进行可视化时，我们需要注意正确选择图形以及画图的规范性。

对于单个定性变量，一般绘制的是柱形图、条形图、饼图、圆环图，反映的是定性变量的各个水平的频数分布或占比。

对于单个定量变量，一般绘制的是直方图、箱线图，反映的是数据的分布情况，包括对称性、是否有异常值等。

在数据分析中，我们所要体现的是自变量对因变量的影响，所以一般情况下，除了对因变量的展示外，我们绘制的大部分是能反应两个变量之间关系的图形。

对于两个定性变量，一般绘制的是堆积柱形图，反映的是交叉频数的分布情况。

对于两个定量变量，一般绘制的是散点图，反映的是两个定量变量的相关关系（正相关关系、负相关关系）。

对于一个定性变量和一个定量变量，一般绘制的是分组箱线图，用于对比不同组别在某一定量变量上的平均水平、波动水平等的差异。

根据清洗后的数据，此案例可以展示的图形为价格分布情况的直方图、是否为节假日对价格的影响的组箱线图、行程天数对平均价格的影响的条形图等，详见 7.1.4 小节。

7.1.4 马蜂窝数据分析报告示例

马尔代夫旅游团价格影响因素分析

摘要：当下的旅游业正在蓬勃发展，近年来岛屿众多、环境优雅的马尔代夫游异常火爆。随着旅游行业规模的不断扩大，出现了多种多样的旅游团，以旅游团形式出游的市场交易规模在不断扩大，如何选择适合自己并且品质有保障的旅游团成了人们出行前需要解决的一个重要问题。本报告基于获取的马尔代夫旅游团数据，从商品属性、住宿属性及游客反馈 3 个角度研究影响旅游团价格的因素，期望以此来为游客选择旅游团时提供一些参考。

一、背景介绍

近几年，随着人们对生活水平要求的提高，旅游逐渐成了人们摆脱繁忙工作、放松心情的主要方式之一。中国旅游研究院显示：2019 春节假期，全国旅游接待总人数 4.15 亿人次，同比增长 7.6%，实现旅游收入 5139 亿元，同比增长 8.2%。数据背后，是中国旅客旅游观念的变化。随着互联网的发展，通过网络报名参加旅游团前往世界各地旅行逐渐成为一种普遍选择。

跟团游是比较传统的旅游方式。跟团游的步骤相对简单，只需要到旅行社报名，选择自己的目的地，按照要求签订合同即可。近几年来，旅游团形式的旅游项目发展迅速，2014—2018 年中国跟团游市场交易规模逐步扩大，由图 7-11 可知，近 4 年的旅游市场呈快速上升趋势，消费金额逐年创新高，截至 2018 年已达到 474.6 亿元。旅游经营者纷纷加大对在线旅游市场的投入，不断完善各项功能和服务，使跟团游市场迅速扩大。

在跟团游市场份额占比中，去哪儿与携程两大旅行社占据了整体跟团游份额的一半以上。众多旅行社相互竞争、抢占市场，推出了样式众多的跟团游路线。马尔代夫是非常受人们青睐的海岛旅游目的地，其众多岛屿加上优美的自然环境，吸引了世界各地的人们前往这个坐落在印度洋的“世外桃源”游玩。马尔代夫几乎让每一个没有来过的人对这里充满向往，迷人的海水海滩、绚烂夺目的阳光，令人享受的旅游体验几乎使每一个去过的人对这里流连忘返。在国内的各大旅行社里，关于马尔代夫的旅游团项目丰富多样，但是价格却相差悬殊，可供人们根据自己的需求进行差异化选择。对于没有去过马尔代夫却又对这里充满向往的游客来说，如何选择一个合适的旅游团项目则变成了旅游前期准备中非常重要的部分。本文将基于马尔代夫旅游团数据来对该问题进行研究，希望能够建立一种分析体系为前往马尔代夫旅游的旅客提供一些可以参考的建议。

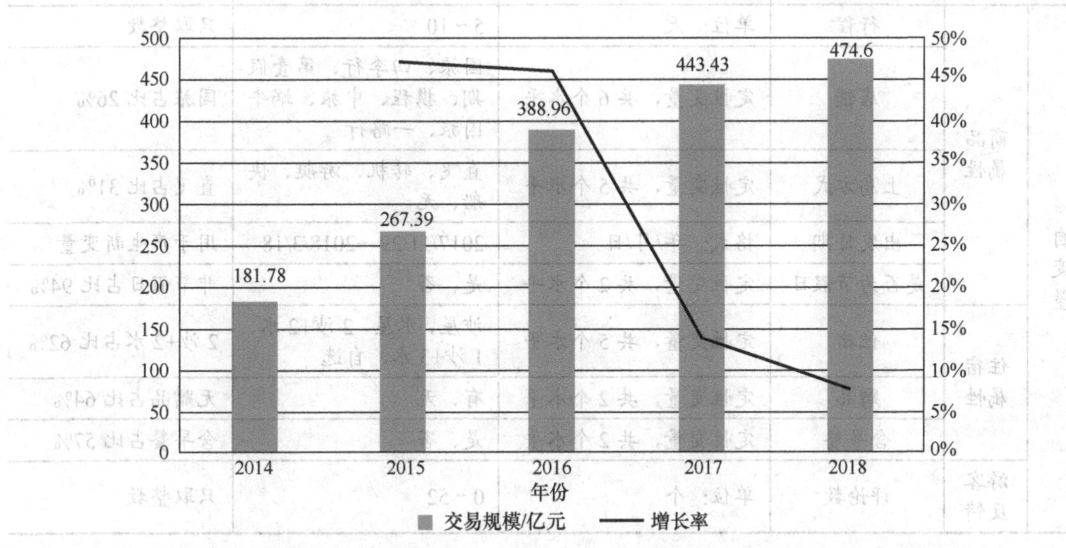

图 7-11 2014—2018 年中国在线跟团游市场交易规模

消费者选择旅游团时主要看重的是旅游项目核心内容，其中包括旅游行程安排、旅游团规模、住宿。基于“内容创造价值”的原则，旅游行程安排是一切活动开展的前提。旅游行程安排中非常重要的就是旅游地点及旅游时长的安排。但因马尔代夫旅游活动范围基本是在固定的岛上，从而形成了纯休闲的度假模式。岛上设施完善，每日行程安排以舒适、享受为主，游玩为辅，如丰富的水上活动、舒心的海滨 SPA、大海深处的用餐体验等，因此旅游时长将成为价格的重要影响因素。旅游时长越长，游客体验到的服务越多，同时价格也更高。

除旅游时长将成为价格的重要影响因素外，还有一个重要的影响因素——住宿。马尔代夫的住宿环境相较于其他旅游地点较为特别，马尔代夫在小型海岛度假村发展方面取得了巨大成功。马尔代夫的很多岛均有不同的度假村且每个度假村必须拥有完备的休闲、娱乐场所及后勤服务设施，住宿房型有两种：沙屋与水屋。但房型不同，价格也有所不同。由于水屋建在海上，面朝大海，是众多旅游者的选择，故而价格偏高。这些都会对旅游团的价格产生影响。除此之外，餐饮的标准也是重要的影响因素。这需要游客进行综合评价才能做出准确的判断和选择。

旅游的热度越来越高，出境游的频率必然也会提高。本文在某网站上获取了马尔代夫旅游团的相关数据，字段主要包含价格、住宿、店铺等。通过对这些字段进行分析，本文希望能为游客在选择旅游团时提供参考，使游客能根据自己的需求更好地选择适合自己的旅游团。

二、数据说明

本报告从马蜂窝网站获取了马尔代夫旅游团数据，以此探究马尔代夫旅游团价格的相关影响因素。相关的影响因素可分为 3 个维度：一是旅游团自身的商品属性，包括行程、店铺、上岛方式、出发日期、是否为节假日等 5 个变量；二是住宿属性，包括住宿、赠品、含早餐 3 个变量；三是游客反馈，主要为评论数 1 个变量。数据说明表如表 7-1 所示。

表 7-1　数据说明表

变量类型		变量名	详细说明	取值范围	备注
因变量		价格	单位：元	8187～39247	只取整数
自变量	商品属性	行程	单位：天	5～10	只取整数
		店铺	定性变量，共 6 个水平	国旅、四季行、第壹假期、携程、中旅、蜗牛国旅、一路行	国旅占比 26%
		上岛方式	定性变量，共 5 个水平	直飞、转机、游艇、快船、无	直飞占比 31%
		出发日期	格式：年/月/日	2017/11/29—2018/3/18	用于产生新变量
		是否为节假日	定性变量，共 2 个水平	是、否	非节假日占比 94%
	住宿属性	住宿	定性变量，共 5 个水平	沙屋、水屋、2 沙+2 水、1 沙+3 水、自选	2 沙+2 水占比 62%
		赠品	定性变量，共 2 个水平	有、无	无赠品占比 64%
		含早餐	定性变量，共 2 个水平	是、否	含早餐占比 57%
	游客反馈	评论数	单位：个	0～52	只取整数

三、描述分析

（一）因变量：价格

本案例关心的因变量是马尔代夫旅游团的价格，从图 7-12 中可以看出，马尔代夫旅游团的价格是呈右偏分布的。具体地，最小值和最大值分别为 8187 元和 39 687 元，大部分价格集中在 12 387～16 587 范围内。这一现象符合我们的基本认知，即少数高价旅游团拉高了旅游团的平均水平。因为价格的差异较大，所以取其对数进行后续分析。

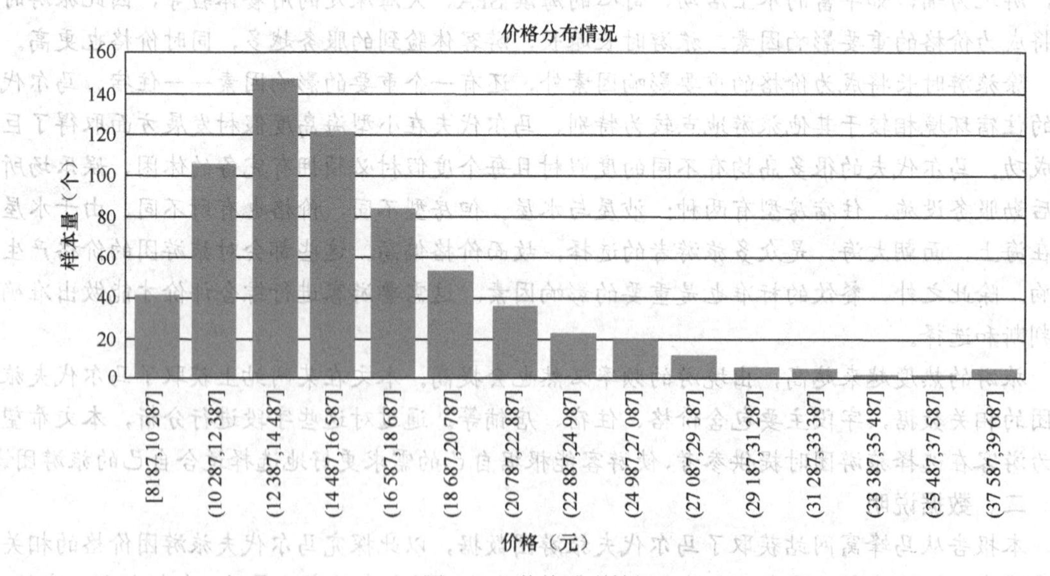

图 7-12　价格分布情况

（二）自变量：商品属性

商品属性包括是否为节假日、行程、店铺、上岛方式等。由图 7-13 可看出旅游时间是否为节假日对于马尔代夫旅游团价格几乎没有影响。由图 7-14 可以看出行程安排为 10 天的旅游团价格最高，随着天数的减少，价格也依次降低。由图 7-15 可以看出不同店铺对价格的影响，携程的旅游团价格最高，一路行的旅游团价格最低，除此之外其余店铺的旅游团价格差异不大。在上岛方式对价格的影响中，选择水路前往的价格低于选择航空出行的价格，如图 7-16 所示。

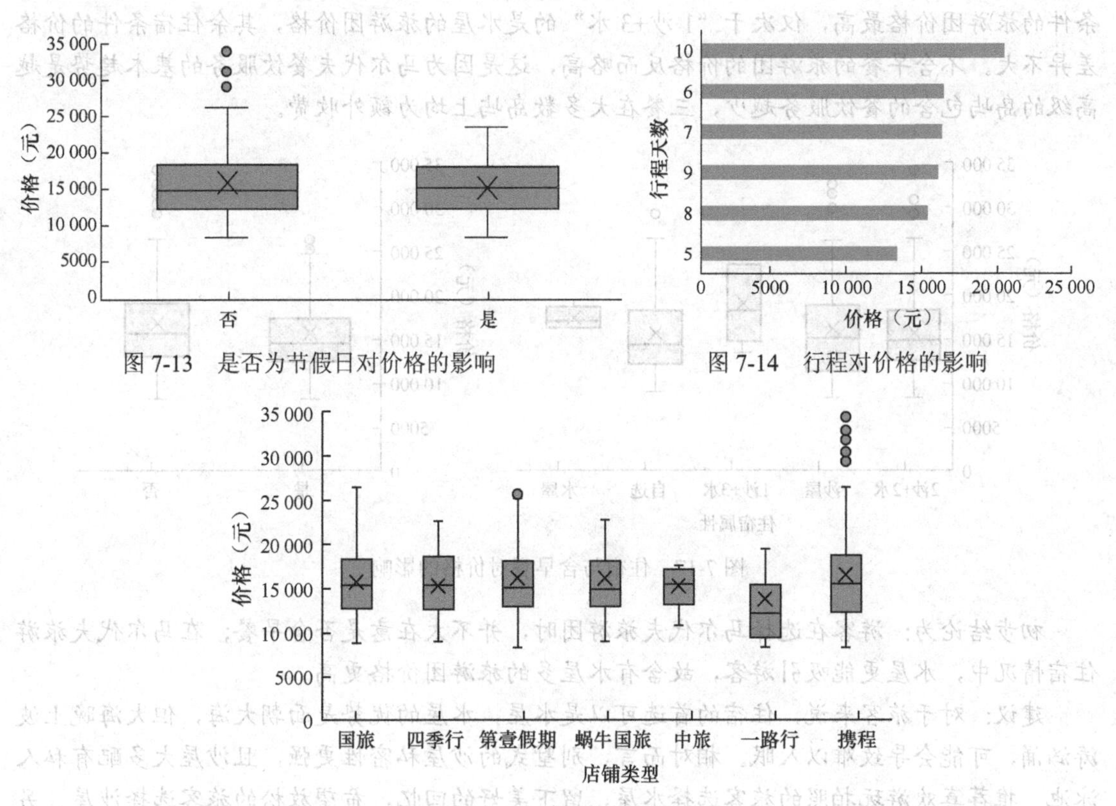

图 7-13　是否为节假日对价格的影响

图 7-14　行程对价格的影响

图 7-15　店铺对价格的影响

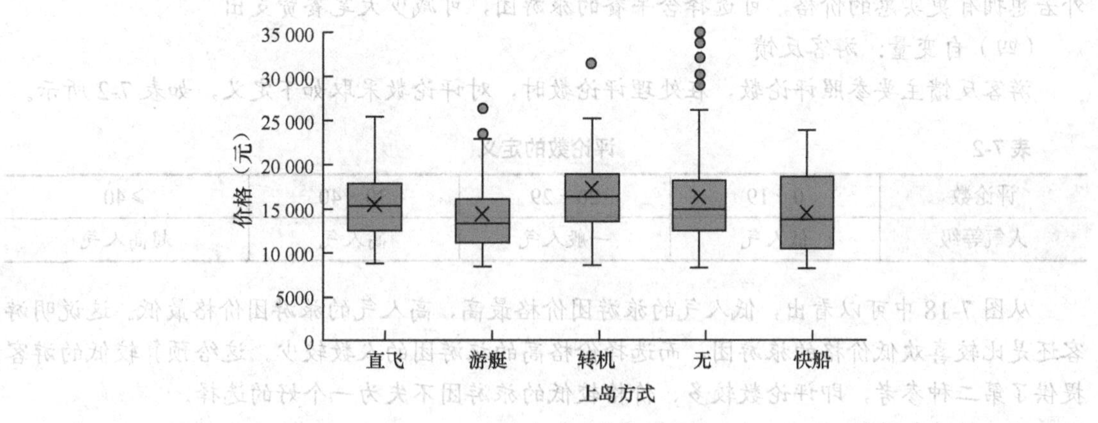

图 7-16　上岛方式对价格的影响

初步结论是：游客在选择马尔代夫旅游团时不用因为节假日而担心价格上涨过高；行程与价格成正比，行程天数越多，价格越高；选择水路前往的价格低于选择航空出行的价格。

建议：对于预算较低的游客，可以选择水路前往的旅游团，在行程上需要选择天数不多的旅游团，但是这样在马尔代夫游玩的时间可能会有所压缩。对于预算较高的游客，可以选择航空出行的旅游团，在行程上也可以选择天数较多的旅游团，这样在马尔代夫游玩的时间会充裕一些。

（三）自变量：住宿属性

住宿属性包括住宿和含早餐两个字段。从图 7-17 中可以看出，选择“1 沙+3 水”的住宿条件的旅游团价格最高，仅次于“1 沙+3 水”的是水屋的旅游团价格，其余住宿条件的价格差异不大。不含早餐的旅游团的价格反而略高，这是因为马尔代夫餐饮服务的基本趋势是越高级的岛屿包含的餐饮服务越少，三餐在大多数岛屿上均为额外收费。

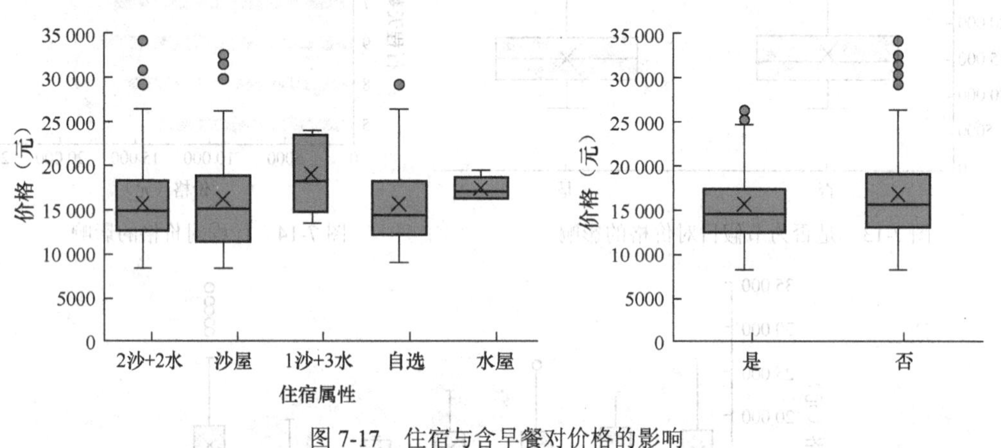

图 7-17　住宿与含早餐对价格的影响

初步结论为：游客在选择马尔代夫旅游团时，并不太在意是否含早餐；在马尔代夫旅游住宿情况中，水屋更能吸引游客，故含有水屋多的旅游团价格更高。

建议：对于旅客来说，住宿的首选可以是水屋，水屋的优势是面朝大海，但大海晚上波涛汹涌，可能会导致难以入眠。相对而言，别墅式的沙屋私密性更强，且沙屋大多配有私人泳池。推荐喜欢游玩拍照的旅客选择水屋，留下美好的回忆，希望放松的旅客选择沙屋。另外若想拥有更实惠的价格，可选择含早餐的旅游团，可减少大笔餐费支出。

（四）自变量：游客反馈

游客反馈主要参照评论数，在处理评论数时，对评论数采取如下定义，如表 7-2 所示。

表 7-2　评论数的定义

评论数	0～19	20～29	30～40	≥40
人气等级	低人气	一般人气	高人气	超高人气

从图 7-18 中可以看出，低人气的旅游团价格最高，高人气的旅游团价格最低。这说明游客还是比较喜欢低价格的旅游团，而选择价格高的旅游团的人数较少。这给预算较低的游客提供了第二种参考，即评论数较多、价格较低的旅游团不失为一个好的选择。

四、结论与建议

本报告通过对马尔代夫旅游团数据的描述性分析，得到以下结论：

（1）行程、店铺和上岛方式会对价格产生较为明显的影响。其中，提供 10 天行程的旅游团价格最高；在店铺中携程的旅游团价格最高，一路行的旅游团价格最低；在上岛方式中，选择水路前往的价格低于选择航空出行的价格。游客可根据自身需求和价格预算选择适合自己的行程和上岛方式。

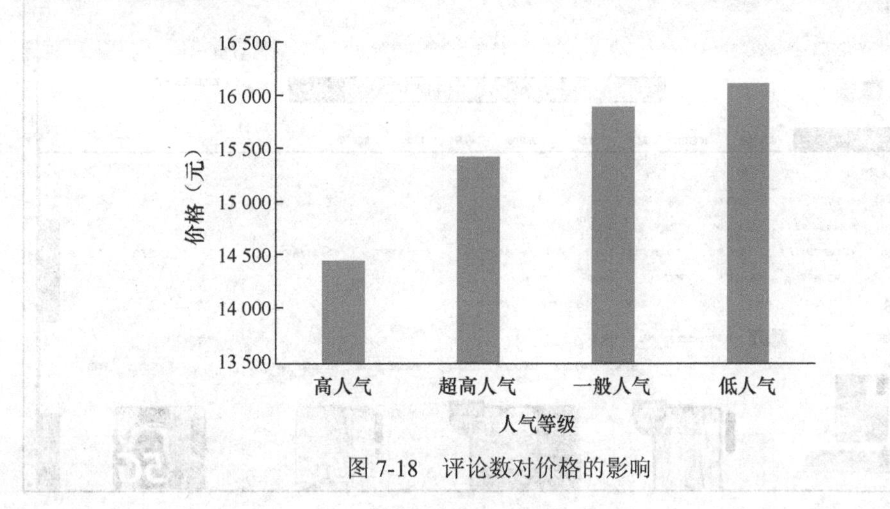

图 7-18 评论数对价格的影响

（2）结合住宿和行程来看，如果游客想要在“1 沙+3 水”的住宿条件下省钱，可以选择行程为 7 天。

本案例变量个数较少，因此仍存在一些不足需要完善。在深入研究中，可以更全面地考虑一些宏观经济因素（如 GDP、CPI 等）对旅游团价格带来的影响，从而开展更多的研究。

7.2 基于电商数据的竞品分析

对于一个企业的市场营销部门及产品研发部门来说，竞品分析是部门的职责之一。通过竞品分析可以了解市场的发展状况、产品的定位、品牌的地位、竞品的成长趋势，便于企业在产品改良及制定下一步市场策略时采取积极有效的手段。另外，通过竞品分析还可以提前预防商品可能遇到的危机，避免品牌被淘汰。通过对比品牌之间的差异并进行相关调整，可以带来整体销售量的增长。小白接到任务，为小米和 vivo 这两个品牌的手机撰写一份竞品分析报告。

7.2.1 电商数据的获取

获取电商数据需要使用八爪鱼采集器里面的自定义模板，具体步骤如下。

步骤 1：打开要爬取的京东网站，进入其主页面，在主页面的搜索框中输入“手机”，在品牌处单击“多选”，然后选择“小米”与“vivo”。

步骤 2：打开八爪鱼采集器，进入自定义采集界面。将我们搜索的京东手机页面的网址，复制到自定义采集界面的“网址”文本框中，并单击“保存设置”，进入采集页面，如图 7-19 所示。

步骤 3：设置爬取规则。先设置外部循环，将网页滚动到底部，单击“下一页”按钮，选择“循环点击下一页”，之后设置“循环列表”，如图 7-20 所示。单击价格下方的链接，选中面板中的“选中全部”，随后单击“循环点击每个元素”。

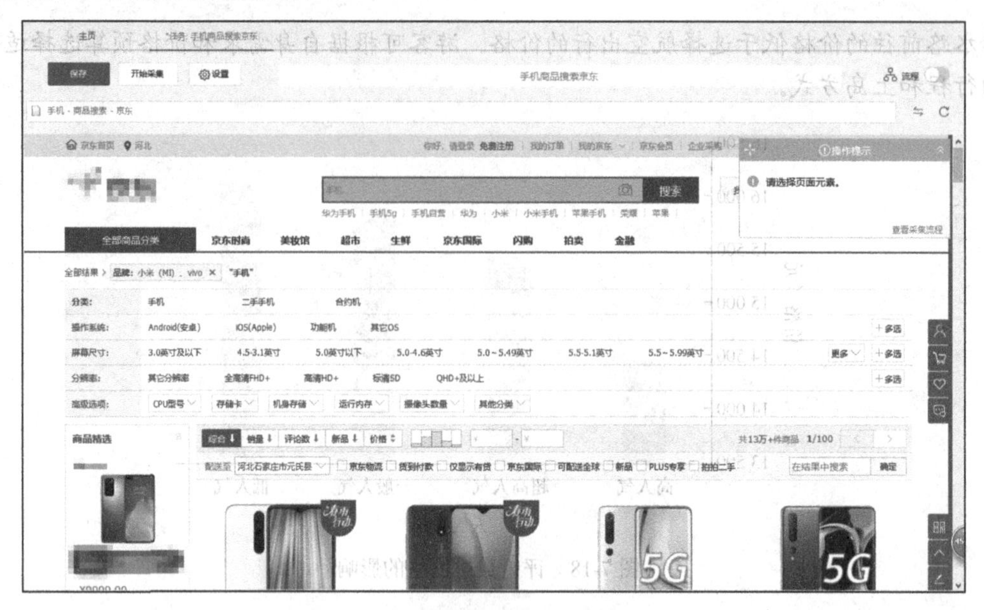

图 7-19　进入采集页面

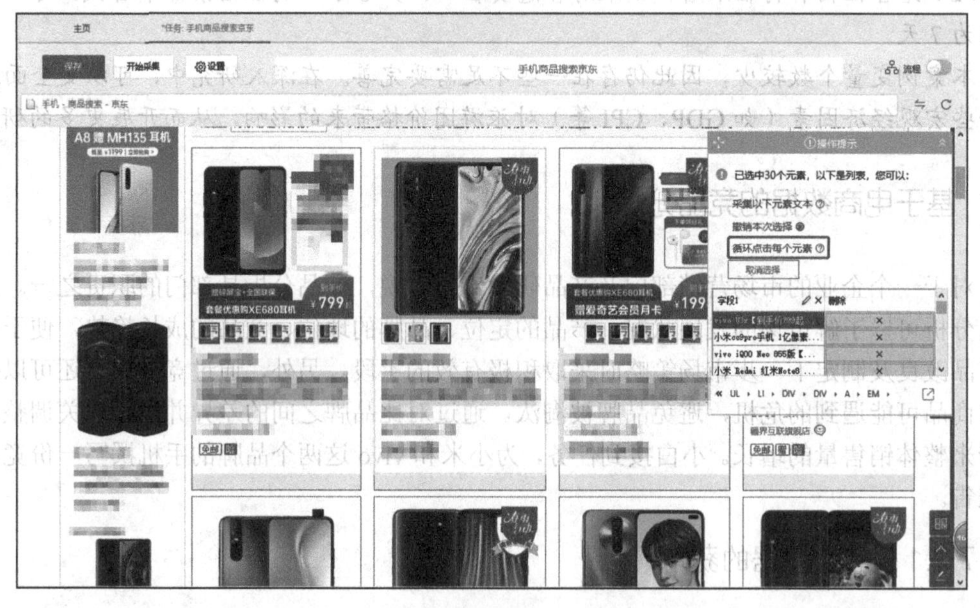

图 7-20　设置“循环列表”

步骤 4：获取字段。为防止数据出现串行现象，需要运用正则表达式。根据需求，将“价格”字段的位置固定，单击“采集该元素的文本”即可。获取其他字段，以“商品名称”为例，具体操作如下。

将商品介绍全部选中，即所选择区域背景呈蓝色后，选择面板中的第三项“采集该元素的 Innter Html”。

① 打开右上角“流程”，选中“字段 2”后，在“添加特殊字段”选项中选择第一个选项“自定义数据”。

② 选择“格式化数据”→“添加步骤”。

③ 选择“正则表达式匹配”→“不懂正则？试试正则工具”（此选项为蓝色字体）。

④ 利用正则表达式开始匹配想要获取的字段信息。前文已经详细介绍过，这里不再赘述。

步骤5：将所有字段都设置好后，启动本地采集。爬取结果如图7-21所示。

	A	B	C	D	E	F	G	H	I	J	K
1	价格	品牌	累计评价	CPU型号	机身重量	运行内存	后摄像素	前摄像素	屏幕尺寸	分辨率	电池容量
2	1299.00	品牌：	累计评价 59万+		465.00g	6GB	6400万像素	2000万像素	6.53英寸	全高清FHD+	4500mAh（typ）
3	1099.00	品牌：	累计评价		430.00g	6GB	4800万像素	1300万像素	6.3英寸	全高清FHD+	4000mAh（typ）*3900mAh
4	749.00	品牌：	累计评价		405.00g	4GB	1200万像素	800万像素	其他英寸	高清HD+	5000mAh（typ）*
5	549.00	品牌：	累计评价		332.00g	3GB	1300万像素	500万像素	5.45英寸	高清HD+	4000mAh（typ）/3900mAh
6	1699.00	品牌：	累计评价		480.00g	6GB	6400万像素	2000万像素	6.67英寸	其它分辨率	4500mAh（typ）
7	2198.00	品牌：	累计评价		0.51kg	8GB	1200万像素	1600万像素	6.38英寸	其它分辨率	
8	3999.00	品牌：	累计评价		0.6kg	8GB	1亿像素	2000万像素	6.67英寸	全高清FHD+	4780mAh(type)/4680mAh(m
9	799.00	品牌：	累计评价		440.00g	3GB	1300万像素	800万像素	6.35英寸	高清HD+	
10	1698.00	品牌：	累计评价		452.00g	8GB	4800万像素	3200万像素	6.38英寸	其它分辨率	
11	1598.00	品牌：	累计评价		450.00g	8GB	1600万像素	1600万像素	6.53英寸	全高清FHD+	
12	699.00	品牌：	累计评价		440.00g	3GB	1200万像素	800万像素	6.22英寸	高清HD+	5000mAh（typ）*
13	2698.00	品牌：	累计评价		0.505kg	8GB	4800万像素	3200万像素	6.44英寸	其它分辨率	
14	2399.00	品牌：	累计评价		0.57kg	8GB	6400万像素	2000万像素	6.67英寸	其它分辨率	4500mAh（typ）

图7-21　爬取结果

7.2.2　电商数据的清洗与整理

获取数据后，清洗与整理的步骤如下。

步骤1：将“价格”字段由文本型改为数值型。

“价格”列的每个单元格的左上角有一个绿色的小三角标识，意味着该列是文本型数据，我们需要对其数据类型进行转换。单击所在列的单元格，按Ctrl+Shift+↓组合键即可选中整列，然后单击左侧的黄色感叹号标识，在下拉列表中选择“转换为数字”即可。

步骤2：对“累计评价”字段进行删除换行符的操作，并将数据中的“累计评价”4个字删除。

在“累计评价”字段后新插入一列，输入=SUBSTITUTE(H2,char(10),"")，将换行符删除掉。然后单击“开始”→“查找和选择”→“替换”，打开“查找和替换”对话框。在“查找内容”文本框中输入“累计评价”，在“替换为”文本框中单击，不输入任何内容，然后单击“全部替换”按钮，删除所有的“累计评价”。

步骤3：对“机身重量”字段进行单位统一，统一成g。

我们要统一成g，则保持单位为g的数据不变。首先利用筛选功能找到单位是kg的数据，单击“数据”→“筛选”，单击“重量”右侧的筛选按钮，在“包含”后面的文本框中输入“k”，即可筛选出以kg单位的数据，筛选后计算成相应的重量。然后利用替换功能，将kg替换掉。

步骤4：对“前摄像素”和“后摄像素”字段进行单位统一，统一成“万像素”，并且进行数据离散化，方法同步骤3。

步骤5：按照规则对“电池容量”字段进行数据离散化。

将光标定位在数据中的任意单元格，单击“数据”→“筛选”。单击“总分”右侧的筛选按钮，选择“数字筛选”→“小于”，打开“自定义自动筛选方式”对话框，然后按照拟定规则将电池容量分段。

步骤6：删除重复项和填充缺失值。

7.2.3　电商数据的可视化

竞品分析的数据可视化，不同于7.1节的案例，既然是竞品，就是要做对比的，所以本案例的可视化图形都以对比为目的来进行展示。同样需要注意，一定要选择合适的图形以及正确的作图方法。

在 7.1 节的案例中我们一起回顾了如何选择合适的图形，在该案例中我们来回顾一下如何美化图形和如何解读图形。

首先调整图形的颜色及保持图形的完整性。这在整个数据分析报告中要保持一致，并且配色最好不超过 3 种。一张完整的图，需要包含图的标题、横纵坐标轴及图例等。

其次是图形的美化。可以通过删除网格线、删除坐标轴、删除图例、添加数据标签、将外部刻度线改为内部、修改排序选项（柱形图按汇总值的降序排序，条形图按汇总值的升序排序）等操作来实现。

最后是图形的解读。描述性分析是一种常见的数据分析方法，在获取数据之后，可以对其进行初步的整理和归纳，探索数据的基本特征和规律。因此，我们在解读图形时，不仅要描述数据特征，如最大值、最小值、中位数等，还要说明根据数据特征得到的结论以及最后可以落实的行为。

7.2.4 竞品分析案例展示

小米手机竞品分析报告

摘要：本案例以小米手机为例，通过对智能手机市场以及发展趋势的分析，找到与小米手机势均力敌的竞争对手 vivo，再通过品牌战略分析、需求分析和产品自身的性能分析，来找出小米手机的优势和劣势，以助未来改进产品、提升品牌竞争力。

一、背景介绍

数据分析案例实践（二）

近几年，中国智能手机行业蓬勃发展，手机更新频繁，手机产量持续增加。伴随着 5G 时代的到来和产品关键性能升级，人们的消费态度也发生了改变，开始逐步追求高品质的物质，促进了智能手机的消费。2018 年国内手机存量市场份额最大的仍然是苹果，占比 28.90%，华为占比 17.10%，如图 7-22 所示。近年来国产品牌手机的占比持续上升，华为在 2018 年的市场占有率达到 26.39%，OPPO 和 vivo 占有率之和达到将近 40%，如图 7-23 所示。中国巨大的市场需求给国产手机品牌的崛起创造了更多的机会，国内分销市场代理国内品牌的比例也普遍上升。

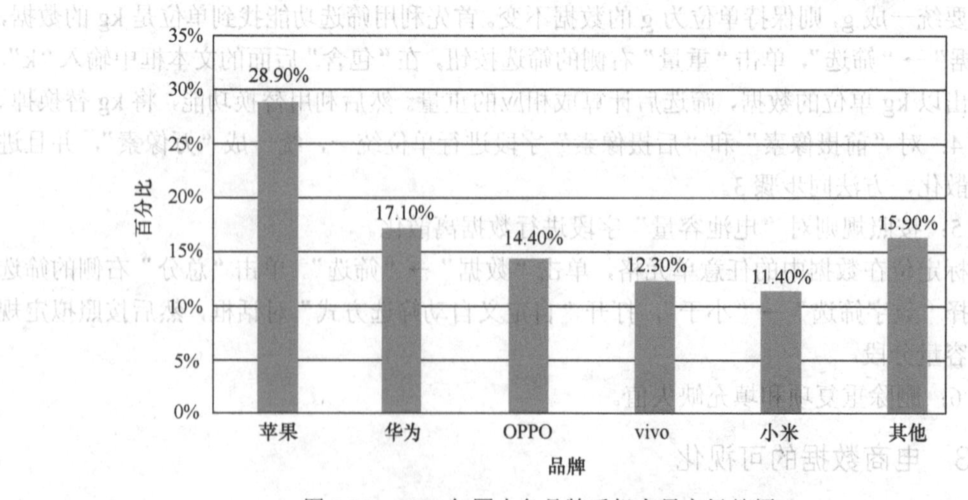

图 7-22 2018 年国内各品牌手机存量市场份额

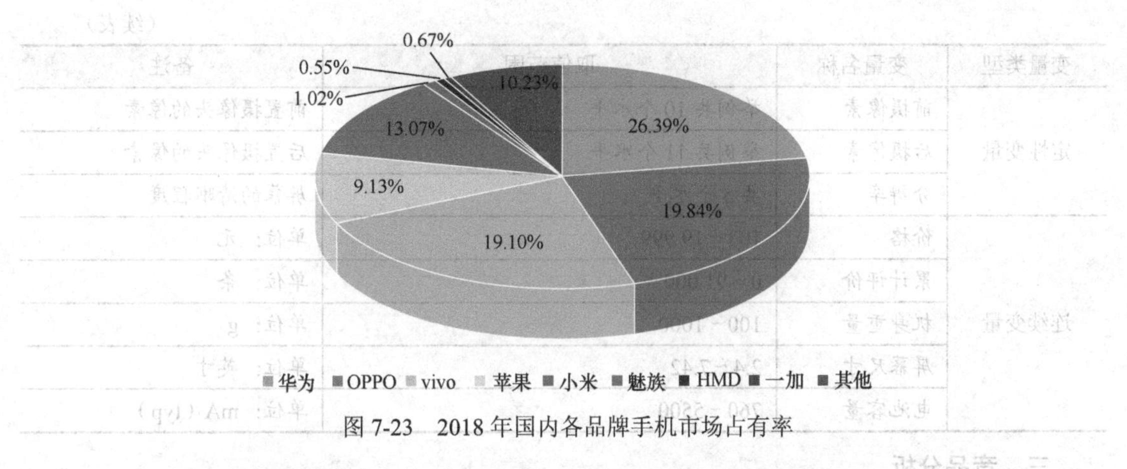

图 7-23 2018 年国内各品牌手机市场占有率

5G 作为第 5 代移动通信技术，相比 4G 来说，其最高理论传输速度可达数 2.5Gbit/s，快了将近数百倍。基于作为移动互联入口的智能手机与人类生活深度融合，5G 手机有望开启智能手机的高速物联时代。根据调查显示，2018 年中国智能手机市场再次出现下滑，总出货量有 397.7 百万台，同比 2017 年降低 10.5%，但中国前四大智能手机品牌的出货量同比增幅都明显高于行业平均水平。若以目前的同比增幅预测，未来华为、OPPO、vivo 和小米的市场占有率都将进一步增长。在 2018 年中国智能手机市场中，华为的当期出货量和出货量同比增幅都位列第一，是当之无愧的业内标杆。相比之下，小米的出货量只有华为的一半。OPPO 和 vivo 的出货量势均力敌，但 vivo 要比 OPPO 更具备增长潜力。

2018 年，小米是全球第四大智能手机制造商，在 30 余个国家和地区的手机市场进入了前五名，特别是在印度，连续 5 个季度保持手机出货量第一。即使这样，在这片危险与机会并存的"红海市场"中，小米若想继续保持自己的地位甚至谋求进一步的发展就必须变得更加敏感、迅速，看清时代的"流向"，寻找消费者购买欲的触碰点。在许多人的眼中，小米手机或许并不完美，却有其独特的魅力。随着科技的进步，小米的产品随用户的需求而改变，它总能用一些看似简单却十分贴心的设计和较低的定价感动许许多多的"米粉"。"感动人心，价格厚道"，这或许就是小米能成为一家少见的拥有"粉丝文化"的高科技公司的原因。

综合以上分析，从数据显示来看，小米的竞争对手就是与它相近的 vivo，可谓是势均力敌。为此，本报告以小米手机为分析对象，通过大量的数据收集和数据处理工作，对 vivo 手机与小米手机从多个层面进行对比分析，以对比产品功能来提升产品的竞争力。

二、数据说明

本报告使用的是来自京东商城的小米手机和 vivo 手机的相关数据，清洗与整理后的数据共 1587 条，数据采集时间为 2020 年 3 月。数据共包含 10 个变量，包含 5 个连续变量、5 个定性变量，变量说明如数据说明表 7-3 所示。

表 7-3 数据说明表

变量类型	变量名称	取值范围	备注
定性变量	CPU 型号	骁龙、Helio，共 2 个水平	影响手机运行的重要组件
	运行内存	2、3、4、6、8、12、其他，共 6 个水平	手机运行的内存容量

（续表）

变量类型	变量名称	取值范围	备注
定性变量	前摄像素	举例共 10 个水平	前置摄像头的像素
	后摄像素	举例共 11 个水平	后置摄像头的像素
	分辨率	共 5 个水平	屏幕的清晰程度
连续变量	价格	103 ~ 19 999	单位：元
	累计评价	0 ~ 91 000	单位：条
	机身重量	100 ~ 1000	单位：g
	屏幕尺寸	2.4 ~ 7.42	单位：英寸
	电池容量	760 ~ 5500	单位：mA（typ）

三、竞品分析

（一）品牌战略分析

从表 7-4 可以看出，在线下市场方面，小米表现得不太好。在小米公司刚成立时，就制定了网络销售的战略，虽然发展得不错，但还是被 OPPO 和 vivo 瓜分了一部分市场份额。在手机定位方面，小米刚开始的定位就是性价比高，导致稍微把手机的价格提高一点，就可能不会有太多消费者选择；在手机外观方面，消费者一般都比较注重手机外观，尤其是女性消费者，如果手机的外观不好看，再好的性能与配置她们也可能不会考虑，vivo 手机在外观上的做工非常精细，非常看重外观设计，所以这也是小米手机应该提升的地方；在营销方式上，小米喜欢通过饥饿营销的方式，来提升品牌的知名度，虽然这是有好处的，但也有很多消费者并不买账。

表 7-4　　小米和 vivo 品牌战略分析表

品牌	小米	vivo
线下市场	相对不重视	相对重视
手机定位	性价比高	注重配置与性能
手机外观	做工不够细细致	做工细致
营销方式	饥饿营销	供货充足

（二）需求分析

从图 7-24 中可以看出，中国智能手机用户更注重生活格调和品质，喜欢出门探索景色和美食，对品牌有一定的忠诚度，对新科技产品也有一定的购买欲。

（三）产品性能分析

1. 运行内存

如图 7-25 所示，小米手机和 vivo 手机的运行内存都集中在 4GB 和 6GB，小米手机运行内存为 8GB 的产品占比低于 vivo 手机的 23%，小米应该提高手机运行的流畅度，即加大内存、带给用户更好的体验。

2. 前摄像素

如图 7-26 所示，小米手机和 vivo 手机的前摄像素都集中在 1600 万 ~ 3200 万像素，在此范围内小米手机前摄像素的占比基本与 vivo 持平，但是在大于 3200 万像素的档次中，小米手机的2%明显低于vivo手机的8%，vivo手机在像素这个方面还是更出色一些。

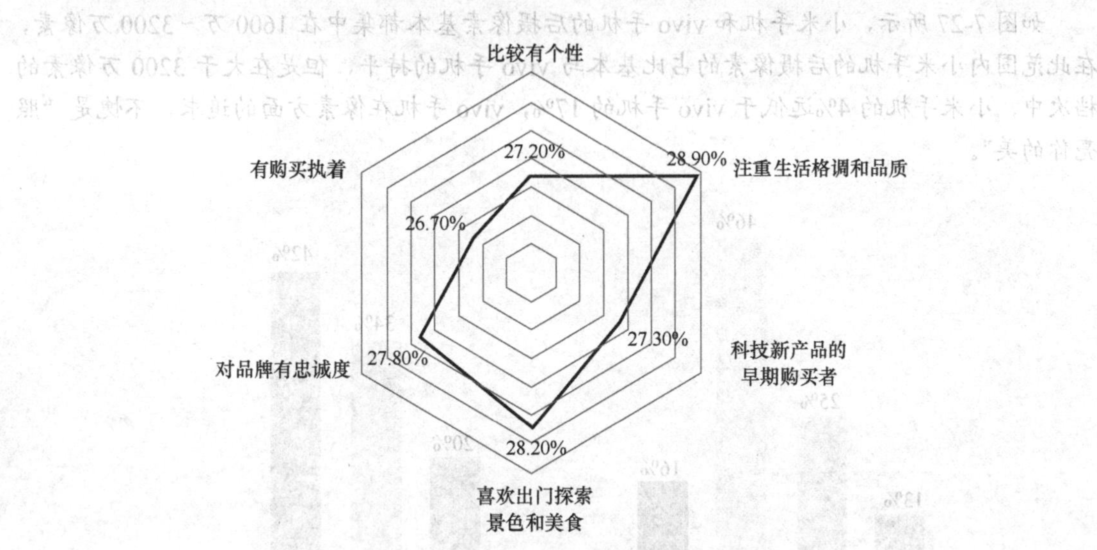

图7-24 2018年中国智能手机用户性格画像

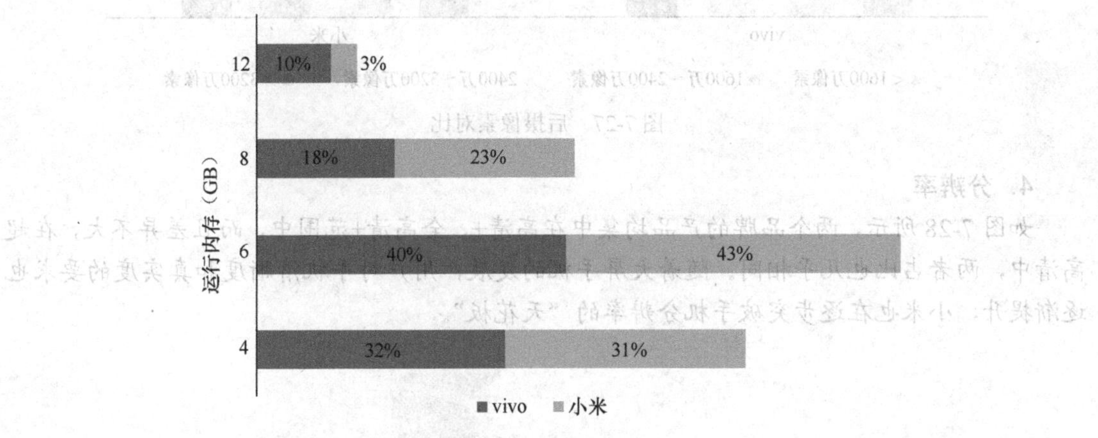

图7-25 运行内存对比

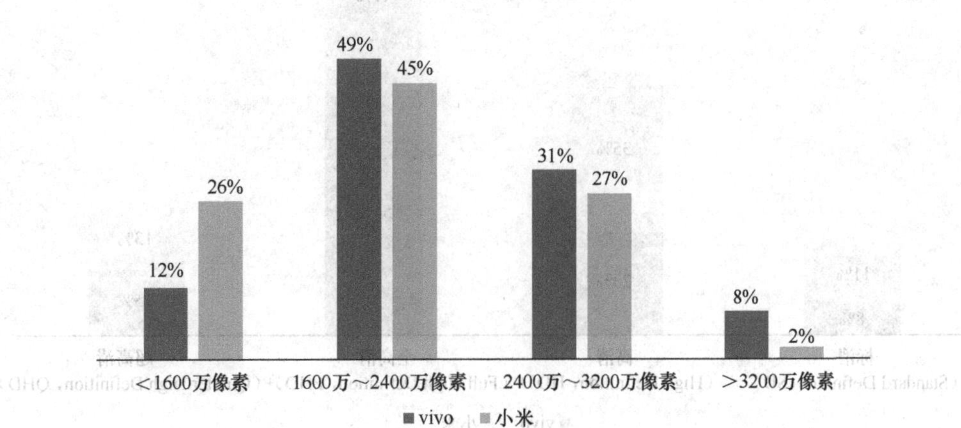

图7-26 前摄像素对比

3. 后摄像素

如图 7-27 所示，小米手机和 vivo 手机的后摄像素基本都集中在 1600 万～3200 万像素，在此范围内小米手机的后摄像素的占比基本与 vivo 手机的持平，但是在大于 3200 万像素的档次中，小米手机的 4%远低于 vivo 手机的 17%，vivo 手机在像素方面的追求，不愧是“照亮你的美”。

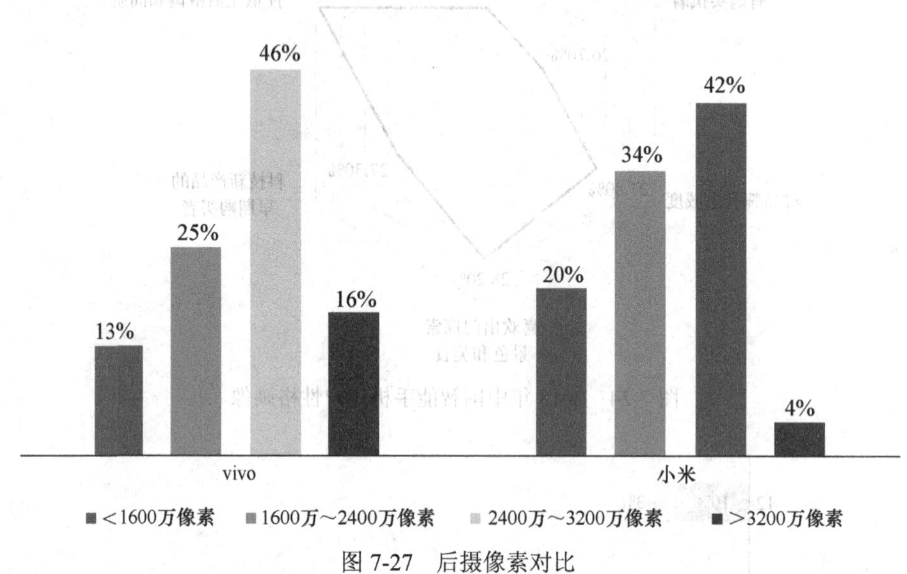

图 7-27 后摄像素对比

4. 分辨率

如图 7-28 所示，两个品牌的产品均集中在高清+、全高清+范围中，而且差异不大，在超高清中，两者占比也几乎相同。随着大屏手机的发展，用户对手机清晰度和真实度的要求也逐渐提升，小米也在逐步突破手机分辨率的“天花板”。

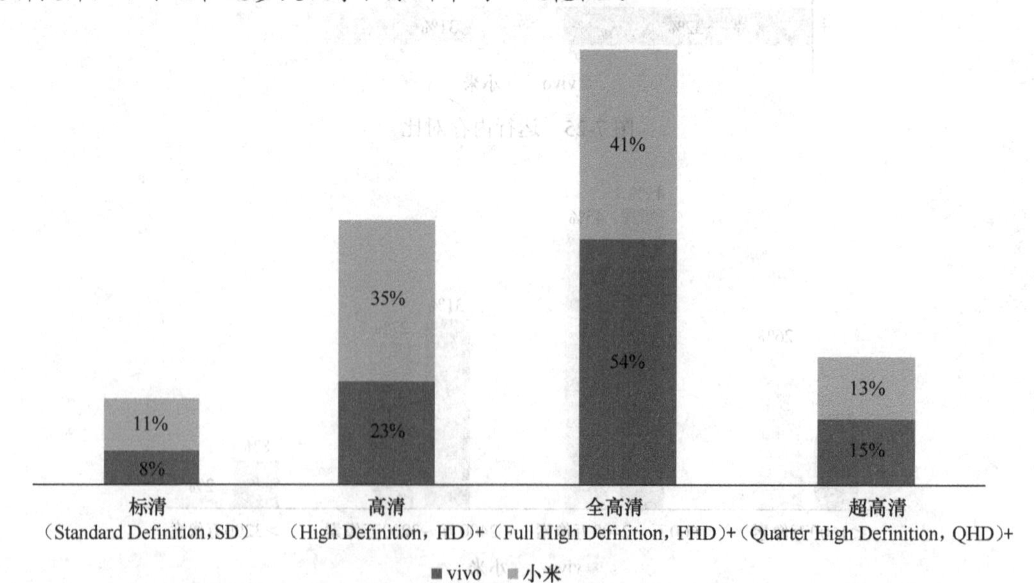

图 7-28 分辨率对比

5. 屏幕尺寸

如图 7-29 所示，两个品牌手机的屏幕尺寸大部分都在 6.0in（1in=2.54cm）以上，而小米手机的屏幕尺寸还有在 7in 以上的。屏幕尺寸的差异会导致用户体验差异，并且大屏幕可能是智能手机的发展趋势。小米应当再接再厉，探索大屏幕且成本低的配置组合，开拓新市场。

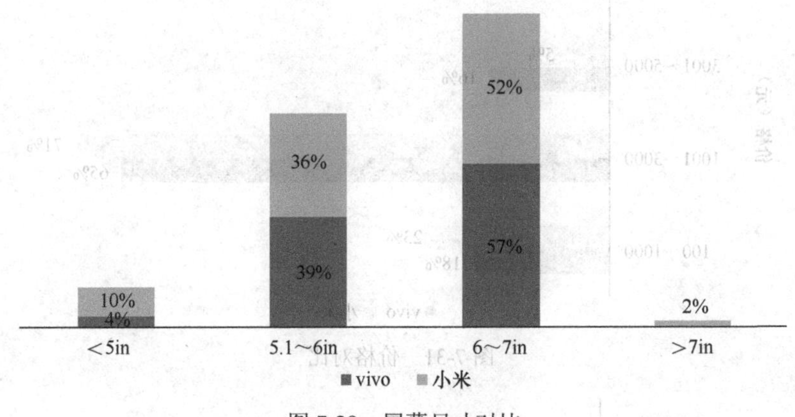

图 7-29　屏幕尺寸对比

6. 电池容量

如图 7-30 所示，小米手机仍有小部分产品的电池容量为 500～2000mAh，且电池容量为 4000～5000mAh 的产品只占 17%，比 vivo 手机低了 26%。根据企鹅智酷的调查，用户最希望手机提高的性能之一是续航能力，因此增大手机产品的电池容量和减小耗电量应该是小米产品改进的一个重要目标。

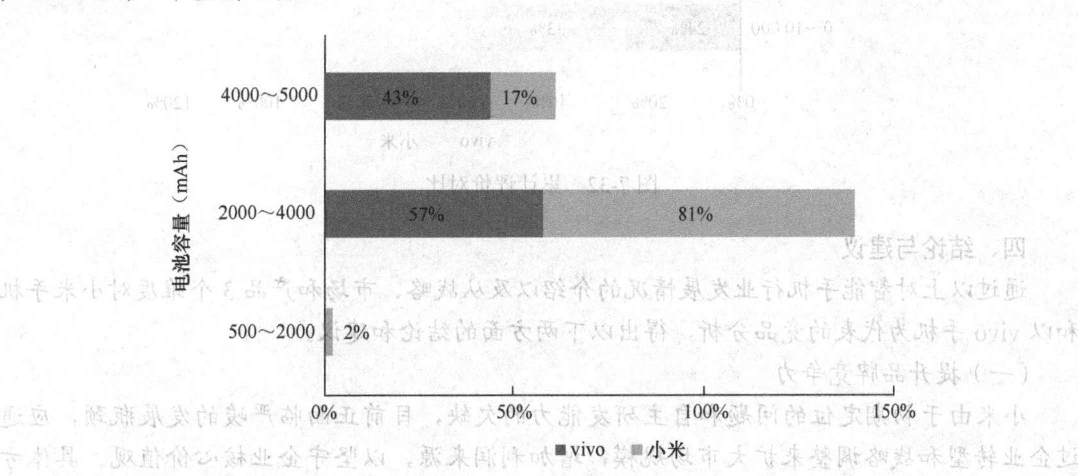

图 7-30　电池容量对比

7. 价格

如图 7-31 所示，两个品牌的手机价格大部分都集中在 1001～3000 元，且价格为 3001～5000 元的小米手机只占 5%，低于 vivo 手机的 16%。虽然小米追求的是性价比高，但是也应该适当地提升价格较高的产品占比。

8. 累计评价量

如图 7-32 所示，47%的小米手机累计评价量为 10 001～50 000 条，虽然低于 vivo 手机的

58%，但是在 50 001 ~ 100 000 条这个区间内，小米手机的占比是高于 vivo 手机的。累计评价量在某种程度上可以看作销售量，说明小米手机的销量还是不错的。

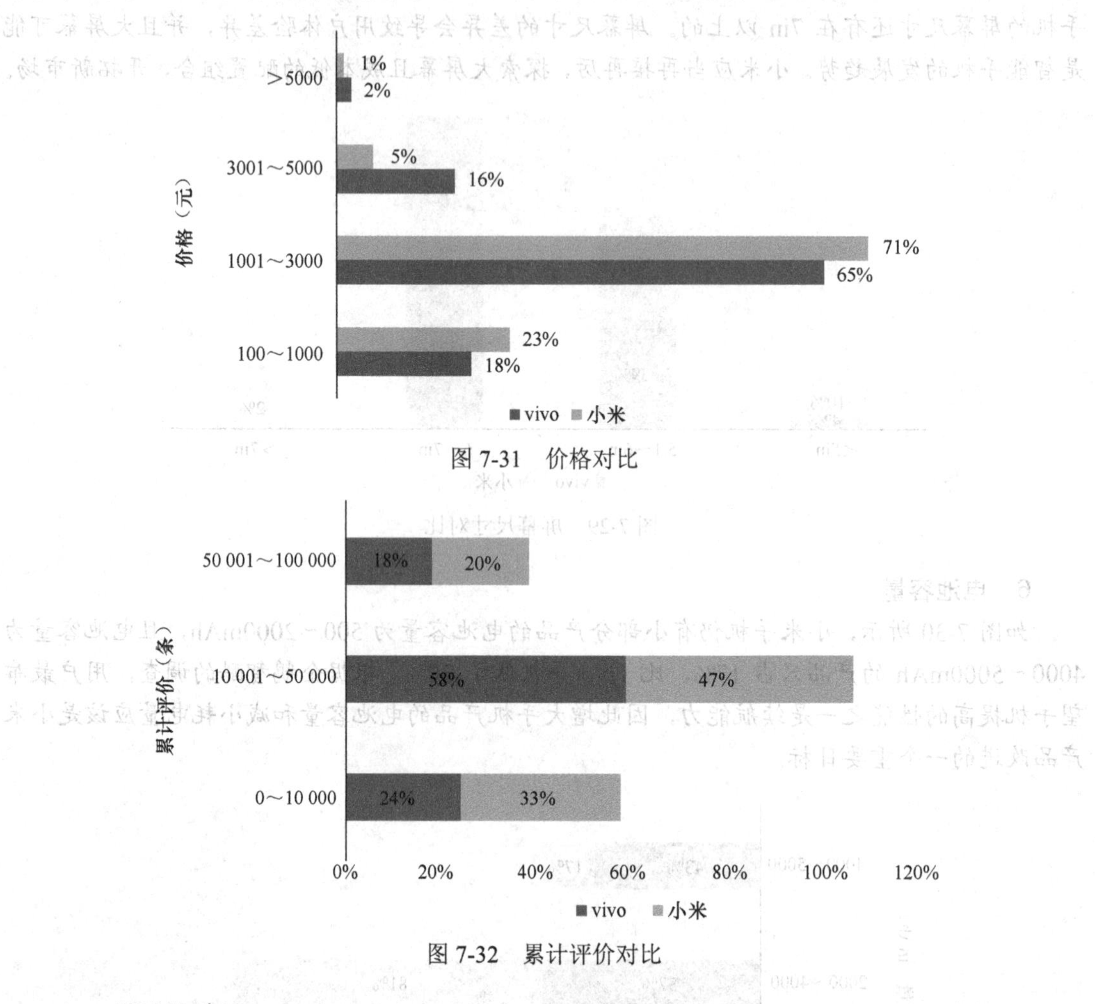

图 7-31　价格对比

图 7-32　累计评价对比

四、结论与建议

通过以上对智能手机行业发展情况的介绍以及从战略、市场和产品 3 个维度对小米手机和以 vivo 手机为代表的竞品分析，得出以下两方面的结论和建议。

（一）提升品牌竞争力

小米由于初期定位的问题和自主研发能力的欠缺，目前正面临严峻的发展瓶颈，应通过企业转型和战略调整来扩大市场规模，增加利润来源，以坚守企业核心价值观。具体方向如下。

（1）加大技术研发投入。降低外部技术引入的成本，在维持自己“性价比高”口碑的前提下，保证预期的利润率。

（2）适当提高定价。由于用户消费态度的转变和可能增加的智能手机购买预算，小米在保证手机质量的情况下适当提高价格并不会给用户增加过大的经济负担，也不会对品牌形象有较大影响。

（3）提高品牌的社会影响力。增加线下门店数量，加强品牌文化建设，使用户有机会更深入地理解和认同小米的企业文化，提高用户的忠诚度。

（二）优化产品功能

根据市场反馈结果，小米当前手机功能的优化方向和优先级如下。

（1）以增加手机的电池容量、提升续航能力为产品优化的首要目标，满足用户对手机性能提升的紧迫要求。

（2）提高前摄像素和后摄像素，以满足消费者日益增长的拍照需求。

（3）优化外观设计，制作既有“内涵”，又有颜值的手机；同时大力宣传运行内存的优势，凸显自己的特点。

【本章小结】

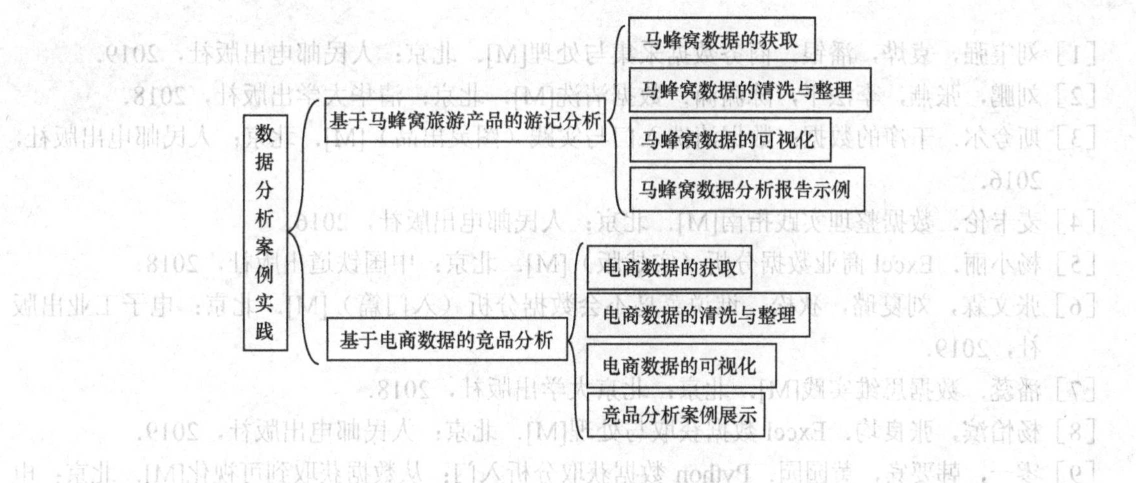

【习题七】

1．制作数据分析报告的目的是什么？

2．数据分析报告的结构有哪些？

3．案例2中，是否还有没有被分析的影响因素，如果有，那么是什么？

4．若你来写报告，能够再补充一些建议吗？

【技能实训】

基于第3～5章实训内容的工作成果，结合第6～7章提到的制作数据分析报告的原则、结构、注意事项等，撰写一份完整的数据分析报告。

参考文献

[1] 刘宝强，袁烨，潘银．商务数据采集与处理[M]．北京：人民邮电出版社，2019．
[2] 刘鹏，张燕，李法平，陈潇潇．数据清洗[M]．北京：清华大学出版社，2018．
[3] 斯夸尔．干净的数据：数据清洗入门与实践（图灵出品）[M]．北京：人民邮电出版社，2016．
[4] 麦卡伦．数据整理实践指南[M]．北京：人民邮电出版社，2016．
[5] 杨小丽．Excel 商业数据分析（实战版）[M]．北京：中国铁道出版社，2018．
[6] 张文霖，刘夏璐，狄松．谁说菜鸟不会数据分析（入门篇）[M]．北京：电子工业出版社，2019．
[7] 潘蕊．数据思维实践[M]．北京：北京大学出版社，2018．
[8] 杨怡滨，张良均．Excel 数据获取与处理[M]．北京：人民邮电出版社，2019．
[9] 零一，韩要宾，黄园园．Python 数据获取分析入门：从数据获取到可视化[M]．北京：电子工业出版社，2018．
[10] 黄锐军．数据采集技术——Python 网络爬虫项目化教程[M]．北京：高等教育出版社，2018．
[11] 米洪，张鸽．数据采集与预处理[M]．北京：人民邮电出版社，2019．